程序是怎样编成的

——Visual C# 2012 应用程序开发

◎ 程正权 编著

U0310992

清华大学出版社

北京

内 容 简 介

本书阐述 Visual Studio 2012 环境下应用程序开发的基本技术，围绕 Windows 窗体应用程序和 ASP.NET 网站这两类主流应用程序的设计，通过丰富实用而有趣的案例，由浅入深，从简到繁地引领读者做一次程序设计之旅。旅途中时时向你解析程序设计中布局谋篇的大智慧，历数代码编写时遣词造句的小计谋，使你食而深得其味。书中对经典的基本算法，面向对象核心概念——封装、继承和多态，重要程序设计思想接口、委托和事件，常用控件、ADO.NET 对象及 ASP.NET 内置对象 Session、Application 等的概念及用法都有与众不同的系统而翔实的介绍。本书还特别在意应用程序的整体架构，详细介绍了在 Visual Studio 2012 环境下如何把应用程序所需要的各个部分一一构建出来。本书也深入浅出地论及"设计模式"，具体解说了"工厂方法模式""观察者模式"和"三层架构模式"的设计，实际上也就是"面向对象"程序设计思想高层次的应用。

本书对于学习 C#编程的广大本科生和高职学生是一本上佳的学习参考书；对有志于软件开发的读者，更是一本不可多得的启蒙读物。

图书在版编目（CIP）数据

程序是怎样编成的：Visual C# 2012 应用程序开发/程正权编著. —北京：清华大学出版社，2018
ISBN 978-7-302-50163-3

Ⅰ. ①程…　Ⅱ. ①程…　Ⅲ. ①C 语言 – 程序设计　Ⅳ. ①TP312.8

中国版本图书馆 CIP 数据核字（2018）第 112378 号

责任编辑：闫红梅
封面设计：刘　键
责任校对：焦丽丽
责任印制：李红英

出版发行：清华大学出版社
　　　　　网　　　址：http://www.tup.com.cn, http://www.wqbook.com
　　　　　地　　　址：北京清华大学学研大厦 A 座　　邮　　编：100084
　　　　　社 总 机：010-62770175　　　　　　　　　邮　　购：010-62786544
　　　　　投稿与读者服务：010-62776969，c-service@tup.tsinghua.edu.cn
　　　　　质量反馈：010-62772015，zhiliang@tup.tsinghua.edu.cn
印 装 者：三河市国英印务有限公司
经　　销：全国新华书店
开　　本：185mm×260mm　　　印　张：20　　　字　数：489 千字
版　　次：2018 年 10 月第 1 版　　　　　　　印　次：2018 年 10 月第 1 次印刷
印　　数：1～1500
定　　价：49.00 元

产品编号：078484-01

前　　言

我曾写过多部教材，早就想写一部程序设计教材，因为我有三十多年各类程序设计课程的教学经验，总想一吐为快。开始确实是按教材写的，但写着写着觉得太受束缚，难以在程序设计的思想和方法方面畅所欲言。因此决定改写这样一种课外的教学辅助读物，供学过或正在学习 C#语言程序设计的读者把学过的知识融会贯通，把对语言的各种要素及面向对象之各种理念的理解从机械的、被动的状态提升到灵动的、活用的状态。

根据我的经验，学生中很多人视编程为畏途，毕业后做程序员的为数很少。究其原因，很重要的一点就是在学习期间他们没有学到"味"，没有培养出对程序设计的兴趣。教师通常都鼓励学生多看参考书，但参考书一般也都是一些教材，受篇幅和体系结构的限制，对潜藏在字里行间的玄机常缺乏剖析。因此，我想在教科书之外做一个补充，务求温故知新，激发兴趣；重在面向实际问题，提升应用能力。

本书有与众不同的地方，就是对标识符的命名没有遵从一般的规范，类名、对象名、变量名、方法名等一般都采用汉字命名。自从计算机语言引进了 Unicode 字符编码，汉字在程序中就不仅可以用作字符串，也可以用来命名标识符了，为什么不利用这一点来改善程序的易读性呢?因此做此尝试，欢迎批评。

本书非常重视案例的作用，所有的案例都在 Visual Studio 2012（简称 VS 2012）下仔细调试通过，可从清华大学出版社网站 www.tup.com.cn 下载，希望读者通过运行案例加深对基本概念的理解。如果读者能感受到本书中的案例思路清晰，代码简明，和其他书中同样命题的案例相比，略显简单，笔者将感到无限欣慰。

本书虽然不是教材，但内容紧贴教材，而且是紧贴教材最基本的部分；书中代码虽然是用 VS 2012 编写的，但所体现的思想和方法，在任一种程序设计环境下也都是适用的，配合教材来阅读会有上佳的效果。

本书中的许多解说源于"自说自话"，可能有失偏颇，也欢迎批评。

程正权

2018 年 2 月于合肥学院烟雨斋

前　言

目　　录

第 1 章　Visual Studio 2012 开发环境和 Windows 窗体应用程序开发

本书将在 Visual Studio 2012（简称 VS 2012）环境下，用 C#语言来开发可视化的应用程序。因此，首先应该对这个开发环境有一个基本的了解，做到善于根据编程的实际需要来使用。

在安装 VS 2012 时，.NET Framework 4.5 也自动加入安装。可见，VS 2012 是支持.NET 开发平台的一个工具集，它大大地方便和简化了人们对.NET 应用程序的编制。.NET Framework 包含一个庞大的类库，这说明它是一个面向对象的开发平台；.NET Framework 支持的多种编程语言都是面向对象的，其中 C#是为 .NET 平台量身打造的语言。

笔者认为，在 VS 2012 环境下开发应用程序，很重要的一点是搞清楚这个环境怎样支持面向对象的编程。下面借 Windows 窗体应用程序的开发来阐述这个问题。

1.1　创建第一个 Windows 窗体应用程序

打开 VS 2012，单击菜单"文件"→"新建"→"项目"命令，弹出"新建项目"对话框。在"新建项目"对话框中，在左窗格中选择 Visual C#，在中间窗格选择"Windows 窗体应用程序"。然后，在下窗格的 3 个文本框中依序输入要建立的 C# Windows 窗体应用程序项目的名称、存储位置以及解决方案的名称。例如，把项目名称定为"致欢迎词"；把存储位置定为 G:\；系统会自动把解决方案的名称设置成和项目名称一样，也可以为解决方案重新命名。做好上述设置后，单击对话框右下角的"确定"按钮，如图 1-1 所示。

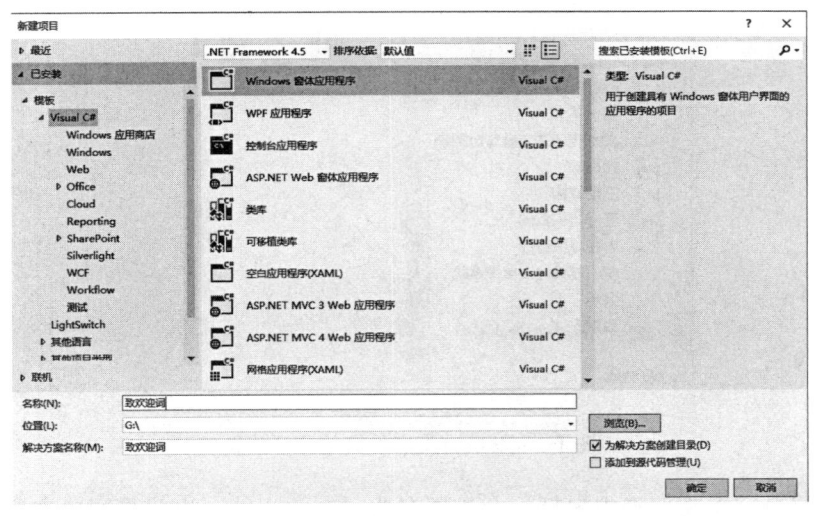

图 1-1　"新建项目"对话框

接着，系统便着手创建项目，并展示一个创建项目的进度条。创建成功后，VS 2012 窗口转入编程的设计视图：给出一个空白的窗体，并提供了"工具箱""属性"和"解决方案资源管理器" 3 个窗口作为编程助手供用户调用，如图 1-2 所示。

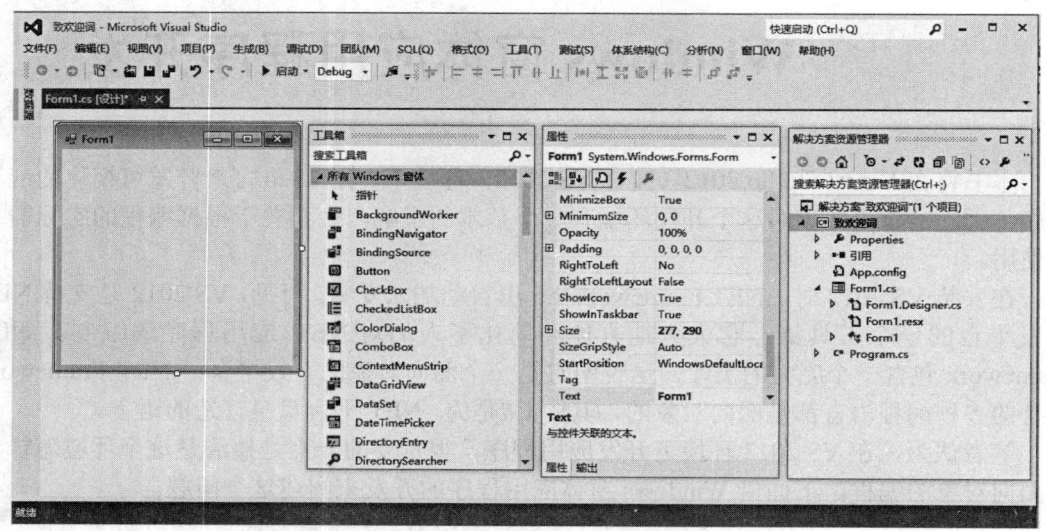

图 1-2　Windows 应用程序设计视图

这里先不忙编制程序。把编程窗口最小化，转到新建项目的存放位置 G:\，找到一个名为"致欢迎词"的文件夹，如果当初把解决方案重新命名为"第 1 章"，则一定会找到名为"第 1 章"的文件夹。可见，系统是针对所创建的每一个解决方案设置一个文件夹。该文件夹中有些什么呢？打开看一看，如图 1-3 所示。

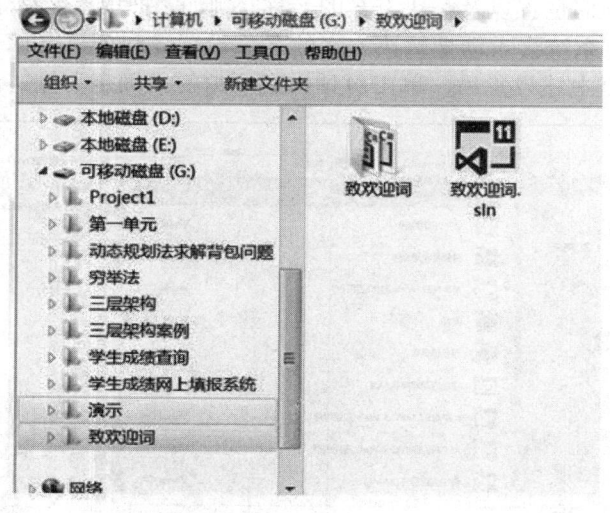

图 1-3　解决方案文件夹的打开效果

可见，解决方案文件夹中包括一个扩展名为.sln 的文件，也就是解决方案文件。这个文件非常重要——当你想打开一个曾经编好的应用程序项目审查或调试、修改一下时，只需找到它所属的解决方案文件并双击，该项目便会在 VS 2012 环境下展开，如同你当初编辑它时那样。系统提供解决方案文件对项目进行管理。

在图 1-3 中还可以看到一个文件夹，那就是项目文件夹了。双击打开，如图 1-4 所示。

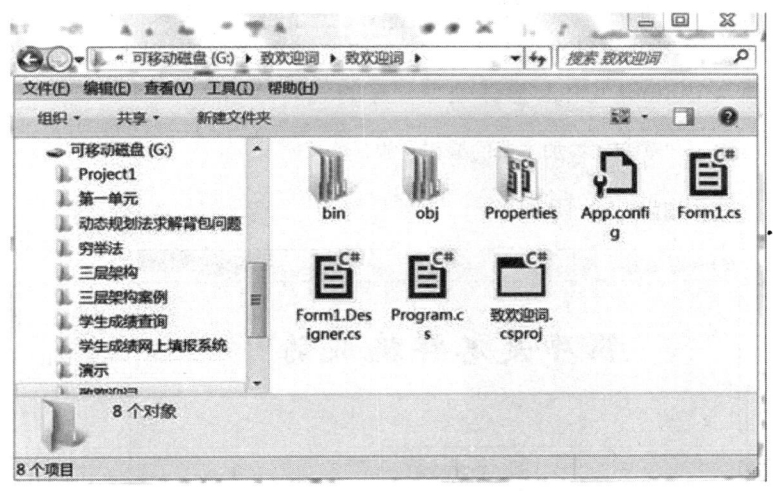

图 1-4　一个 Windows 应用程序项目文件夹的内容

还没有为编程写上一行代码呢，怎么一下子就有了这么多文件、文件夹？这是因为 VS 2012 系统为用户编制应用程序项目做了全面、周到的考虑，程序的基本框架已经搭建好了，诸多文件中很多都是由系统操刀，对程序运行起辅助支持作用的文件。

回到图 1-2，开始编程了，编什么？Windows 应用程序是以窗体为界面的，界面设计是第一件大事。现在要编制一个名为"致欢迎词"的程序，目的是运行时窗体上方显示一条标语："程序是怎样编成的？"标语下面是一个命令按钮，按钮上的文字是"致欢迎词"，单击该按钮后，按钮下方又显示一条标语："欢迎你参加本书的编程之旅！"根据这个意图，从工具箱向窗体引入两个标签、一个命令按钮，加上必要的属性设置，将窗体设计成如图 1-5 所示。

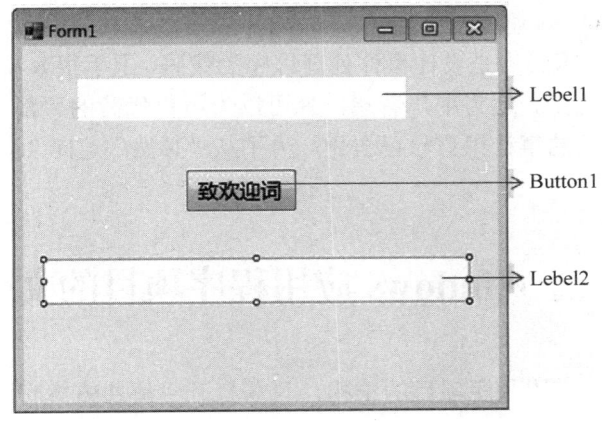

图 1-5　程序"致欢迎词"界面设计

接着编制事件处理程序的代码。双击窗体的空白处，进入代码视图，输入 Form1_Load 事件处理程序的代码：

```
label1.Text = "程序是怎样编成的？";
```

这时，代码页上方有两个标签 Form1.cs* ⇌ × Form1.cs [设计]* 代表代码视图和窗体设计器视图两个选项卡，供编程中通过单击切换。现在切换到窗体设计视图，双击 Button1 再次进入代码视图，输入 Button1_Click 事件处理程序的代码：

```
label2.Text = "欢迎你参加本书的编程之旅！";
```

启动运行，效果如图 1-6 所示。

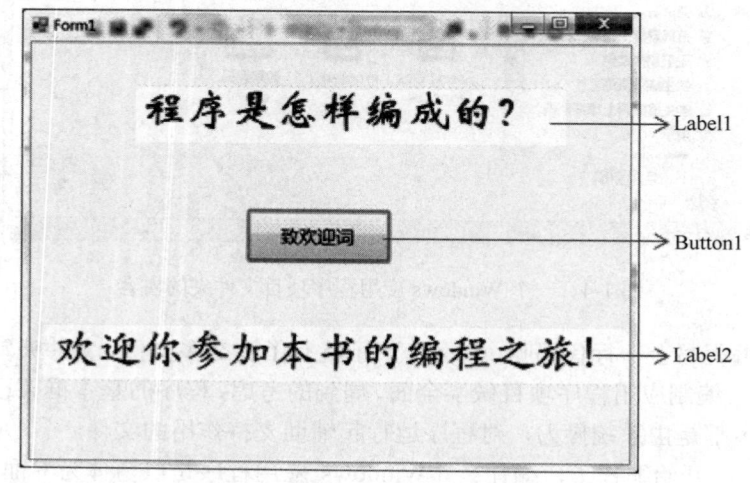

图 1-6　程序"致欢迎词"的运行效果

本例虽然简单，却相当典型。针对界面来说，Windows 窗体界面最常用的控件就是标签 Label 和按钮 Button。Label 用来显示及输出信息，Button 用来执行某段程序。Windows 应用程序是事件驱动的，而使用频率最高的事件就是窗体的装入（Formx_Load）事件和按钮的单击（Button_Click）事件。

编制简单的 Windows 窗体应用程序，大抵和程序"致欢迎词"一样，第一步是用可视化的方法设计界面，第二步是设计事件处理程序的代码，上手很容易。为什么会这样"容易"？完全是因为系统充分地为用户着想，凡可以为用户代劳的事都由系统包办了，只留下必须由用户亲自动手的事让用户自己去做。为了从"必然"走向"自由"，有必要做一点较深入的探究。

1.2　最简 Windows 应用程序项目的文件结构

要了解 Windows 应用程序项目的结构，只需打开"解决方案资源管理器"窗口，如图 1-7 所示。

图 1-7　项目的文件结构

可见，一个最简单的 Windows 应用程序项目，其文件结构包括 5 部分：

（1）Properties——用来设置项目的属性。

（2）引用——用来设置对其他项目命名空间的引用。

（3）App.config——用来设置数据库的配置信息。

（4）Form1.cs——用来设置 Form1 类。

（5）Program.cs——也是一个类，用来设置应用程序的主入口点 Main()函数。

对于前 3 个文件，用户一般不必过问，可听任系统设置。5 个文件中起核心作用的、任凭用户施展身手的是 Form1.cs。这究竟是个什么文件？在"解决方案资源管理器"窗口双击此文件标签，立即打开程序的设计视图，如图 1-8 所示。

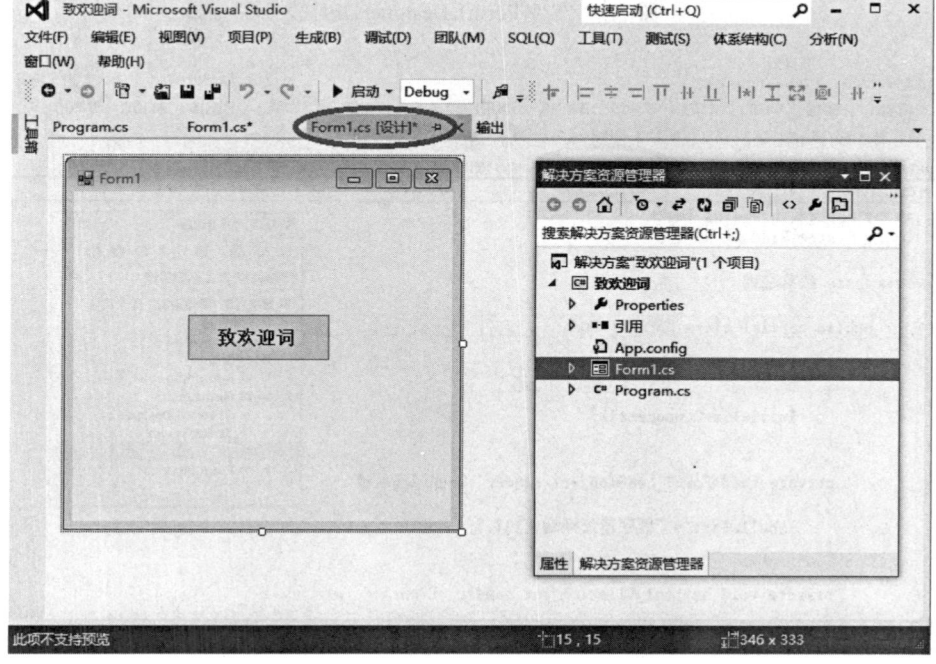

图 1-8　在"解决方案资源管理器"窗口中双击 Form1.cs

难道文件 Form1.cs 就是一幅图画吗？否！.cs 文件是用 C#语言写成的类文件。展开 Form1.cs 节点，其下方显示 3 个文件标签：

- Form1.Designer.cs
- Form1.resx
- Form1

其中 Form1.resx 是系统用来在窗体加载或运行时导入资源的文件，用户也不必管。双击 Form1.Designer.cs，打开一个 C#源程序，如图 1-9 所示。双击 Form1 文件标签，则打开程序的代码视图，如图 1-10 所示。

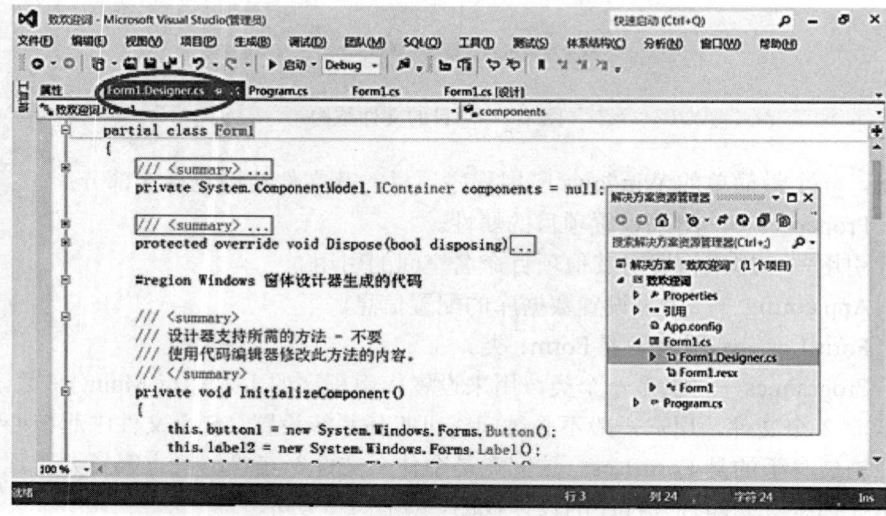

图 1-9　文件 Form1.Designer.cs 片段

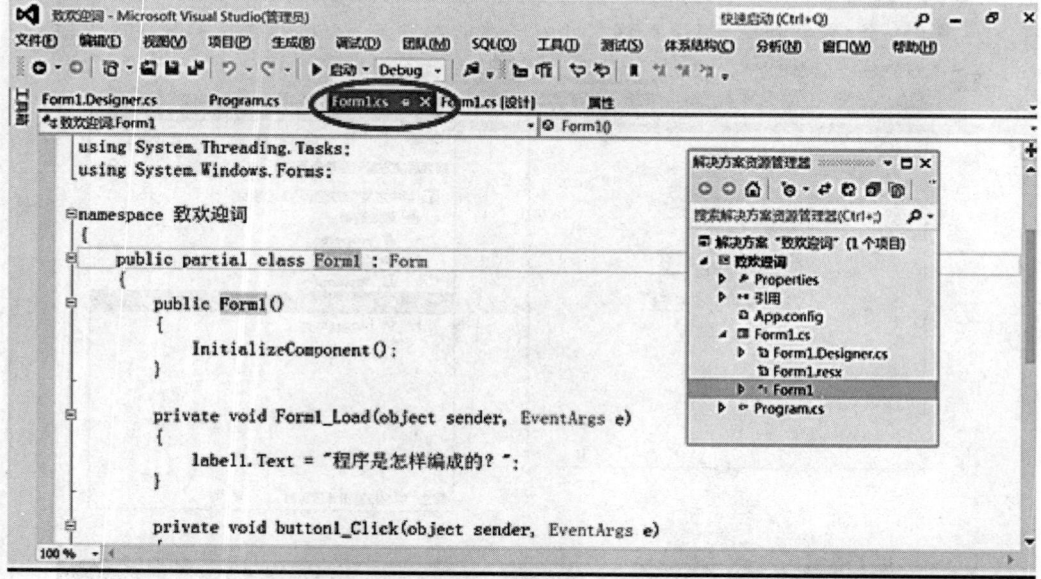

图 1-10　双击 Form1 文件标签打开程序的代码视图

　　Form1.Designer.cs 和文件 Form1 作为两个部分类文件，合起来组成了一个类文件 Form1.cs，即定义了一个名为 Form1 的窗体类。其中，部分类文件 Form1.Designer.cs 中定义了类的成员变量，即引入窗体的各控件对象；还定义了一个成员方法 InitializeComponent()，即窗体和引入窗体的各控件的初始化方法，也就是在属性窗口对窗体和各控件所进行的属性、事件的设置；实际上就是系统在后台对用户用可视化方法所进行的界面设计用 C#语言做出了严格的描述。另外，窗体的代码视图给出 Form1 的另一个部分类，其内容除了用户输入的事件处理程序代码以外，更为关键的是包含一个 Form1 类的构造函数 Form1()，而 Form1()的内容就是执行初始化方法 InitializeComponent()，即按照在设计视图中所作的设计把窗体的模样构造出来。

　　请注意，当打开窗体设计视图的时候，VS 2012 窗口给出的选项卡标签是"Form1.cs[设计]"；当打开窗体代码视图的时候，VS 2012 窗口给出的选项卡标签是"Form1.cs"，这才是代码视图所对应的文件名。

　　通过上面的分析应该知道，用户通常在窗体程序设计中所奉行的两大步骤，归根到底是创建一个窗体类 Form1.cs。还请注意，窗体类的创建需要调用.NET Framework 类库中很多类的对象、方法、属性和事件，所以在文件 Form1 的首部可以看到一连串的 using 语句，并且项目也定义了自身的命名空间，以便其他项目调用。其面向对象的思想非常明晰。

　　然而，为了投入运行，还缺少一个 Main()方法。系统为了使程序的架构在逻辑上更合理，在使用上更灵活，没有把 Main()方法放在窗体类中，而是单独创建一个类，专门设置 Main()方法，这就是本项目在"解决方案资源管理器"窗口中的最后一个文件——Program.cs，双击打开，如图 1-11 所示。

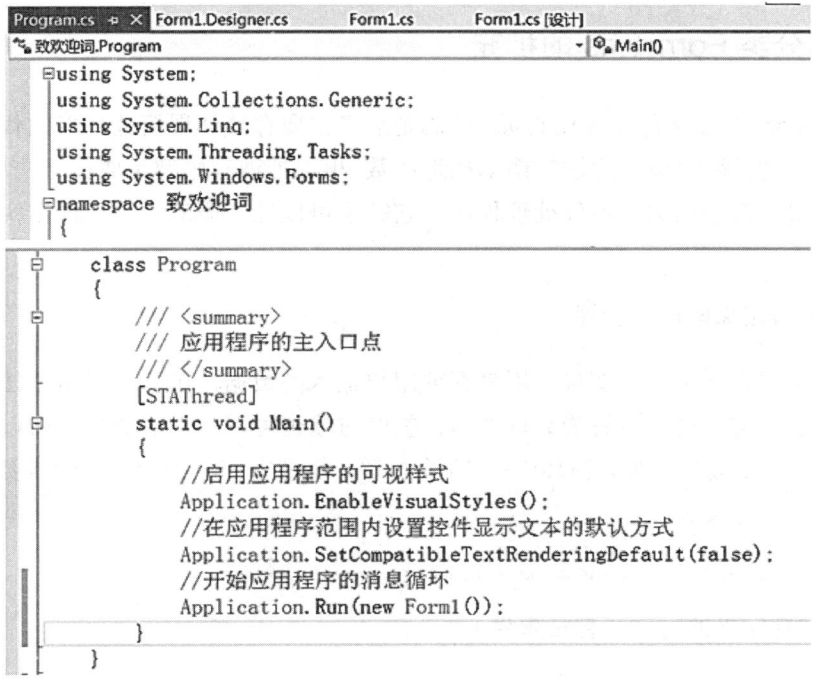

图 1-11　文件 Program.cs 的内容

可见，Program 类中只包含一个 Main()方法，其内容一共是 3 条语句。3 条语句都用到了命名空间 System.Windows.Forms 中的 Application 类。这个类提供很多用于管理应用程序的静态方法。我们主要关心第三条语句中的 Run 方法。Run 方法以一个窗体实例为参数，本例中用的参数是 new Form1()，即执行 Form1 类的构造函数，给出一个 Form1 类的实例。由前面可知，执行 Form1 类的构造函数就是执行窗体的初始化方法 InitializeComponent()，也就是按照设计视图构造出一个实在的窗体，然后对它执行 Run 方法，即把窗体显示出来，并巡视应用程序内是否有什么事件发生，一旦发生了某个事件，立即通知激发相应的事件处理程序，实现所谓的"事件驱动程序"。

读者也许会问：只讲了两个类文件，简单 Windows 窗体应用程序的构成和运行机理已很明白了，那么项目中为什么还有其他一些文件呢？有什么用？怎样用？简单答复如下：两个类文件的运行需要环境方面的支持，因此有了诸如属性、资源、应用配置等各方面的文件，但在大多数场合不必用户操刀，听任系统包办就可以了，少数需要用户动手设置的情况，本书后面会有案例说明。

很多小规模应用程序的编制，都和案例 1 一样，只在窗体类文件 Form1.cs 上做文章，难点落在事件处理程序的编写上。但实际的应用问题不会总是这么简单，面对问题的复杂化，应该怎样应对？请看下一节。

1.3 Visual Studio 2012 提供的窗体应用程序架构

1.3.1 部分类 Form1.cs 的扩充

部分类 Form1.cs 又称窗体代码页，意思是这里主要存放体现窗体功能的代码，用"类"的术语来说，主要存放"成员方法"，诸如构造函数、事件处理程序都是成员方法。但 Form1.cs 的内容绝不限于构造函数和事件处理程序，它完全可以像一般的类那样根据实际需要扩充成员。

1. 添加自定义的成员变量

例如，自定义一个成员变量，用来存放用户输入的数据，供多个成员方法共享。

特别提醒：类也可以被看成数据类型，类的对象也可以被看成变量，所以可以把类的对象定义为成员变量。例如，窗体中有 10 个标签，想把它们组织为一个一维数组，以便用下标来调用，可定义为：

```
private  Label[ ]  L=new Label[10];
```

2. 添加自定义的方法（包括事件）

例如，常为某项专门的功能编制一个成员方法，利用事件来调用。

1.3.2　将图片文件和 Access 数据库文件添加到项目中

　　精美的窗体离不开图片，面向管理的应用程序离不开数据库。本书中采用 Access 数据库，项目就要用到图片文件和 Access 数据库文件，原则上这些文件不论放在哪里都可以，但是为了便于把项目复制到其他计算机上去运行，为了程序中调用文件的代码可以免于交代复杂的目录路径，应该把文件放在项目内部适当的位置。放在哪里好呢？从图 1-4 中看到，在项目文件夹中有一个名为 bin 的文件夹，bin 文件夹中还藏着一个名为 Debug 的文件夹，这个文件夹用来存放本项目最后编译成功的可执行的中间语言代码文件（项目名.exe），项目运行时执行的就是这个文件。因此，文件夹 Debug 就是项目运行时的当前目录。把文件放在 Debug 文件夹中是上上策。

　　例如，设项目的窗体 Form1 中引进了一个图片框控件 pictureBox1，项目的 Debug 文件夹中放了一个图片文件 1.bmp，则只要用一句代码：

```
pictureBox1.Load("1.bmp");
```

就可以使图片 1.bmp 显示在图片框 pictureBox1 中。

　　又设 Debug 文件夹中放进了一个 Access 数据库文件"学生成绩管理系统.mdb"，则连接数据库用的数据源表达式就可写为：

```
Data source=学生成绩管理系统.mdb
```

　　在此有一个问题顺便说明一下。通常"解决方案资源管理器"窗口显示的项目文件目录中并没有 Debug 文件夹（参见图 1-7），所以在 Debug 文件夹中放了东西，不能在"解决方案资源管理器"窗口看到，显得有点不方便。好在这个问题是可以解决的。请注意"解决方案资源管理器"窗口的状态栏右端有一个按钮 ，当鼠标光标指上去时显示的提示信息是"显示所有文件"，只要单击这个按钮，窗口的显示便改为如图 1-12 所示。

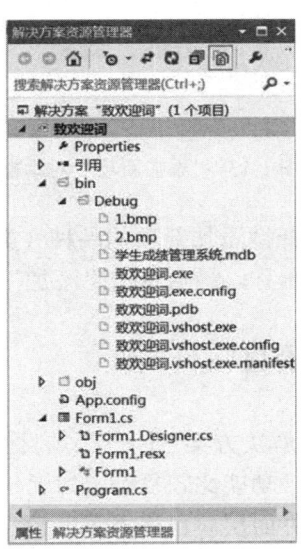

图 1-12　显示了全部文件的"解决方案资源管理器"窗口

1.3.3　为项目添加新项

面向对象的程序设计是以类的创建为基础的，对新创建的 Windows 应用程序项目，就类成员而言，除了 Program 类，系统只给了一个窗体类 Form1。但应用中一个项目常常需要多个窗体，例如要编制一个"银行储蓄服务"项目，开户、存款、取款、查询等服务各需要一个窗体，因此需要添加新的 Windows 窗体。除了窗体类，按照面向对象的编程思想，编程中应该适时地把相关的字段、方法抽象出来，封装成一个类，因此也需要能添加非窗体的类，还有和类并驾齐驱的接口也希望能添加到项目中。这些都很好办，都早在 VS 2012 的谋划之中。只要在"解决方案资源管理器"窗口右击项目名称，再在弹出的快捷菜单中选择"添加"→"新建项"命令，系统便会弹出"添加新项"对话框，如图 1-13 所示。

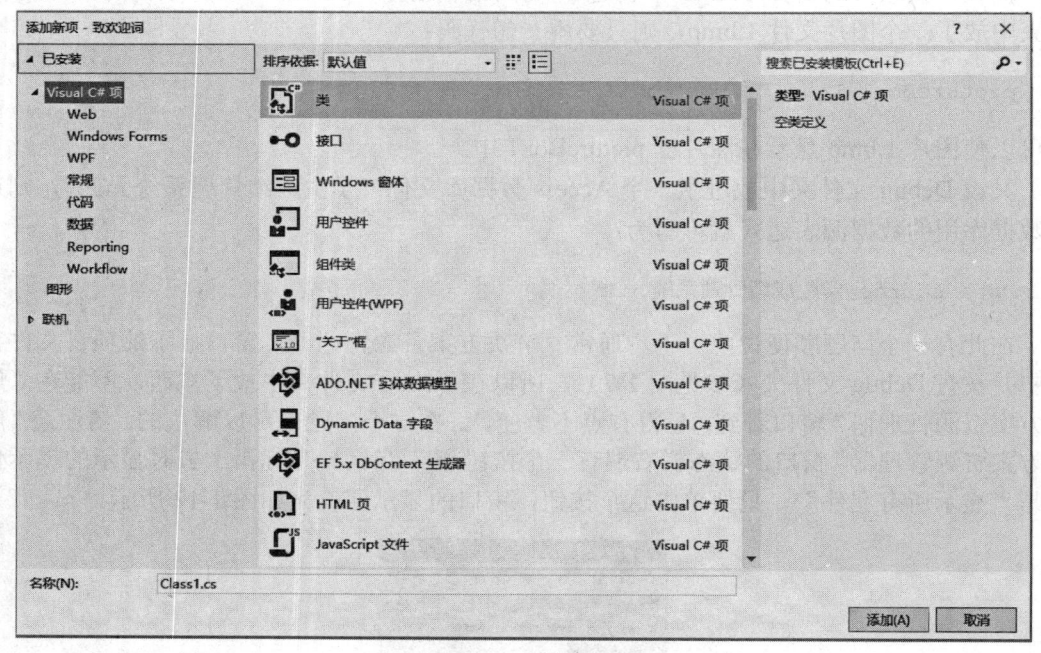

图 1-13　"添加新项"对话框

在"添加新项"对话框中选择欲添加新项的品种（类、接口、Windows 窗体……），在下方的文本框中输入新项目的名称，最后单击"添加"按钮，添加工作就告成了。

1.3.4　为解决方案添加新项目

一个 Windows 应用程序就是解决方案下的一个项目吗？回答是否定的。一些规模较大的应用程序，如数据库应用程序，功能比较复杂，为了使整个应用程序容易理解也容易维护，通常从上到下划分为"用户界面层（也称表示层）""业务逻辑层"和"数据访问层"三个层次。三个层次相对独立，又逻辑相关：上层调用下层的功能，下层为上层提供服务。

"用户界面层"主要完成与用户交互的任务,但不包括任何业务处理,只负责将数据提交给业务逻辑层。"业务逻辑层"主要实现业务规则和业务逻辑,它是"用户界面层"和"数据访问层"之间的纽带。"数据访问层"负责访问数据库,并将访问结果提交给"业务逻辑层",也可将"业务逻辑层"的数据提交给数据库。

在程序结构上,每一个层次都是解决方案下的一个项目。原有的那个含有窗体 Form1 的项目可以添加若干窗体构成"表示层"。然后,右击解决方案名,在弹出的快捷菜单中选择"添加"→"新建项目",系统弹出"添加新项目"对话框,如图 1-14 所示。

图 1-14　"添加新项目"对话框

在"添加新项目"对话框中选择"类库",再命名、确定。"解决方案资源管理器"窗口显示出新增的类库项目,如图 1-15 所示。

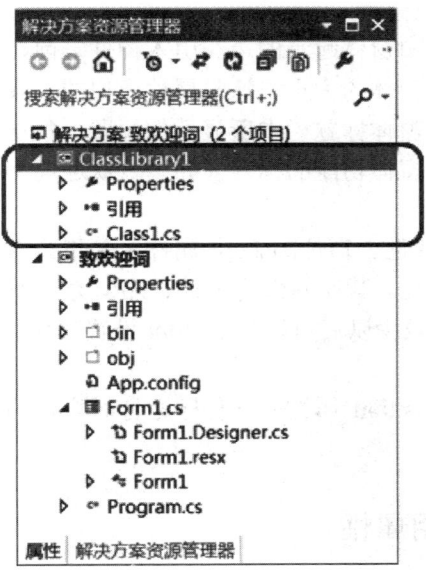

图 1-15　新增了类库项目

新增的类库项目可以构建成"业务逻辑层",也可以构建成"数据访问层"。初建的类库只含有一个类,还可添加新的类。按面向对象的思想编程,"业务逻辑层"和"数据访问层"都应该以类为基础,但不含窗体类。

应用程序架构的分层,是面向对象之封装思想的延拓。把功能相关的类封装为一个项目,通过一定的接口和外部交流信息。这样可把整个应用程序从逻辑上梳理得更顺畅、更有条理,也更安全,更便于使用、维护和扩充。

总之,VS 2012 全面、周到地支持了面向对象的编程。在此环境下,用户可以编出多姿多态的面向对象的好程序。

最后,再关于"解决方案"说几句话。在 VS 2012 下编程,是从创建一个新项目文件起步的,但系统理解你是在为新编的应用程序创建第一个项目文件,于是同时创建了一个解决方案文件,并创建了一个解决方案文件夹用来装载这两个文件。所谓解决方案就是组成一个应用程序的所有项目文件的组合,一个应用程序对应于一个解决方案,用解决方案文件夹存放其所有的项目文件,并用一个解决方案文件通过"解决方案资源管理器"来统一管理所属的各项目文件。

1.4　Windows 窗体和常用控件

在窗体界面设计阶段,我们都做些什么呢?当然应围绕窗体欲实现的功能来考虑,最基本的有三点:用什么控件作输入?用什么控件下达处理命令?用什么控件作输出?此外,还要用标签控件宣传。在此基础上进行窗体和控件的属性设置,设计出美观、合用的窗体。

1.4.1　空白窗体的常用属性设置

窗体界面设计是面对空白窗体起步的,在引入控件之前,一般常作以下属性设置。

(1) 通过鼠标拖曳调整窗体的大小,这时属性窗口的 Size 属性栏的值会自动变化。

(2) 设置窗体的标题。窗体标题栏中所显示的标题,默认和窗体的名称(如 Form1)相同,如果想换一个能体现窗体功能的标题(如"致欢迎词"),则可在属性窗口将其 Text 属性栏的值改为"致欢迎词"。

(3) 设置窗体的 Font 属性。窗体的 Font 属性,是指为窗体中全体控件内的文本统一规定的默认字体、字号等属性。其原始值为宋体、9pt,对一般应用来说嫌小,所以一开始把字的尺寸设大一点,可以减少以后对控件的 Font 设置工作;至于个别控件不服从默认设置,可以个别调整。

(4) 设置窗体的 StartPosition 属性——程序运行时窗体的初始显示位置。一般将其值选择为 CenterScreen。

1.4.2　窗体控件的常用属性

所有的窗体控件都继承自 Control 类,因而都继承有 Control 类的下列常用属性。

（1）Text——与控件关联的文本。例如，对标签（Label）和文本框（TextBox），是指其中所显示的内容；对按钮（Button）是指其键面的文本；对组合框（ComboBox）是指被选中显示在其文本框部分的内容；对单选按钮（RadioButton）和复选框（CheckBox）是指其所代表之供选项的说明文本。

（2）Visible——可见性，设其值为 true，则控件可见；设其值为 false，则控件不可见。这个属性使控件的使用更灵活，控件仅在需要用的时候才亮相。

（3）Enabled——可用性，也取 Bool 值，控件始终可见，但不可用时色彩暗淡，不接受任何用户操作，但程序代码仍可操纵它。

（4）BackColor——控件的背景色。

（5）ForeColor——控件的前景色，用于显示文本。

（6）Font——控件中文本的字体。

（7）Size——控件的大小（宽、高，通常用鼠标拖曳确定）。

1.4.3　文本框

文本框（TextBox）是最常用的输入控件，用它获取用户输入的文本。文本框也是最好用的输出控件，用它以文本形式显示程序的运行结果。下列属性为文本框所特有，请留意应用。

（1）MultiLine——其默认值为 false，致使文本框通常只能处理一行文本。为了使文本框能处理多行文本，应在属性窗口将其值改为 true。

（2）PasswordChar——当文本框作为密码框使用时，应启用 PasswordChar 属性设置一个字符，把用户输入的密码掩盖掉。

（3）ReadOnly——其默认值为 false，因此文本框中的文本是可编辑的。但若将文本框用作输出控件，为了防止以后篡改输出信息，应将其值改为 true。但这样一改会使文本框暗淡下来，影响输出效果；为弥补此副作用，可将其 BackColor 设置为亮白。

（4）WordWrap——对多行文本框，应将该属性值改为 true，使得一行文本抵达右端时会自动换行。

（5）ScrollBars——此属性用来当文本框窗口偏小，不足以尽显内容时，设置滚动条。

文本框是最好用的输出控件，是因为在构造文本框的输出字符串时，可以用控制符"\t"从一个制表区跳到下一个制表区；可以用控制符"\r\n"强制换行；还可以运用滚动条。特别是当输出数据需要排列成表格状时，采用文本框是不二的上上策。

1.4.4　标签

标签（Label）是最常用的控件。由于不能直接在窗体上写字，每当需要在窗体上显示一个标题，或显示一段提示说明性的文字时，就需要用标签这个宣传员。

标签也是最常用的输出控件。当标签用作输出控件时，建议先在其属性窗口将 AutoSize

属性值改为 false，然后按需要把它的尺寸拉大，使其占据窗体中一定范围，并把 Text 属性值设为空。但这样一来标签所占据的范围就无影无踪了，所以接着应为它换一个背景色，例如白色。这样的标签最初看上去就像一块白板，等着运行的程序往上面写入输出信息。在为标签构造输出字符串时，可以使用换行控制符 "\n"，遗憾的是，跳格控制符 "\t" 对标签无效。但只要输出信息是非表格形式的，标签仍不失为最佳的输出控件。

1.4.5　按钮

按钮（Button）是最常使用的用来下达处理命令的控件。应用中想利用某按钮来下令做某件事，就把这件事的做法写成该按钮的 Click 事件处理程序。于是程序运行中，只要单击该按钮，处理命令就下达了。

其实，通过引发 Click 事件来下达处理命令并不是按钮的专利，任一控件都有 Click 事件，都能 "顶替" 按钮来发号施令。例如可以向窗体引进一个图片框📷，用以单击后实现某项查找功能。

1.4.6　其他常用的输入、输出控件

1．自定义输入对话框

有时需要输入的数据量较大，但这些数据可以分成若干组，各组数据可以采用相同的输入界面。例如需要分别输入 8 种物品的名称、重量和价值，这时，一种别开生面的输入方法是自定义输入对话框。

所谓自定义输入对话框，其实就是在本项目中添加一个 Windows 窗体，用来接收一组专门的数据。关键是该窗体使用 ShowDialog() 方法打开显示，使其成为模态窗体——当对话框弹出显示的时候，用户不能访问对话框以外的对象。

2．利用选择性控件进行输入

有时需要输入的数据是规范化的，只能是有限个已知项目中的某一个或某几个，诸如性别、年级、专业等。为了避免文本框输入的随意性，改用选择性控件来输入非常有效。通常多个选项供单选，用组合框（ComboBox）；多个选项供多选，用列表框（ListBox）；还可以采用单选按钮（RadioButton）和复选框（CheckBox）。

3．用列表框作输出控件

虽说列表框是一个为用户提供选择的列表，但它首先是显示列表，所以也可以把列表框作为输出控件。当应用上要求把问题的多组解清晰地列表显示的时候，可以每求出一组解就调用 Add 方法，把这组解添加到列表框中显示为一个新的列表项，代码特别简单，不需要考虑回车换行；比使用文本框或标签更方便。

4．用系统消息对话框 MessageBox 输出信息

MessageBox 经常被银行用于向客户显示通知信息，如"姓名不能为空！""必须输入正整数！""存款操作成功！"等。MessageBox 也可以用来输出程序的不太复杂的运行结果，如图 1-16 所示。

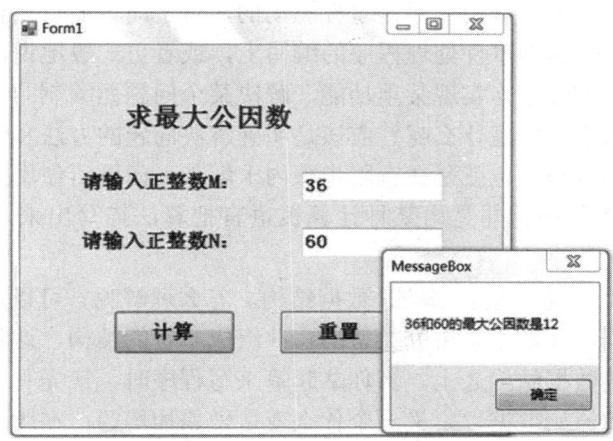

图 1-16　用 MessageBox 输出运行结果

第 2 章　程序设计中的基本算法

第 1 章提到，Windows 应用程序是事件驱动的，对于简单的、只有一个窗体类的应用程序的编制来说，难点落在事件处理程序的编写上，或者更一般地说，落在窗体类的成员方法的编写上。成员方法是为实现某项功能、解决某个问题而编制的一个程序模块。对编写成员方法来说，最重要的是什么呢？应该是明确解决问题的方法和步骤。在计算机科学中，把解题的方法和步骤，也就是在有限步骤内求解某一问题所使用的一组定义明确的规则，称之为算法，而程序无非是用某种计算机语言把算法描写出来，所以算法是程序的灵魂。

有一个经典的公式说：程序=算法+数据结构。怎么理解呢？可以通俗地解释如下：算法的处理对象是数据，而数据是讲究类型的，并组成一定的结构，这就是数据结构；任一算法都构建在一定的数据结构之上。当你拿起笔来写程序时，最先写的往往是定义一个什么变量或数组来存放原始数据，定义一个什么变量做累加器等，在此基础上再展开对算法的描述。这就是程序=算法+数据结构。下面分别介绍常用的 8 种算法：穷举法、模拟法、递推、递归、回溯法、分治法、贪心法和动态规划法，并用这些算法思想来编制 Windows 应用程序。所举各案例基本上都是只有一个窗体类的 Windows 应用程序，用基本算法把它们分门别类地贯穿起来。为了过好 Windows 编程关，先过算法关。

2.1　穷　举　法

给定问题 P，如果知道 P 的可能解构成一个有限集合 $S=\{s_1,s_2,\cdots,s_n\}$，则可以列举每个 s_i，检验它是否确实是 P 的解，这就是穷举法。穷举法也被称为枚举法或试探法。在理论科学中，没有穷举法、试探法的地位，因为这种方法意味着对问题的认识限于表面化，缺乏本质的、规律性的认识。但在计算机技术中，穷举法却独树一帜，成为算法设计的一个亮点。这是因为穷举法浅显易懂，容易实现也容易维护。如果用人工来实现穷举法，在时间上和精力上都是不能容忍的，但用高速而不知疲劳的计算机来做，正好发挥它的长处，可以胜任而愉快。

注意，当集合 S 很大时，穷举的次数可能是连计算机也难以企及的天文数字，甚至实际上不可能实现。实际使用穷举法时，经常利用各种已知条件来从 S 中排除一部分不可能的情形，从而优化穷举过程。

2.1.1　例 2-1　百钱买百鸡

我国古算书《算经》中的一道题：鸡翁一，值钱五；鸡母一，值钱三；鸡雏三，值钱一。百钱买百鸡，问鸡翁、母、雏各几何。

本例的界面设计如图 2-1 所示。

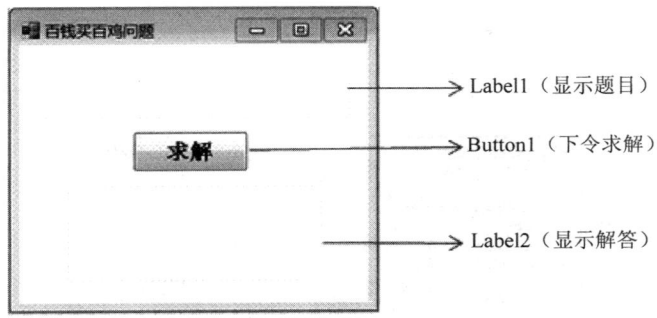

图 2-1　百钱买百鸡问题界面

程序运行时，首先，窗体的上方显示题目，这是窗体装入的 Load 事件处理程序起了作用：

```
private void Form1_Load(object sender, EventArgs e)
{
  string s = "  鸡翁一，值钱五；鸡母一，值钱三；鸡雏三，值钱一；\n";
  s += "百钱买百鸡，问鸡公、母、雏各几何。";
  label1.Text = s;
}
```

在编制按钮 Button1 的单击事件处理程序时，运用了穷举法。根据题意，把鸡翁个数 x 的枚举范围定在 0～20；把鸡母个数 y 的枚举范围定在 0～33；x 和 y 枚举确定后，鸡雏 z 的个数就只能是 100–x–y 了，这样一组 x, y, z 是否为问题的解，就看是否能满足等式 z % 3 == 0 以及 $5x + 3y + z / 3$ ==100 了，因此编程如下：

```
private void button1_Click(object sender, EventArgs e)
{
  int k = 0;
  string s="";
  int 鸡翁, 鸡母, 鸡雏;
  for (鸡翁 = 0; 鸡翁 <= 20; 鸡翁++)
  {
   for (鸡母 = 0; 鸡母 <= 33; 鸡母++)
   {
    鸡雏 = 100 - 鸡翁 - 鸡母;
    if (鸡雏 % 3 == 0 && 5 * 鸡翁 + 3 * 鸡母 + 鸡雏 / 3 == 100)
     {
      s += "鸡翁" + 鸡翁 + ",  " + "鸡母" + 鸡母 + ",   " + "鸡雏" + 鸡雏 + "\n";
      k++;
     }
   }
  }
```

```
s += "共"+k+"组解";
label2.Text = s;
 }
```

运行结果如图 2-2 所示。

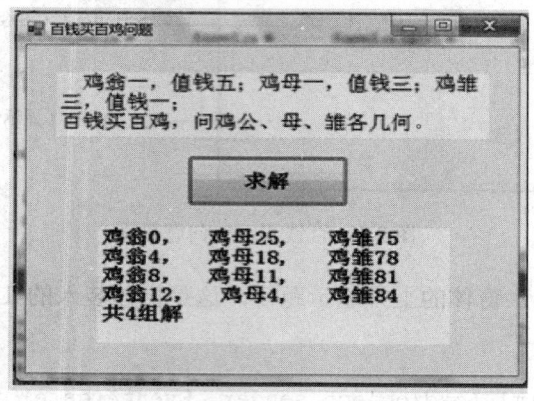

图 2-2   百钱买百鸡问题运行结果

2.1.2   例 2-2   求总和为 500 的连续正整数

易知 500 可以表示为 5 个连续正整数的和：500=98+99+100+101+102，试问：总和为 500 的连续正整数还有哪些？请编程求解。

本例的界面设计和例 2-1 一样，标签 Label1 用来展示题目，为此编制 Form1_Load 事件处理程序代码如下：

```
string s = "              题目\n";
s += "   98+99+100+101+102=500   \n";
s += "总和为500的连续正整数还有哪些？";
label1.Text = s;
```

标签 Label2 用来显示答案，中间一个键面文字为"解答"的按钮 Button1 用来下令求解。本例的难点就是编写 Button1_Click 事件的处理程序代码，分析如下。

由 98+99+100+101+102=500 可知，总和为 500 的连续正整数序列的首项最大值为 98，因此，就拿首项在 1～97 的范围内取值逐一试验，每轮试验的办法是从首项开始，逐一取后继整数累加，直到累加和大于或等于 500 为止。这是一个循环结构，如果循环是因为累加和等于 500 而结束，意味着试验成功，找到了一组解，可即时输出；否则，意味着试验失败，取下一个首项做新一轮试验。代码如下：

```
int p = 0; //p用来存放所求得解组的次第数
for (int i = 1; i < 98; i++)  //i为用以试验之解组的首项
  {
   int j = i;  //j为试验中用以累加的加数，取i为初值
   int s = i;  //s为试验中的累加器，首先把初值存入其中
```

```
while (s < 500)
  {
    j++;
    s += j;
  }
if (s == 500)
  {
   p++;
   label2.Text += "(" + p + ")  ";
   int count = 0; //加数计数器，控制输出时换行
    for (int k = i; k <= j; k++)//作为一组解的序列是从i到j
    {
      label2.Text += k + "  ";
      count++;
      if ((count % 10) == 0)//一组解的输出中每行满10项则换行
      label2.Text += "\n";
    }
     label2.Text += "\n\n";  //一组解输出完毕，空两行
  }
 }
p++; //把题目中公布的一组解加上
label2.Text += "\n\n总和为500的连续正整数共有"+p +"组";
```

本例的运行结果如图 2-3 所示。

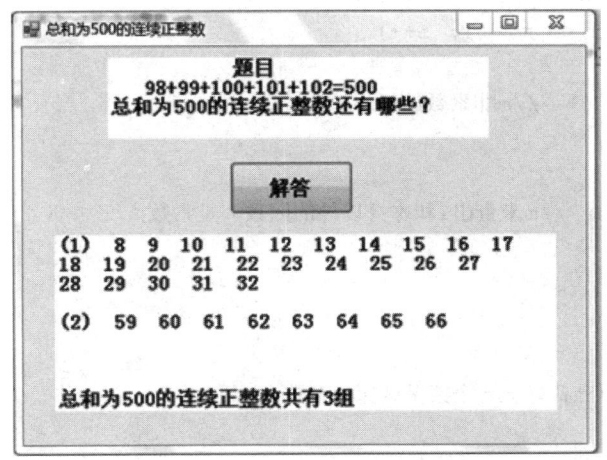

图 2-3　总和为 500 的连续正整数

2.1.3　例 2-3　第 *k* 大素数

编程：任意输入一个正整数 *k*，求出第 *k* 大的素数。

本例的界面设计如图 2-4 所示。

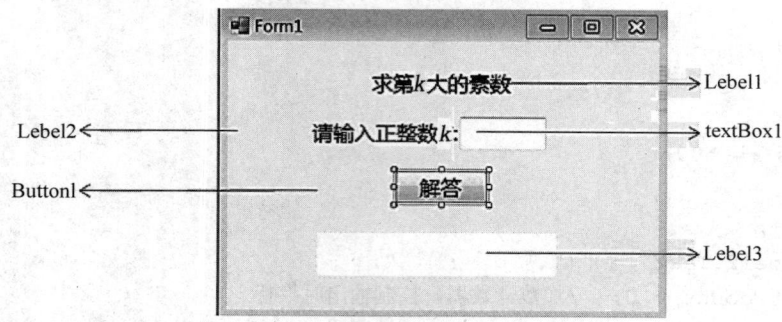

图 2-4　例 2-3 的界面设计

关键是求第 *k* 大素数的算法。我们不考虑任何专业的数学方法，仅根据素数的定义用试探法来判定素数。按升序从第一个素数 2 出发，往后在奇数范围内逐一求出各后继素数，直到求出了第 *k* 个素数为止，输出第 *k* 个素数。按此算法，Button1_Click 事件处理程序的代码如下：

```
int k = Convert.ToInt32(textBox1.Text);//接收用户对k值的输入
int n = 1;     //n是素数按升序的次第数，从第一个出发
int p = 2;     //p是第n个素数的值
int m = 3;     //m是接受试探，判定其是否为素数，从3试起
while (n<k)    //试到求出第k大素数为止
{
int i=2;  //对m试探其是否有1和本身以外的因数
for ( i = 2; i <= m - 1; i++)
 {
 if (m % i == 0)   //m非素数的标志
 break;
 }
if (i > m - 1)   //m未查出1和本身以外的因数，是素数
{
 n++;
 p = m;
   }
m = m + 2;  //准备好下一个接受试探的奇数
}
label3.Text ="第"+ k+"大的素数是"+ p;
```

本例的运行结果如图 2-5 所示。

2.1.4　例 2-4　最大公约数和最小公倍数

编程：任意输入两个正整数，求它们的最大公约数（GCD）和最小公倍数（LCM）。

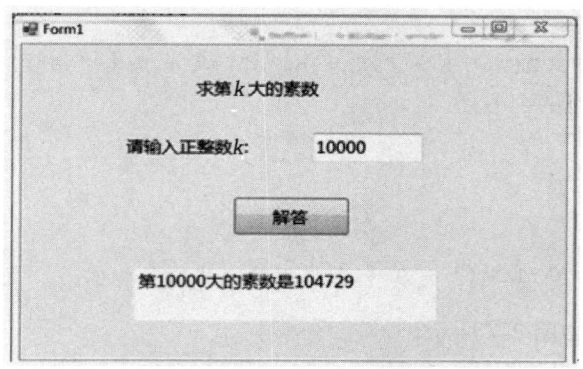

图 2-5 例 2-3 的运行结果

对本例同样放弃专业的数学方法，仅从基本定义出发试探求解，算法如下：

（1）求 GCD(A,B)。A、B 两数的最大公约数之最大可能，为 A、B 两数之一。因此，可任取 A、B 之一开始试探，若它恰能被 A 和 B 整除，问题就解决了；否则，解只能往小里去，把它减去 1 再试，不行再减去 1 试……如此循环。这个循环肯定能如愿结束（极端的情况是减到只剩 1 了，1 肯定能被 A 和 B 都整除，这时 A 与 B 互素）。

（2）求 LCM(A,B)。对 A、B 二数中的任一个，不妨拿 A 来说，LCM(A,B) 的最小可能是 A 的 1 倍。因此取 $m=A$ 开始试探，看它是否为 B 的倍数，如果是，问题就解决了；否则，解只能往大里去，为 A 的 2 倍、3 倍……于是，取 $m=m+A$ 再试，如此循环。这个循环也肯定能如愿结束（极端的情形是 $m=A \times B$，也对应于 A 和 B 互素）。

本例的界面设计如图 2-6 所示。

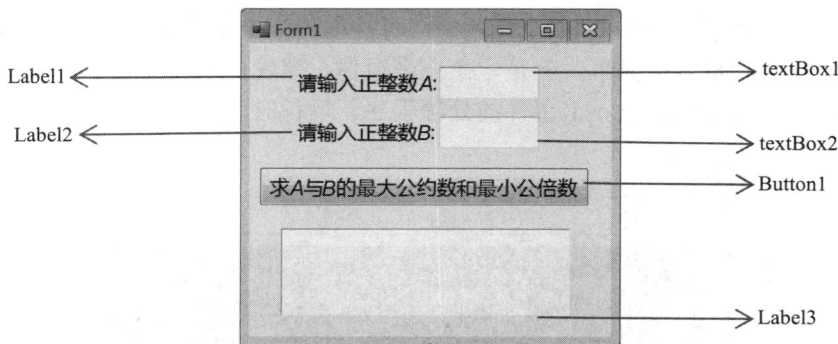

图 2-6 例 2-4 的界面设计

Button1_Click 事件处理程序代码如下：

```
int A = Convert.ToInt32(textBox1.Text);
int B = Convert.ToInt32(textBox2.Text);
 int d = A;   //求GCD(A,B)
while (A % d != 0 || B % d != 0)
{
  d--;
```

```
}
label3.Text = "GCD(" + A + "," + B + ")=" + d + "\n";
int  m = A; //求LCM(A,B)
 while (m % B != 0)
 {
   m += A;
 }
label3.Text += "\nLCM(" + A + "," + B + ")=" + m;
```

本例的运行结果如图 2-7 所示。

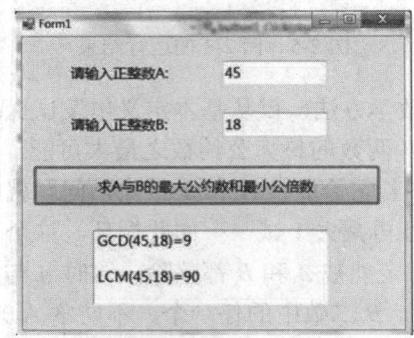

图 2-7　例 2-4 运行效果示例

2.1.5　例 2-5　排列和组合

编程显示出从 A、B、C、D 四个元素中，每次取出三个不同元素的所有排列和组合。

本例的界面设计可以很简单，就是一个充满窗体、黑底白字的标签 Label1，好像教室的黑板；代码就写成 Form1_Load 事件的处理程序。运行时，窗体一呈现，解答便和盘托出，如图 2-8 所示。

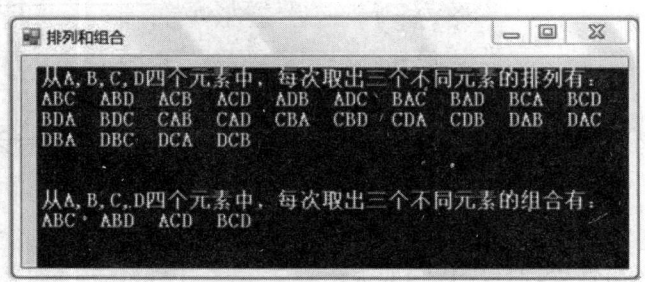

图 2-8　例 2-5 的运行结果

那么，代码是怎样编写的？就像我们手里拿着 A、B、C、D 四张牌，每次抽取三张，要把应有尽有的排列和组合构造出来。为了实现对四张牌的抽取，把四张牌存入一维数组，这样就可以用下标来灵活地调遣每一张牌。在构造排列时，先是让第一张牌、第二张牌、第三张牌都可从 A、B、C、D 中任取，穷尽一切可能，只是取出三张牌后发现有重复则予以淘汰，这样就符合排列的定义了，而且没有遗漏。在构造组合时，组合是不讲顺序的，为了实现这一点，我们来一个相反相成——穷尽一切可能，每次都严格按照字母的升序来抽取三张牌，于是，在抽取的结果中，不同的三张牌只以一种顺序出现，符合组合的定义。上面的想法用 C#代码描述如下（善于把日常处理问题的方法，用计算机语言描述出来，是程序员的一项基本功）：

```csharp
string s = "从A,B,C,D四个元素中，每次取出三个不同元素的排列有：\n";
string [] A = new string[] {"A","B","C","D"};
for (int i = 0; i <= 3; i++)//第1张牌可从A、B、C、D中任取，穷尽一切可能
{
 for (int j = 0; j <= 3; j++)  //第2张牌的抽取也一样
 {
  for (int k = 0; k <= 3; k++)  //第3张牌的抽取也一样
{
if (j != i && k != i && k != j)//如果取出的3张牌不一样
 {
  s = s + A[i] + A[j] + A[k] + "  ";//就作为一个排列输出
 }
 }
 }
}
label1.Text = s;
s += "\n\n\n从A,B,C,D四个元素中，每次取出三个不同元素的组合有：\n";
for (int i = 0; i <= 1; i++)  //第1张牌只能在A、B间任取，因为后面必须留两个空位
{
for (int j = i + 1; j <= 2; j++)//第2张牌必须比第一张牌大,而且后面必须留一个空位
{
for (int k = j + 1; k <= 3; k++)  //第3张牌必须比第2张牌大
 {
  s = s + A[i] + A[j] + A[k] + "  ";//输出所得的组合
 }
}
}
label1.Text = s
}
 }
}
```

2.1.6　例 2-6　最大值

对于任一个给定的由正数和负数共 10 个元素组成的整数序列，考察序列中连续的若干个整数组成的子序列，求使各项的和值达到最大的子序列及其和值。

界面设计如图 2-9 所示。

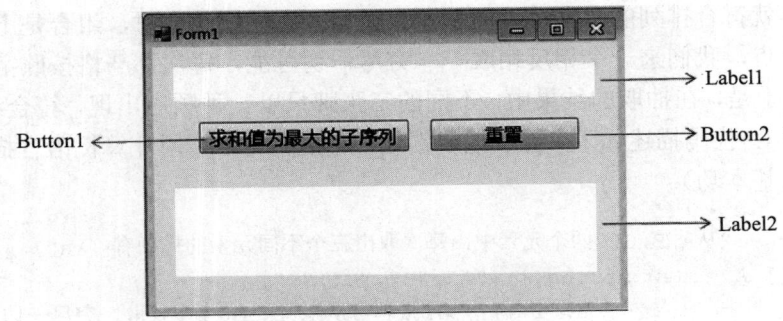

图 2-9　例 2-6 的界面设计

设计思想是这样的：窗体初显示时，Label1 中给出一组随机产生的非零整数序列，单击 Button1 后，Label2 中显示和值达最大的子序列；单击 Button2，Label1 中的序列将刷新，可再次单击 Button1 求出新的最大和子序列。运行效果如图 2-10 所示。

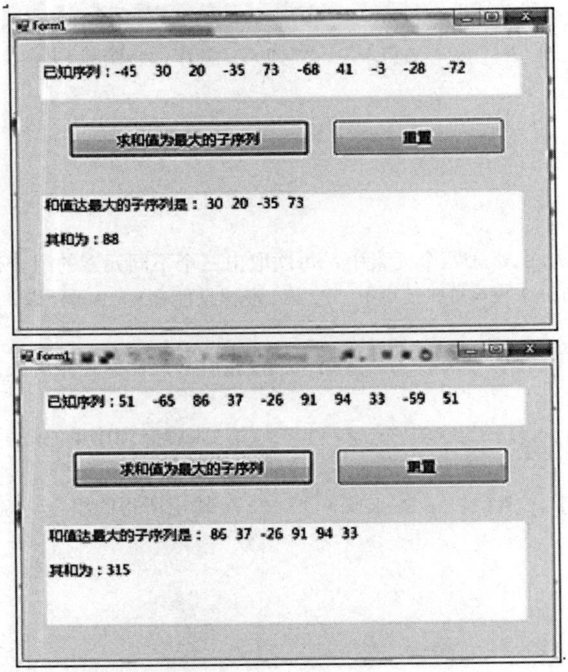

图 2-10　例 2-6 的运行效果

本例中，首先在窗体类 Form1 的代码部分类中添加了一个成员变量 A：

```
private int[] A = new int[10];
```

用来存储和处理随机产生的非零整数序列，这个 A 为多个方法所公用，所以不能放在某一个方法内部，特设为本类中的成员变量。

又由于 Form1_Load 和 Button2_Click 两事件的处理程序是一样的，所以有必要专门编写一个产生和显示随机序列的方法，这是在窗体类的代码部分类中自定义的一个成员方法：

```
private void 数组A赋值并输出()
    {
        Random r = new Random();
        for (int i = 0; i <= 9; i++)
        {
            A[i] = r.Next(-99, 99);
            while (A[i] == 0)        //确保非零
            {
                A[i] = r.Next(-99, 99);
            }
        }
        string s = "已知序列: ";
        for (int i = 0; i <= 9; i++)
        {
            s += A[i] + "    ";
        }
        label1.Text = s;
    }
```

难点聚焦到 Button1_Click 事件处理代码的编制，即怎样求出具有最大和的子序列。一个最朴素的想法是，把给定序列的全体子序列一一列出并求和，比较它们的和值，择其最大者输出。但工作量太大了，应尽量从简。

10 个数存放在 A[0],A[1],…,A[9]中，可把全部子序列按首项是 A[0]还是 A[1]、A[2]…划分为 10 类。对于以 A[i]为首项的那一类，只需从 A[i]出发，然后 A[i]+ A[i+1]+…往后一路累加下去，一直加到 A[9]，实际上就遍历了以 A[i]为首项的全部子序列，而且也考察了各子序列的和值，只需留意保存一路上所得到的最大和值，这样做就不怎么复杂了。

还有一个可以化简的办法是：如果 A[i]<0，那么以 A[i]为首项的子序列全都不可能取得最大和值（否则去掉这个首项和值会更大，岂不矛盾？），因此可以免去考察以 A[i]为首项的子序列（这样做不影响求最大和子序列）。

在上述对子序列的扫描中，用一个变量 currentSum 存放当前所考察之子序列的和值，又用变量 maxSum 存放此前已考察过的子序列中的最大和值（其初值可设为-99，只要有改正的机会都行），一旦 currentSum>maxSum，立即用 currentSum 来更新 maxSum。每次更新 maxSum 时，同时用一对整型变量 F、E 记下所对应子序列的起、止下标。

这种求最大（小）值的方法，有人称之为"假设－检验法"，是穷举法的一种特殊情形。因为要求的是最大值，但不知道最大值是多少，无法检验当前所枚举的值是不是最大值。只好先假设一个最大值，用应有尽有的枚举值一一检验，每遇不妥，立即校正。

Button1_Click 事件处理程序的完整代码如下：

```
int maxSum=0;
int F = 0; //F用来记录子序列首项的下标
int E = 0; //E用来记录子序列尾项的下标
int i, j; //循环变量
string s = "和值达最大的子序列是: ";
```

```
for ( i = 0; i <= 9; i++)//构造以A[i]为首项的子序列,穷尽一切可能
  {
    if (A[i] < 0)             //舍去首项为负的子序列
    continue;
     int currentSum = 0;
     for ( j = i; j <= 9; j++)
     {
      currentSum += A[j]; //对以A[i]为首项的子序列逐项累加
      if (currentSum > maxSum)//当累加和大于此前的最大和时
       {
         maxSum = currentSum; //更新最大和
         F = i;               //记下新的最大和子序列的首尾位置
         E = j;
       }
     }
  }
//输出具有最大和值的子序列
for (i = F; i <= E; i++)
 {
    s += A[i] + " ";
 }
s += "\n\n其和为: " + maxSum;
label2.Text =s;
```

2.1.7　例 2-7　背包问题

有背包一个,承重上限是 *x* 公斤;又有 *n* 件待装包的物品,每件物品各有其重量和价值。问应把哪些件物品装入背包,才能既不超重,又使所装物品的总价值达到最大?

为了使所编程序具有一般性,本例在界面方面最大的问题是 *x* 和 *n* 需要用户输入;每件物品的名称、重量和价值也都需要用户输入;若在一个窗体上用大量的文本框来接收大量的数据输入岂不令人沉闷生厌?为此,推出一种别开生面的输入界面——输入对话框。

输入对话框其实就是自定义的模态窗体。本例中,*x* 和 *n* 仍在主窗体 Form1 中通过文本框输入,而 *n* 件物品的明细信息则反复调用输入对话框输入,每次输入一件物品的明细信息。

主窗体的界面设计如图 2-11 所示。

主界面设计好以后,再为本项目添加一个 Windows 窗体类 Form2。添加的方法是在"解决方案资源管理器"窗口右击本项目名,在弹出的快捷菜单中单击"添加"→"Windows 窗体"命令。对新添加的窗体 Form2,在属性窗口将其将 ControlBox 属性设为 false,使对话框窗体的标题栏右侧失去"最小化""最大化/还原"及"关闭"3 个控制按钮;又将窗体的 FormBorderStyle 属性设为 FixedDialog——使对话框尺寸固定,不能拉大缩小。在主窗体 Form1 中,调用对话框的代码是:

```
Form2 f = new Form2();
        f.ShowDialog();
```

对话框 Form2 的界面设计如图 2-12 所示。

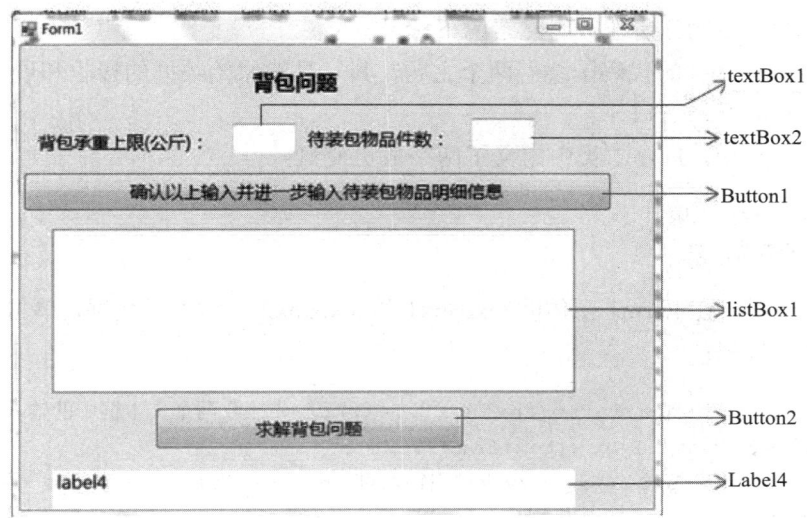

图 2-11　背包问题主界面

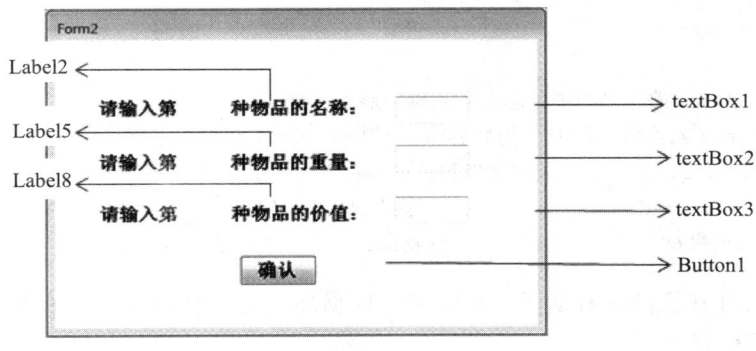

图 2-12　输入对话框窗体的界面设计

现在有了两个窗体类，这两个窗体类都和物品打交道。根据面向对象程序设计的"封装"思想，有必要把"物品"抽象出来，定义为一个类。添加这个新类的方法是在"解决方案资源管理器"窗口右击本项目名，在弹出的快捷菜单中单击"添加"→"类"命令，将添加的新类命名为"物品"，单击"添加"。接着在新类的代码页对新类定义如下：

```
class 物品
{
  public  string 名称;
  public  double 重量;
  public  double 价值;
  public static int k = 0;

  public static 物品[ ] W= new  物品 [20];
}
```

其中，静态数组 *W* 用来存储各件物品的名称、重量和价值，静态变量 *k* 用来存储各件物品的序号，对应于物品所在数组元素的下标。

Form1 和 Form2 中的代码围绕着两个主题，其一是对原始数据的接收和展示，其二是对最佳装包方案的推算。

先看其一。首先，Form1 类中定义了两个成员变量：

```
double 背包承重上限;
int 待装包物品件数;
```

运行时，当用户在 Form1 窗体的 textBox1 和 textBox2 中输入了数据，单击 Button1 按钮后，立即执行代码：

```
背包承重上限 = double.Parse(textBox1.Text);//先接收两个文本框中的输入
待装包物品件数 = int.Parse(textBox2.Text);
Form2 f2 = new Form2();      //再调用输入对话框，接收物品明细信息
for (int i = 0; i < 待装包物品件数; i++) //有几件物品，就打开几次输入对话框
{
物品.k = i+1;  //物品的序号是从1编起的
f2.ShowDialog();
}
//把存放在数组W中的物品明细信息在列表框中展示出来
listBox1.Items.Add("序号  物品名称      重量(公斤)        价值(元)");
for (int i = 1; i <= 待装包物件数; i++)
listBox1.Items.Add(i+"         "+物品.W[i].名称+"           "+
 物品.W[i].重量+"             "+物品.W[i].价值);
```

其间，每次打开了输入对话框，获取了一件物品明细信息的输入，单击"确认"按钮后，所执行的代码是：

```
 //把第 i件物品的明细信息存入数组W中下标为i的分量
int i = 物品.k;
物品.W[i] = new 物品();
物品.W[i].名称 = textBox1.Text;
物品.W[i].重量 = double.Parse(textBox2.Text);
物品.W[i].价值 = double.Parse(textBox3.Text);
this.Close();
```

再看其二，怎样推算出最佳装包方案？采用穷举算法：穷尽物品装包的一切可能的选择，通过比较，把最佳的装包方案遴选出来。

因为对每一件物品，只有装包和不装包两种选择，相当于一个二进制数位。所以设有 *n* 件物品，可用一个 *n* 位的二进制数来描述对装包物品的选择情况：从低位到高位共有编号为 0，1，2，…，*n*−1 的 *n* 个数位，若第 *i* 号数位值为 1，就表示第 *i*+1 号物品入选。而这样的一个 *n* 位的二进制数，可以直观地用一个长度为 *n* 的整型一维数组来存储。那么，

用什么方法来实现穷举呢？一个很巧妙的办法是用上述数组来模拟二进制数的加 1 算法。一个 n 位的二进制数，初值为 0，连续进行 2^n-1 次加 1 运算，就实现了穷举。于是，只要在穷举的过程中，注意把不超重且使总价值达到此前最大的物品选择记录下来。具体代码如下：

在 Form1 类中，自定义了一个成员方法(函数)：

```
/*用长度为n的一维整型数组模拟n位二进制数的加1运算，先把1加在最低位，然后从低位到高位做逢二进一*/
Private void  二进制加1(int[] B, int n)
{
    int i;
    int 进位 = 0;    //最初的进位为0
    B[0] += 1;        //把1加在最低位
    for (i = 0; i < n; i++)  //从低位向高位作逢二进一
    {
      B[i] += 进位;   //每一位加上来自上一位的进位
      进位 = B[i] / 2; //本位产生的进位
      B[i] %= 2;        //本位的新值
    }
}
```

为了求出背包问题的解在 Form1 类中定义了两个成员变量：

```
int[] 物品选择;
double 总价值之最大值;
```

又定义了求解背包问题的成员方法如下：

```
//本方法的功能是求出背包问题的解，存储到数组B中
private void 求解背包问题(int[] B)
{
bool 超重;   //标志背包载重是否超限
int[] 选物 = new int[待装包物品件数]; //标记对装包物品选择的数组
double 当前总重;
double 当前总价值;
总价值之最大值 = 0;
for (int i = 0; i < 待装包物品件数; i++) //标记数组清零
  选物[i] = 0;
int k=1; //计算选物方案的种数2待装包物品件数
for (int i = 1; i <= 待装包物品件数; i++)
    k *=2;
for (int i = 1; i < k; i++) //穷举选物的各种情形
{
二进制加1(选物, 待装包物品件数);//每作一次加1，得到选物的一种情形
当前总重 = 0;   //对这种选物情形，把所选各物的总重和总价值算出来
```

```
    当前总价值 = 0;
  超重 = false;
for (int j = 0; j < 待装包物品件数; j++)
 {
 if (选物[j] == 1)
 {
     当前总重 += 物品.W[j + 1].重量;
     当前总价值 += 物品.W[j + 1].价值;
if (当前总重 > 背包承重上限)
 {
     超重 = true;
     break;
 }
 }
  }
 if (!超重 && 总价值之最大值 < 当前总价值)
{
总价值之最大值 = 当前总价值
//数组B记录了到目前为止不超重且价值达最大的选物方案
for (int p = 0; p < 待装包物品件数; p++)
B[p] = 选物[p];      //B通过不断的刷新最值，势必为背包问题的解
    }
   }
  }
```

Form1 类中最后通过按钮 Button2 的单击事件处理程序调用上述成员变量和成员方法输出背包问题的解：

```
物品选择=new int[待装包物品件数];
求解背包问题(物品选择);  //背包问题的解在数组"物品选择"中
string s = "可将下列物品装入背包，使价值达最大:\n";/*用以存放最佳装包方案的物品组成*/
double 总重 = 0;    //累加器，用以计算最佳装包方案的总重
double  总价值 = 0;//累加器，用以计算最佳装包方案的总价值
for (int i = 0; i < 待装包物品件数; i++)
  if(物品选择[i]==1)
  {
    s += 物品.W[i+1].名称 + "        ";
    总重 += 物品.W[i+1].重量;
    总价值 += 物品.W[i+1].价值;
  }
s += "\n 这时装包总重量为" + 总重 + " 公斤\n装包物品总价值为 " + 总价值+"元";
 label4.Text = s;
```

本案例的运行结果如图 2-13 所示。

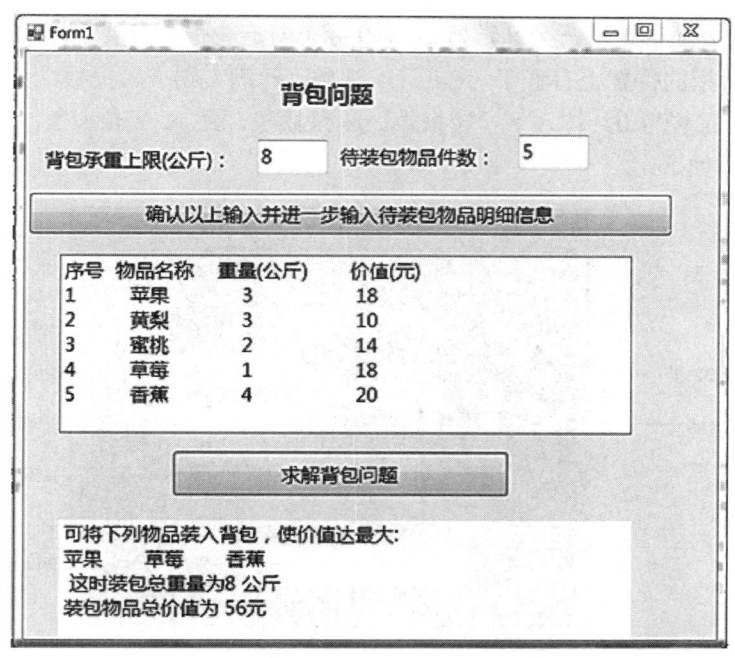

图 2-13　背包问题的一个运行结果

2.2　模　拟　算　法

有些问题，现实生活中已有现成的算法，不过比较费时费工，现要求用计算机快速地解出来。在计算机上怎么算？我们也想不出什么新招。于是采用模拟算法：现实生活中怎么做，计算机上也对应地怎么做。虽然是照葫芦画瓢，但怎么对应怎么画，还是需要一定技巧的。

2.2.1　例 2-8　猴子选大王

有 m 只猴子按编号 1，2，…，m，围坐一圈，然后从 1 号猴子开始，顺时针进行从 1 到 k（$k>1$）的顺序循环报数，凡报到 k 的猴子出列，直到圈内只剩下一个猴子时，这只猴子就是大王。试编程任意输入 m，k 并选出大王。

本例界面设计如图 2-14 所示。

对任意输入的 m 和 k，如何选出大王？这里采用模拟算法。m 只猴子按编号 1，2，…，m，围坐一圈，相当于一维数组元素 A[1]，A[2]，…，A[m] 首尾相接地排列成一个圈；元素 A[i]=1，表示 A[i] 中有猴，猴的编号为 i；若 A[i]=0，则表示原在此位置上的猴子已出列。而猴子报数，相当于有一个整型指针 p 在转着圈数猴子，指针所指的值就是数组元素的下标。指针 p 的基本动作是 $p=(p \% m)+1$，即 1 而 2，2 而 3，…，$m-1$ 而 m，m 而 1，即转着圈子后移 1 位。p 还绑定着一个计数器 s，s=0 标志着一轮报数就要开始了，随着指针 p 的移动，只要 p 所指的位置上有猴子，s 就计一次数，计满 k 则一轮报数结束，p 所指位置上的猴子出列，s 重置为 0，转入下一轮报数。m 只猴子，经 m-1 轮报数，圈中就只剩下一只猴子了。代码如下：

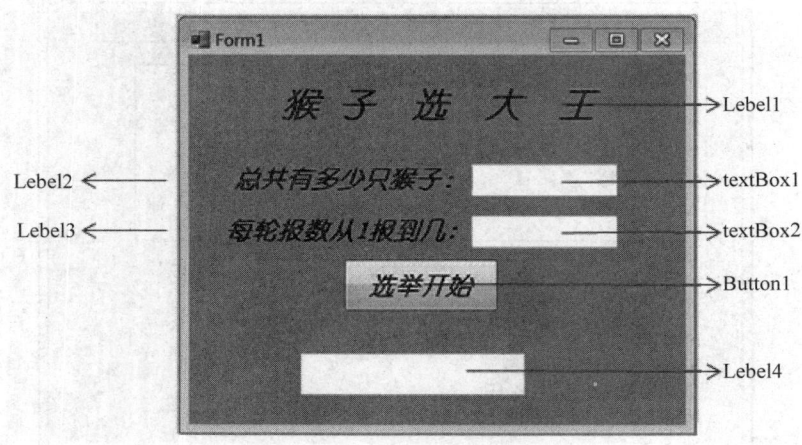

图 2-14　猴子选大王界面设计

```
int m = int.Parse(textBox1.Text);
int k = int.Parse(textBox2.Text);
int[] A = new int[m + 1];//用A[1],A[2],...,A[m]表示围成一圈的m个位置
for (int i = 1; i <= m; i++) /* A[i]==1表示第i号位置上有猴,A[i]==0表示第i号
位置上无猴*/
    A[i] = 1;          //最初每个位置上有1猴,A[i]中的猴子称为第i号猴
    int p = 0;          //p用来指向圈中位置，依序巡查圈中每个位置
 for (int i = 1; i < m; i++)  /* 进行m-1轮报数，每轮减1猴。每一轮报数，相当于指
针p在巡查中每遇一只猴子计一次数，直到计满k*/
    {
int s = 0;    //报数计数器清零
    while (s < k)   //报数过程
    {
    p = (p % m) + 1;//指针p的基本动作：每次在模为m的循环意义下后移一位
    s += A[p]; //s的基本动作：累计巡查过的A[p],实质上是对有猴的位置计数
    }
    A[p] = 0;    //每轮报数，报到k的猴子出列
    }
    for (int i = 1; i <= m; i++)  //请出大王
    if (A[i] == 1)
        label4.Text ="第"+ i + "号猴子当选为大王！";
```

请注意体会本例中数组 A 和变量 p、s 的运用技巧。运行效果如图 1-25 所示。

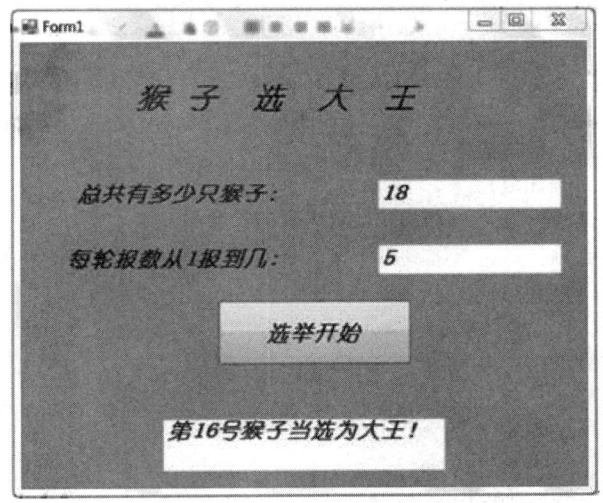

图 2-15　猴子选大王运行效果

2.2.2　例 2-9　超大正整数的加法

所谓超大正整数，是指长度在 18 位以上的正整数，这样的正整数，C#中无论是 int 类型还是 long 类型的变量，都已容纳不下。两个相加的正整数，只要其中有一个是 18 位以上的，就把它们都当作超大正整数看待。怎样在计算机上编程进行两个超大正整数的加法？首先要解决超大正整数的输入问题，这好办，可以把两个超大正整数作为字符串接收下来。然后是怎么做加法，现在无法让计算机自动做加法，就采用模拟法——模拟现实生活中的竖式加法或算盘上的加法，两个加数右对齐后相同数位上的数相加，从低位到高位逢十进一。为了便于模拟，采取两个措施：其一是统一长度，对较小的那个加数采取高位补零的办法，使两个加数具有相同的位数，于是相加时只要从最高位一直加到最低位就行了；其二是把字符串转存入整型一维数组，一个数组元素中存放一位数字，这样一来，只要对两个数组下标相同的各分量对应相加，再考虑进位。本例的界面设计如图 2-16 所示。

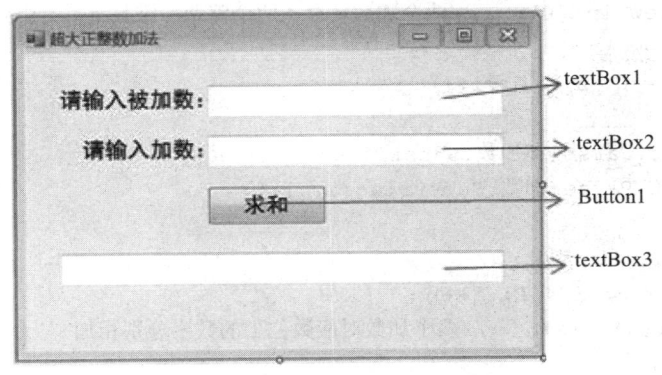

图 2-16　超大正整数加法界面设计

完整的代码如下：

```
public partial class Form1 : Form
{
  private string 被加数;
  private string 加数;
  private int L;          //相加二数较大者的长度

  public Form1()
  {
    InitializeComponent();
  }
private void 接收输入()
{
  被加数 = textBox1.Text;
  加数 = textBox2.Text;
  if (加数.Length > 被加数.Length)
  {
    string t = 被加数;
    被加数 = 加数;
    加数 = t;
  }
  L = 被加数.Length;
  int L2 = 加数.Length;
  int k = L - L2;
  string s = "";
  for (int i = 0; i < k; i++)
    s += "0";
    加数 = s + 加数;   //较小的加数高位补零，使两个加数长度相同
}


private string  求和()
{
 int[] A = new int[L];    //两个加数转存入两个整型一维数组
 int[] B = new int[L];
 for (int i = 0; i < L; i++)
 {
  A[i] = int.Parse(被加数.Substring(i, 1));
  B[i] = int.Parse(加数.Substring(i, 1));
  }
 int[] 和 = new int[L];
 for (int i = 0; i < L; i++)
   和[i]= A[i] + B[i];    //两个加数对应数位上的数字分别相加
 int 进位 = 0;
 for (int i = L - 1; i >= 0; i--)   //从低位到高位逢十进一
```

```
{
  和[i] = 和[i] + 进位;
  if (和[i] >= 10)
  {
    进位 = 和[i] / 10;
    和[i] = 和[i] - 10;
  }
  else
  {
    进位 = 0;
  }
}
string s = "";        //相加结果转化为易于输出的字符串
for (int i = 0; i < L; i++)
  s += 和[i] + "";
if (进位 == 1)    //如果两数的最高位相加有进位, 不要忘了补上
  s = "1" + s;
return s;
}

private void button1_Click(object sender, EventArgs e)
{
    接收输入();
    textBox3.Text = 求和();
}
}
```

2.2.3　例 2-10　分解质因数

一提起分解质因数, 就会想起小学生时代手工做因数分解的方法, 例如:

```
2 | 60
  2 | 30
    3 | 15
      5 | 5
          1
```

所以　$60 = 2 \times 2 \times 3 \times 5$。

抽象地说, 就是用素数序列 2, 3, 5, 7, 11, …依序去累除被分解数, 每除尽一次, 得到一个质因数, 直到所得之商是 1 为止。

我们模拟手工算法来分解质因数。手工分解时, 实际上有一张素数序列表放在心里, 因此, 为了模仿, 首先想到的是先编制一张"素数表", 例如, 把 10000 以内的素数按升序存放在一维数组 A[0]~A[1229]中。这样, 为了将 N 分解质因数, 只需用数组 A 中的数依序去试除 N, 直到所得之商是 1 为止。

生成数组 A 的方法是:

```
private void 生成素数表(int[] A)
    {
      A[0]=2;
      int i,j, k=0;
      for(i=3;i<10000;i=i+2)
      {
        for(j=2;j<i;j++)
          if(i % j==0)
              break;
        if(j==i)
        {
          k++;
          A[k]=i;
        }
      }
    }
```

分解质因数的代码是:

```
private void button1_Click(object sender, EventArgs e)
{
  生成素数表(A);  //生成10000以内的全体素数表
  int n = int.Parse(textBox1.Text);
  string s = n + "=";
  for (int i = 0; i < 1229; i++)  //A[1228]=9973,10000以内的最大素数
{
 while (n % A[i] == 0)
 {
   s += A[i] + "*";
   n=n/A[i];
 }
 if (n == 1)
   break;
}
int l = s.Length;
s = s.Substring(0, l - 1); //消去因数分解表达式最后多余的一个"*"号
label3.Text = s;
}
```

本例的运行效果如图 2-17 所示。

上述程序中,"生成素数表"占据了整个程序的大部分开销,而且,这个程序只能确保 10000 以内正整数的因素分解。虽然用这个程序往往能分解比 10000 大得多的整数,如图 2-18 所示。

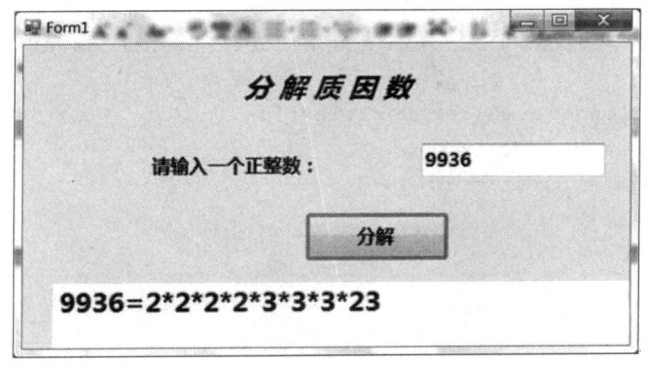

图 2-17　程序"分解质因数"的运行效果

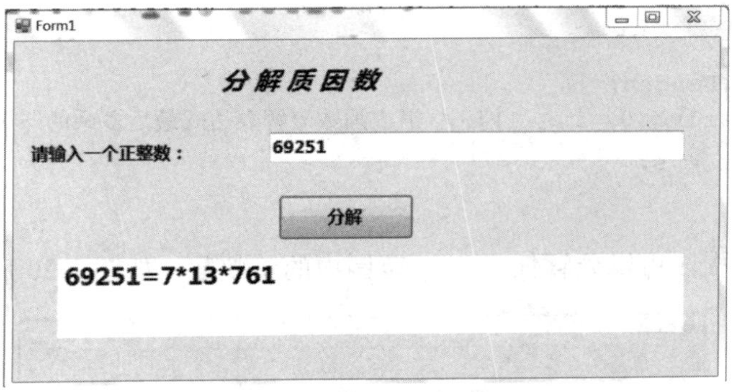

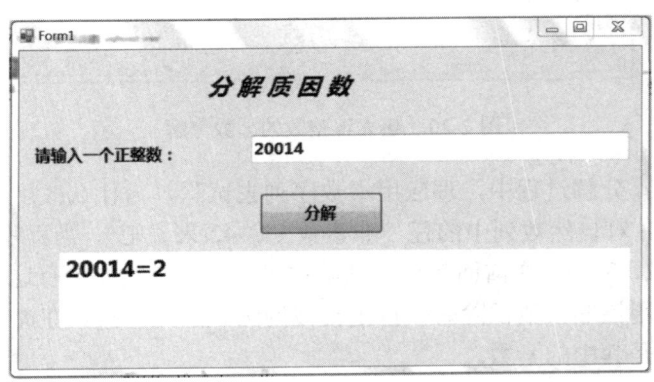

图 2-18　分解质因数

但是，只要输入的整数含有比 10000 大的质因数，该程序就无能为力了，例如，应有 20014=2×10007，其中 10007 是比 10000 大的第一个素数，本程序的显示错误，如图 2-19 所示。

图 2-19　显示错误

怎样改进这个程序，使之简化而且功能增强？介绍一个也许你想不到的办法，就是不去做那个"生成素数表"，干脆用以 2 开头的自然数列取而代之，数据类型上再用 long 替换 int，整个程序简化为：

```
private void button1_Click(object sender, EventArgs e)
 {
   long  n = long.Parse(textBox1.Text);
   string s = n + "=";
   for (long i = 2; i <= n; i++)
{
 while (n % i == 0)
   {
     s += i + "*";
      n = n / i;
   }
   if (n == 1)
     break;
  }
  int l = s.Length;
 s = s.Substring(0, l - 1); //消去因数分解表达式最后多余的一个"*"号
 label3.Text = s;
}
```

这样改进后的程序可以分解任一 long 范围内的正整数，如图 2-20 所示。

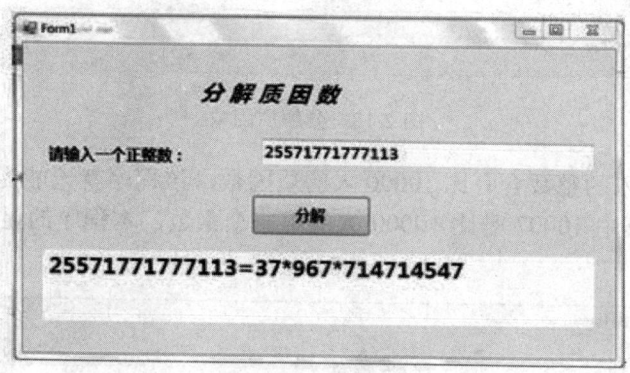

图 2-20　超大正整数的因数分解

这里也许会问：分解过程中，理应用素数序列去试除，为什么改用自然数列也行？

可以这样去想：对自然数列中的任一非素数（拿 42 来说吧），当程序运行试除到它时，它的所有质因数（2，3，7）在前面都已被试除过了，被分解数如果有这些因数，早已分解出来了，所以轮到用该非素数试除时，肯定会被淘汰。因此非素数在此自然数列中虽有若无，起作用的仅仅是其中的素数。

2.3　递 推 算 法

一个数列 A_0，A_1，A_2，…，A_n，…，如果任一项 A_n 可以由它前面紧邻的 k 个项 A_{n-1}，

A_{n-2}，…，A_{n-k}（$k=1$，2，…）唯一确定：

$$A_n=f(A_{n-1}，A_{n-2}，\cdots，A_{n-k})$$

把上面的等式称为递推公式，显然，利用递推公式，只要已知 A_0，A_1，…，A_{k-1} 就可以由前往后地逐一推算出数列的任一项。这是递推算法的第一种情形，称为顺推。

有时从递推公式可以反解出：

$$A_{n-k}=g(A_n，A_{n-1}，\cdots，A_{n-k+1})$$

于是，利用这个反解式，可以从已知的 A_N，A_{N-1}，…，A_{N-k+1}，由后往前逐一推算出数列的各项，直至推算出 A_0，这就是递推算法的第二种情形，称为逆推。显然，在计算机语言中可以用循环语句来实现递推。

2.3.1　例 2-11　斐波那契数列

递推算法最著名的案例是斐波那契数列。它是由这样一个趣题引起的：

如果一对两个月大的兔子以后每一个月都会生一对小兔子，而一对新生的兔子出生两个月后才会生小兔子。假定不发生兔子死亡事件，试问买一对新生的兔子来养，一年以后将发展成多少对兔子？

这个题目，乍一看看不出什么规律，不妨用 F_k 来记买来一对新生兔 k 个月后发展成的兔子对数（$k=0$，1，2，…），按题意摆出最初几个月的数据来揣摩一下。

```
F₀= 1    //新买来一对
F₁= 1    //刚过一个月，还不会生
F₂= 2    //满两个月了，生下一对小兔
F₃= 3    //一对老兔又生下一对小兔，头一对小兔要到下月才会生
F₄= 5    //一对老兔又生下一对小兔，头一对小兔也生了一对，比上月多了两对
...
```

一般有：

$$\begin{cases} F_n = 1 \\ F_l = 1 \\ F_k = F_{k-1} + F_{k-2}(k>1) \end{cases}$$

也就是说，最初两个月的兔子对数都是 1，从两个月后起，每个月的兔子对数都是上两个月兔子对数的和。这就是递推公式。为什么会有这样的递推公式呢？这是因为到了第 k 月，兔子对数应为上个月的兔子对数 F_{k-1} 加上第 k 月新生的兔子对数。那么第 k 月新生的兔子对数是多少呢？显然应是 F_{k-1} 去掉第 $k-1$ 月当月新生的兔子对数（被去掉的部分在第 k 月不会生育，而去掉后余下的部分每一对在第 k 月都会生下一对小兔子），而这去掉后余下的部分恰为 F_{k-2}，即$(F_{k-1})-$(第 $k-1$ 当月新生的兔子数)$=F_{k-2}$ 。

根据递推公式不难得出：

$$\{F_n\}=1，1，2，3，5，8，13，21，34，\cdots$$

这就是著名的斐波那契数列。本问题归结为求 F_n。下面给出一个 C#的方法，可用来求斐波那契数列的任意第 n 项。

```
private int 斐波那契(int n)
    {
        int F0=1;
        int F1=1;
        int F2=2;
        if (n == 0 || n == 1)
            return 1;
        if (n == 2)
            return 2;
        for (int i = 3; i <= n; i++)
        {
            F0 = F1;   //F0和F1用来存放和当前项紧邻的前面两项
            F1 = F2;   //F2用来存放当前项
            F2 = F1+ F0;//在递推过程中的每一步更新F0、F1计算F2
        }
        return F2;
    }
```

为本例设计的界面如图 2-21 所示。

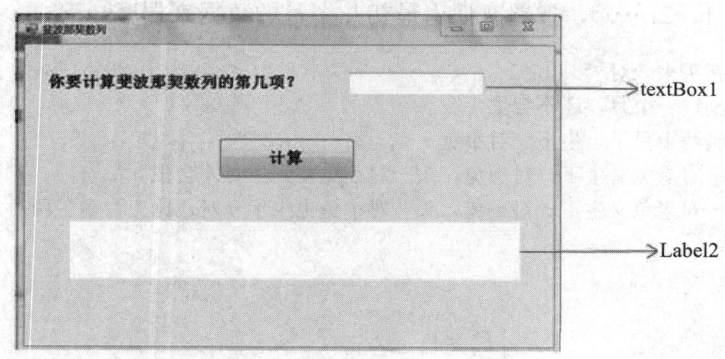

图 2-21　求斐波那契数列任一项的界面

其中按钮"计算"的单击事件代码就是：

```
int n = int.Parse(textBox1.Text);
label2.Text = "斐波那契数列的第"+n+"项是"+斐波那契(n);
```

运行效果如图 2-22 所示。

2.3.2　例 2-12　存款问题

小龙考上了大学本科，9 月 1 日开学。父亲准备为小龙的四年大学生活一次性储蓄一笔钱，他在 8 月 1 日向银行存入这笔钱，使用整存零取的方式，控制小龙从 9 月份起，每月月初取出 1000 元以供当月使用，到第 48 次取钱时，正好把存款取完。假设银行整存零取的年息为 1.71%，请算出父亲应存入多少钱。

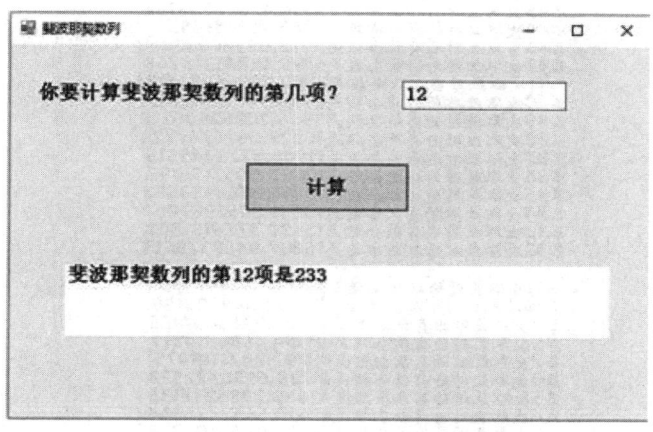

图 2-22　求一年后发展成的兔子对数

用 Y_n 记第 n 次取钱时的存款余额($n=1,2,\cdots,48$)，Y_0 为最初的存款，则应有：

$$\begin{cases} Y_n = (Y_{n-1} - 1000) \times (1 + 0.0171/12) & (n = 2,3,\cdots,47,48) \\ Y_{48} = 1000 \\ Y_1 = Y_0 \times (1 + 0.0171/12) \end{cases}$$

或改写为：

$$\begin{cases} Y_{n-1} = Y_n/(1 + 0.0171/12) + 1000 & (n = 2,3,\cdots,47,48) \\ Y_{48} = 1000 \\ Y_0 = Y_1 \times (1 + 0.0171/12) \end{cases}$$

上面的公式具体规定了一个有穷数列：Y_0，Y_1，Y_2，$\cdots$，Y_{47}，Y_{48}，其特点是已知数据在高端，可以从高端一步步递推到低端。用循环来完成此递推的 C#方法如下：

```
private void Form1_Load(object sender, EventArgs e)
    {
        double [] Y=new double[49];
        Y[48] = 1000;
        for(int i=48;i>=2;i--)
          Y[i-1]=Y[i]/(1+0.0171/12)+1000;
        Y[0] = Y[1] / (1 + 0.0171 / 12);
        for (int i = 48; i >= 1; i--)
            textBox1.Text += "第" + i + "次取款时的存款余额是" + Y[i] + "\r\n";
        textBox1.Text += "最初父亲存款的金额是" + Y[0];
    }
```

本例的运行结果如图 2-23 所示。

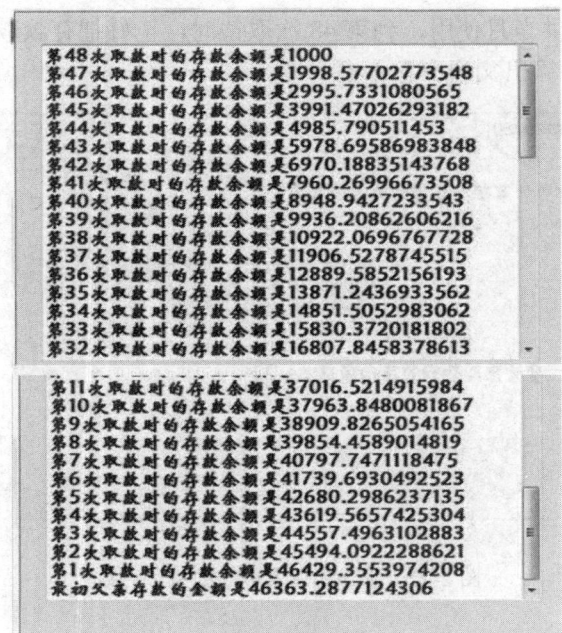

图 2-23　存款问题的解

2.4　递　归　算　法

话题仍然从递推算法开始。在递推算法中，先导出一个递推公式，从初始条件出发，利用递推公式，可以借助于循环，一步步地顺推或逆推。现在要说，本来可以用来顺推的递推公式，也可以用来进行逆推（同样，本来可以用来逆推的递推公式，也可以用来进行顺推），这种反其道而行之的做法，开创了一种新的算法——递归。

例如，要求斐波那契数列的第 4 项，逆推着算：

$$F4=F3+F2=(F2+F1)+(F1+F0)=(\ (F1+F0)+F1)+ (F1+F0)$$
$$=((1+1)+1)+(1+1)=5$$

从思想方法上来说，递归方法就是把规模较大的问题，不断归结为规模较小的同一问题，一直归结到规模小到已知其解，问题就解决了。

从计算机解题的编程形式上看，递归方法表现为定义了一个函数，这个函数的函数体中调用了该函数本身。例如 $F(n)$ 调用了 $F(n-1)$ 和 $F(n-2)$，调用的是函数自身，但规模在减小，这种调用是有尽头的，称之为递归函数。定义了递归函数以后，再在一个事件处理程序中调用递归函数，问题就解决了。例如，为了求出斐波那契数列的第 12 项，可编写一个 C# 的 Windows 应用程序，主要代码如下：

```
private void Form1_Load(object sender, EventArgs e)
{
  label1.Text = ="一对新生的兔子一年后将繁殖为"+ F(12) + "对兔子";
}
```

```
private long F(int n)
    {
        if (n == 0 || n == 1)
            return 1;
        else
            return F(n - 1) + F(n - 2);
    }
```

虽然递归算法内涵比较深邃，流程中包含多层内嵌的调用和返回，但字面上却非常简单明白。在学习循环语句的时候，一定已体会到，编程中要善于把大量的操作归结为同一种模式，放在循环体中反复执行，循环的实质就是对同一操作模式的复用。现在学习递归，务必明白递归也是一种复用。不过循环是针对要执行的具体操作步骤考虑复用，而递归则是针对要解决的问题考虑复用。递归的思想就是把要求解的问题转化为规模缩小了的同一问题，这样逐级转化，最终问题规模足够小时，解已明朗化，递归调用停止，再逐级返回，求出各级问题的解，最后回归完成，得到原问题的解。下面列举递归算法解题的实例。

2.4.1　汉诺塔问题

汉诺塔（Hanoi）问题源于印度一个古老的传说。如图 2-24 所示的 A、B、C 三根立柱，A 柱上套着 64 个中心有圆孔的大小不一的圆盘，这些圆盘最大的在底部，从下到上一个比一个小。现要求把这些圆盘逐个移到另一根立柱 C 上，规定一次只能移动一个圆盘，且圆盘放到立柱上时，大的只能放在小的下面，但是可以利用中间那根立柱 B 作为辅助移动使用。问应该怎样移动圆盘？

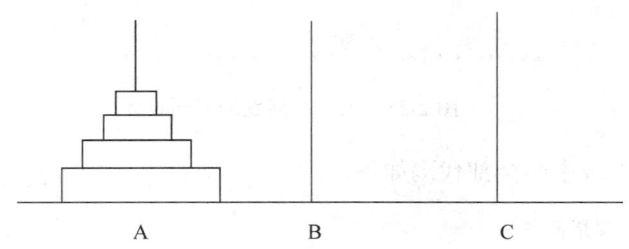

图 2-24　汉诺塔问题图示

实际上，对 64 个圆盘的汉诺塔问题，需要移动圆盘的次数是一个天文数字，计算机也不能胜任此项工作。下面只给出解决问题的方法并解出圆盘数 n 较小时的汉诺塔问题。

首先是用递归的思想来分析汉诺塔问题：

如果只有 1 个圆盘，则把该盘从 A 柱移到 C 柱，完成移动。

如果圆盘数量 $n>1$，移动圆盘的过程可以分为以下三步：

（1）将 A 柱上的 $n-1$ 个圆盘移到 B 柱；

（2）将 A 柱上的 1 个圆盘移到 C 柱；

（3）将 B 柱上的 $n-1$ 个圆盘移到 C 柱；

    这样，就把 *n* 个圆盘的汉诺塔问题，归结为 *n*–1 个圆盘的汉诺塔问题，而移动 *n*–1 个圆盘的工作，仍然归结为上面 3 个步骤。如此层层递归，归结到 *n*=1 时，便脱颖而出了。

    编程的关键是编写解 *n* 个圆盘之汉诺塔问题的递归函数，把这个函数的签名规定为

```
private void 汉诺塔(int圆盘数，char源柱字符，char中间柱字符，char目标柱字符)
```

即函数名为"汉诺塔"，带 4 个参数，顺序规定为：圆盘的数目，源柱名，中间柱名，目标柱名。A、B、C 三根立柱可根据需要或指派为源柱，或指派为中间柱，或指派为目标柱。例如，汉诺塔(5,'A','B','C')的含义是求解把 5 个圆盘从 A 柱移到 C 柱，将 B 柱用作中间柱的汉诺塔问题；而汉诺塔(4,'A','C','B')的含义是求解把 4 个圆盘从 A 柱移到 B 柱，将 C 柱用作中间柱的汉诺塔问题。

    为解决汉诺塔问题设计的 Windows 窗体应用程序的界面如图 2-25 所示。

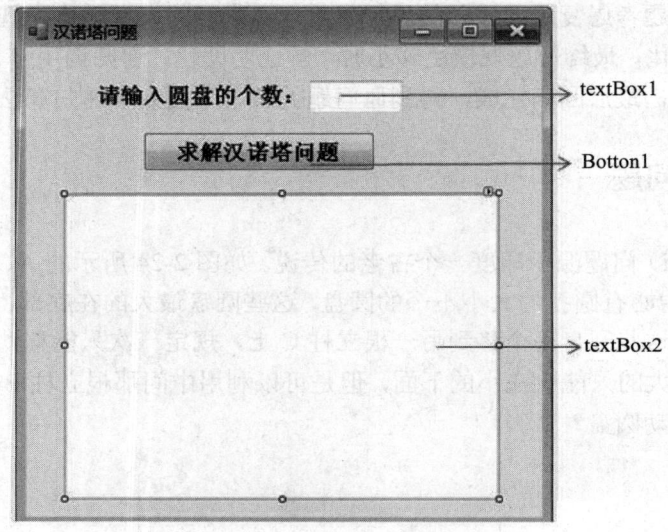

图 2-25   汉诺塔问题的界面设计

    代码页 Form1.cs 中的全部代码如下：

```
namespace 汉诺塔问题
{
    public partial class Form1 : Form
    {
        private int 圆盘数;
        private long count = 0; //累计圆盘移动的次数
        private string s = "";  //存放历次的输出信息

private void 汉诺塔(int 圆盘数, char 源柱字符, char 中间柱字符, char 目标柱字符)
{
 if (圆盘数 == 1)
        s += "第" + (++count) + "次移动：\t圆盘从" + 源柱字符 + "柱移到" + 目标
```

```
          柱字符 + "柱\r\n";
  else
    {
      汉诺塔(圆盘数 - 1, 源柱字符, 目标柱字符, 中间柱字符); /*原来的中间柱改作目标柱,
      原来的目标柱改作中间柱*/
      汉诺塔(1, 源柱字符, 中间柱字符, 目标柱字符);
      汉诺塔(圆盘数 - 1, 中间柱字符, 源柱字符, 目标柱字符);/*原来的中间柱改作源柱,原来
      的源柱改作中间柱*/
    }
}


public Form1()
{
  InitializeComponent();
}


  private void button1_Click(object sender, EventArgs e)
   {
圆盘数 = int.Parse(textBox1.Text);
  汉诺塔(圆盘数, 'A', 'B', 'C');
s+="求解完毕!总共需要" + count + "步移动!";
textBox2.Text = s;
   }
}
}
```

本例的运行结果如图 2-26 所示。

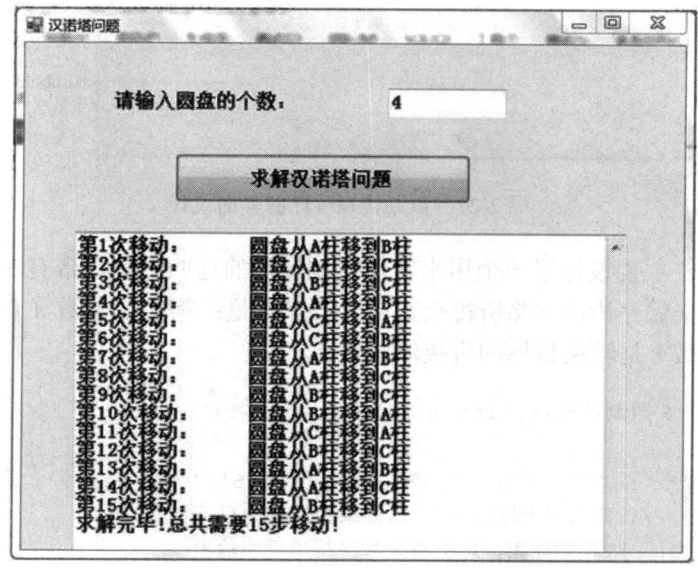

图 2-26　汉诺塔问题求解示例

当输入的圆盘数小于 16 时，运行耗时是可以接受的。当输入的圆盘数在 20 以上时，运行耗时就越来越难以接受。

汉诺塔问题初看上去是很难的，但思路一转移到递归，就轻松地解决了。

2.4.2　数制转换

十进制数 N 转换为 R 进制数，惯用 R 除取余法。例如将十进制数 299 转换为十六进制数，过程如下：

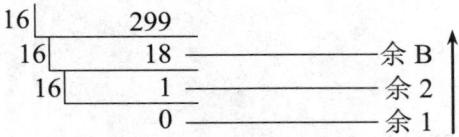

所以　　$(299)_{10}=(12B)_{16}$

可见，把十进制数 N 转换为 R 进制数，在做了一次 R 除以后，仅仅只把所得之余数记下来，剩下的工作，就归结为把十进制数 N/R 转换为 R 进制数了。这样层层递归，直到商数为零时递归停止，可以把历次记下的余数字符串反序输出，就是转换结果了。因此，数制转换的编程可以用递归思想设计得非常简单。

本例的界面设计如图 2-27 所示。

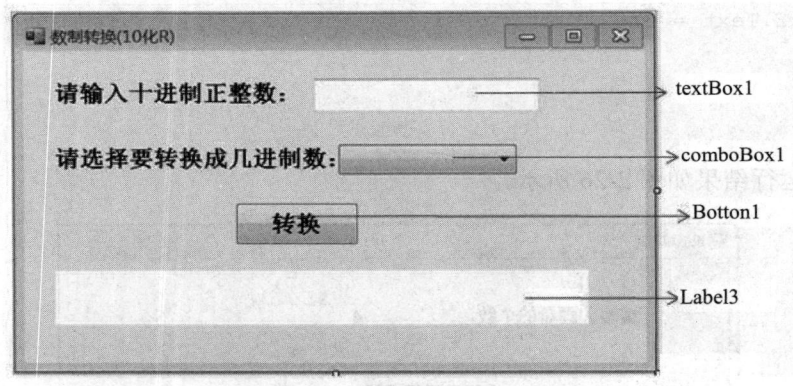

图 2-27　数制转换程序的界面设计

在代码页中，主要设计了一个用来实现数制转换的递归函数，带有 3 个参数：第 1 个参数 s 是一个用来保存历次 r 除所得余数的字符串变量；第 2 个参数 n 是需要转换的十进制数；第 3 个参数 r 是转换目标的进位制基数。

```
private void 数制转换(string s, int n, int r)
{
  char[] bit ={'0','1','2','3','4','5','6','7','8','9','A','B','C','D',
  'E','F'}; //该数组极大地方便了r除的余数转换为字符
  if (n == 0)  //递归结束，趁机将余数字符串反序输出
  {
   string p = ""; //存放s的反序字符串
```

```
int len = s.Length;
for (int i = len-1; i >= 0; i--)
  p += s.Substring(i, 1);
label3.Text ="十进制数"+textBox1.Text +"转换为"+ comboBox1.Text +"进制数
是: \n" +p;
}
else
{
s += bit[n % r];  //保存r 除所得之余数
数制转换(s, n /r, r); //递归调用
}
}
```

另外就是 Button1 的单击事件处理程序，只有 4 条语句：

```
int n = int.Parse(textBox1.Text);
int r = int.Parse(comboBox1.Text);
string  s = "";
数制转换(s, n, r);
```

本例的运行结果如图 2-28 所示。

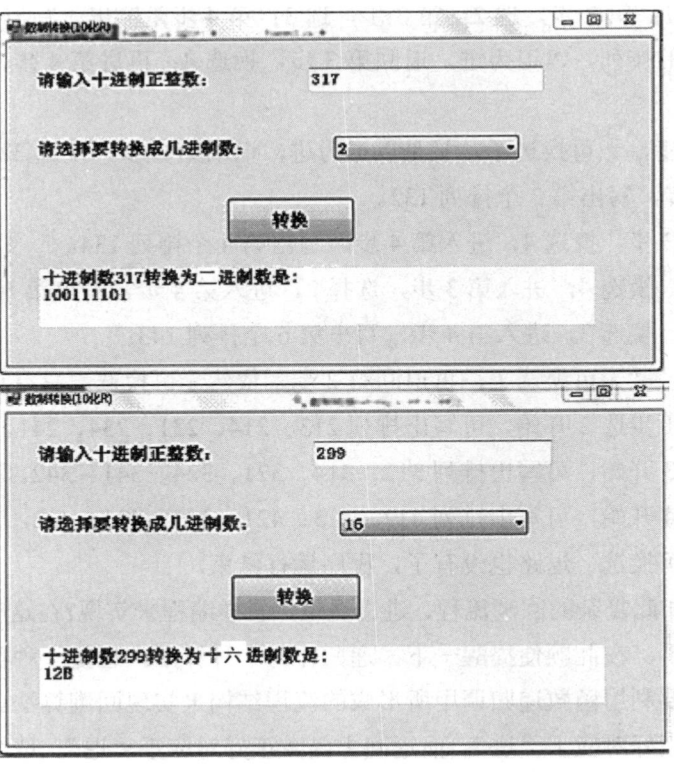

图 2-28　数制转换程序运行示例

递归是一种强有力的计算机算法，在其他算法的介绍中，还时常会看到它的靓影。

2.5　回　溯　法

回溯法是一种系统地搜索问题解的方法。若问题的解可以分若干个步骤完成，每个步骤的做法都有同样一个可供选择的集合，但还必须在整体上满足一定的约束条件。回溯法求解的基本策略就是尽可能一步一步成功地往下做，做到某一步实在无可选择，遇到了死胡同，就以退为进，退回上一步，换一种新的选择，寻求新的出路。这样不断地进进退退，一直退到第一步，当对第一步的各种选择都已穷尽，再无新的选择时，对问题解的搜索也就完毕了。

2.5.1　排列问题

还记得在中学里老师是怎样教我们既不重复也不遗漏地写出从 1、2、3、4 四个元素中，每次取出三个不同元素的所有排列吗？过程如下：

第 1 步，选 1；第 2 步，选 2；第 3 步，选 3；第 4 步是输出，写出第 1 个排列 123。

为了得到新的排列，以退为进，退回第 3 步，换选 4；再进第 4 步，写出第 2 个排列 124。

再退回第 3 步，无可换选了，又是以退为进，退回第 2 步，换选 3；进入第 3 步，选择 2，再进第 4 步，写出第 3 个排列 132。

又是退回第 3 步，换选 4，进入第 4 步，写出第 4 个排列 134。

退回第 2 步，换选 4，进入第 3 步，选择 2，进入第 4 步，写出第 5 个排列 142；

退回第 3 步，换选 3，进入第 4 步，写出第 6 个排列 143；

退回第 3 步，又无可换选了，再退回第 2 步，依然无可换选，只有退回第 1 步了。

仿前，从第 1 步选 2 开始，可写出排列 213、214、231、234、241、243。

从第 1 步选 3 开始，可写出排列 312、314、321、324、341、342。

从第 1 步选 4 开始，可写出排列 412、413、421、423、431、432。

第 1 步已无可换选，退路也没有了，程序运行结束。

当然要问，如此复杂的回溯流程，进进退退，怎样编程来实现?在这个问题上，递归函数露了漂亮的一手。在此顺便提醒一下，递归作为一种算法，也是一种类似于循环的流程结构，现在正是要利用函数递归调用所形成的流程结构来实现回溯算法。巧夺天工的是，跳出运行子函数正好对应于"进"，而返回主函数正好对应于"退"，请细心体会吧。

本例的界面设计如图 2-29 所示。

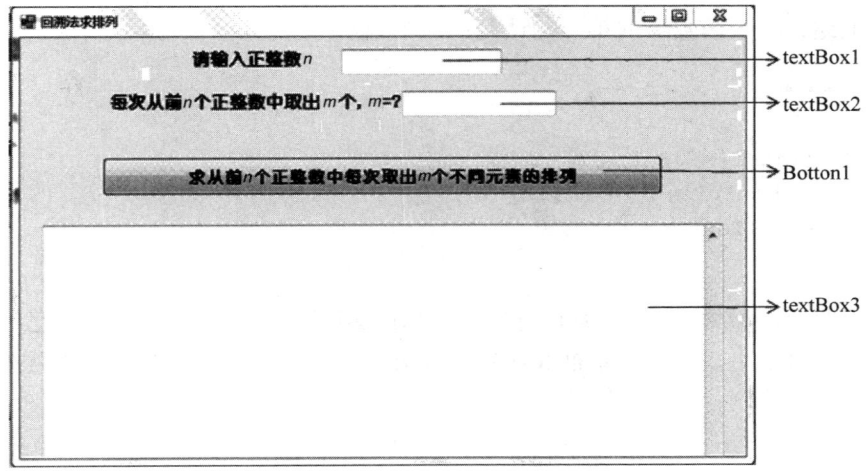

图 2-29　求解排列问题的界面设计

在代码页，主要编写了一个求排列的递归函数。

```
private void 生成排列(int n, int m, int[] A, int k)
{
  if (k == m)
   {
    for (int i = 0; i < m; i++)
      textBox3.Text += A[i] + "";
    textBox3.Text += "\t";
   }
  else
    {
      for (int i = 1; i <= n; i++)
      {
        bool l = true;
        for (int j = 0; j < k; j++)
          if (A[j] == i)
            l = false;
        if (l)
        {
          A[k] = i;
          生成排列(n, m, A, k + 1);
        }
      }
    }
  }
```

在此，函数生成排列(n, m, A, k) 的含义是：生成从前 n 个正整数中每次取出 m 个不同元素的全体排列，生成的每个排列都用数组 A[0]，A[1]，$\cdots$，A[$m-1$]依序存储排列的各元素，现排列的前 k 个元素 A[0]，A[1]，$\cdots$，A[$k-1$]都已选定，要求继续生成这个排列。

按照上述含义，函数体的第一句话是：

```
if (k == m)
  {
  for (int i = 0; i < m; i++)
    textBox3.Text += A[i] + "";
  textBox3.Text += "\t";
  }
```

意思很明白，如果 $k==m$，则已选定的 A[0]，A[1]，…，A[$m-1$]是一个已经构造成功的排列，可以输出了，特向文本框 textBox3 中输出，占据一个制表位，否则呢？

```
else
{
  for (int i = 1; i <= n; i++)
  {
   bool l = true
   for (int j = 0; j < k; j++)
     if (A[j] == i)
       l = false;
     if (l)
     {
       A[k] = i;
       生成排列(n, m, A, k + 1);
     }
  }
}
```

因为一个排列尚未生成完毕，接下来首先是选择决定排列的第 $k+1$ 个元素 A[k]，即从前 n 个正整数中选择第一个未在 A[0]，A[1]，…，A[$k-1$]中出现过的，如果选择成功，设为 i，令 A[k]=i；再前进一步，跳转到子函数生成排列(n, m, A, $k + 1$)去执行。注意，跳出去时，原来的函数并未执行完，只是被打断，留待子函数执行完毕回溯时再继续执行。

还有两个问题务必搞清楚，一是一个已经构造成功的排列输出以后，还做些什么？二是在为 A[k]选择元素时，选择失败（可选的元素都已被选过了），还怎么去做？单从函数代码清单上看，是什么也不做了，函数的运行结束了。但应该注意到这个将结束运行的函数可能又调用它的上一级，于是接着应回溯到上一级调用，以退求进。除非该函数本身是第一次调用（即生成排列（n, m, A, 0）），它运行结束，整个函数的运行才真正结束。

代码页中还有一段程序是：

```
private void button1_Click(object sender, EventArgs e)
{
  int n = int.Parse(textBox1.Text);
  int m = int.Parse(textBox2.Text);
  int[] A = new int[10];
  生成排列(n, m, A, 0);
}
```

本例的运行结果如图 2-30 所示。

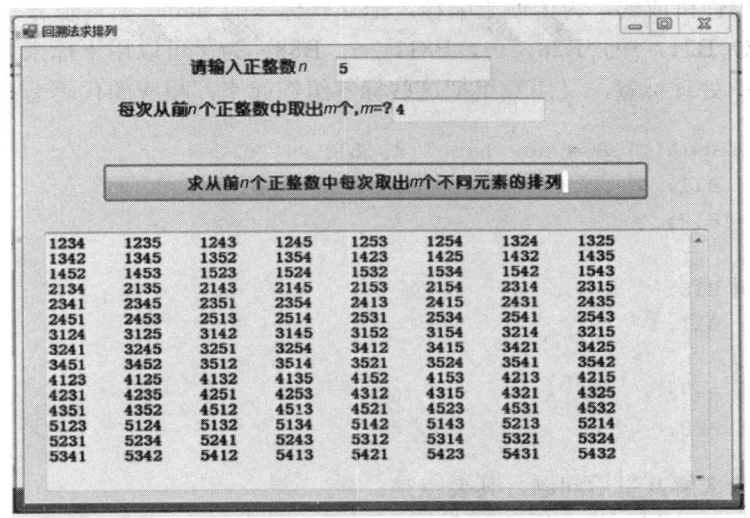

图 2-30　回溯法求排列的示例

2.5.2　八皇后问题

八皇后问题是 19 世纪著名数学家高斯于 1850 年提出的。问题是：在 8×8 的棋盘上摆放 8 个皇后，使其不能互相攻击，即任意两个皇后不能处在同一行、同一列或同一条斜线上，求有多少种摆放方法。高斯认为有 76 种方案。1854 年在柏林的《象棋》杂志上不同的作者发表了 40 种不同的解，后来有人用图论的方法解出 92 种结果。发明计算机后，有多种方法可以解决此问题。

将求解八皇后问题的 Windows 窗体应用程序的界面设计为如图 2-31 所示。

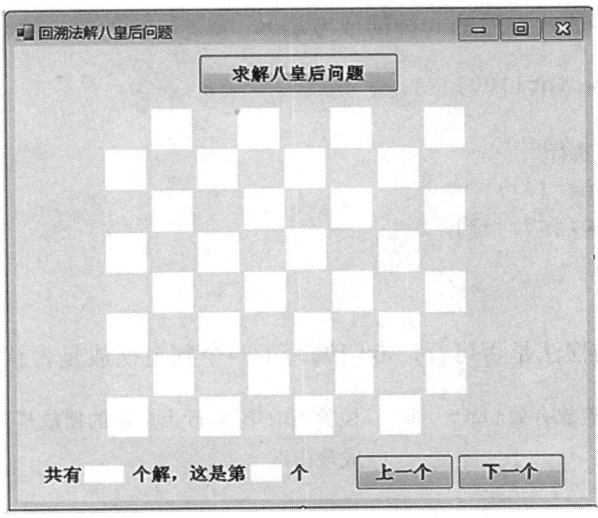

图 2-31　求解八皇后问题的界面

这个界面的亮点是一张 8×8 的蓝白相间的国际象棋棋盘，它首先是用可视化方法拖进 64 个标签控件拼成的，为了便于编程，把这些标签的 name 属性值分别改成了 B11，B12，…，B18，B21，…，B28，…，B81，…，B88；为了可以用下标来调遣这批标签，以便在循环体中处理标签，又用数组把这些标签组织起来，相应的代码是：

```
private Label[,] B = new Label[8, 8];
B[0, 0] = B11;
B[0, 1] = B12;
………………
B[0, 7] = B18;
B[1, 0] = B21;
………………
B[7, 6] = B87;
B[7, 7] = B88;
```

使用回溯法来解八皇后问题，其要点是：
- 依次在棋盘的每一行上摆放一个皇后。
- 每次摆放都要检查当前的摆法是否可行。如果当前的摆法引起冲突，则把当前皇后摆到当前行的下一列上，并重新检查冲突。
- 如果当前皇后在当前行的每一列上都不可摆放，则回溯到上一个皇后并将其摆放到下一列上，并重新检查冲突。
- 如果所有的皇后都摆放成功，则表明成功找到一个解，记录下该解且回溯到上一个皇后。
- 如果第一个皇后也被回溯，则表明已经完成所有可能性的计算。

程序中，用一个一维数组 int[] Q=new int[8] 来记录皇后棋子的摆放情况。$Q[i]$记录第$i+1$行棋子的摆放情况，$Q[i]=j$ 表示在棋盘的第$i+1$行第$j+1$列摆放了一个棋子。

又定义了一个交错数组用来保存每次得到的解（100 个长度为 8 的一维数组组成的数组，每个一维数组存放八皇后的一种摆放方法）。

```
Int [][] G=new int[100] [];
Int i=0;
每当得到一个解，执行
    G[i]=new int [8];
    For(int j=0;j<8;j++)
G[i][j]=Q[j];
i++;
```

为了检查棋子的摆法是否可行，专门编写了一个判定摆放是否有效的方法：

```
private bool 摆放有效(int n) //检验当前第 n 行上皇后的摆放是否与前面各行上的皇后形
                            //成攻击
{
  for (int i = 0; i < n; i++)
```

```
   if ((Q[n] == Q[i]) || (Math.Abs(Q[i] - Q[n]) == n - i))
      return false;
   return true;
}
```

有上面这些代码垫底，可以编写本例中用回溯法求解八皇后问题的递归函数如下：

```
private void 摆放皇后(int n)  //从第 0 行起逐行放置皇后，现摆放第 n 行及其后各行的皇后
{
 int i;
 if (n == 8)//棋盘上 0~7 行上 8 个皇后已放置完毕，用交错数组保存所得之解
 {
   icount++;
   G[icount] = new int[8];
   for (i = 0; i < 8; i++)
   {
    G[icount][i] = Q[i];
   }
 }
 else
 {
   for (i = 0; i < 8; i++)//依序在 n 行的各列上试放皇后
   {
    Q[n] = i;
    if (摆放有效(n))  /*若摆放有效，定下此摆放，进入下一行的摆放；否则转入下一轮
                        循环，Q[n]重新赋值试验*/
      摆放皇后(n + 1);
   }
 }
}
```

这个函数和上一节的递归函数"生成排列(*m*,*n*,A,*k*)"异曲同工，请读者自行揣摩领会。

只要执行"摆放皇后(0);"就能得到存有八皇后问题全部解的交错数组 G，剩下的问题是怎样每次在屏幕上图示出一个解。请看函数：

```
private void 输出解(int k)//输出第k个解
{
 for (int i = 0; i < 8; i++)
  for (int j = 0; j < 8; j++)
    B[i, j].Text = "";    //各棋盘格清空
```

```
for (int i = 0; i < 8; i++) //棋盘各行按照G中对第k个解的记录放上"皇后"
{
  B[i, G[k][i]].Text = "Q";
}
  label4.Text = k + "";  //显示解的编号
}
```

按钮"求解八皇后问题"的单击事件处理程序只负责显示第 1 个解：

```
摆放皇后(0);
label2.Text = icount + "";
k++;                    //k的初值是0
输出解(k);
```

单击按钮"下一个"可向后查看任一个解：

```
if (k < icount)     //icount是解的总数92
 {
    k++;
     输出解(k);
 }
```

单击按钮"上一个"可向前查看任一个解：

```
if (k > 1)
{
    k--;
    输出解(k);
}
```

本例的运行结果如图 2-32 所示。

 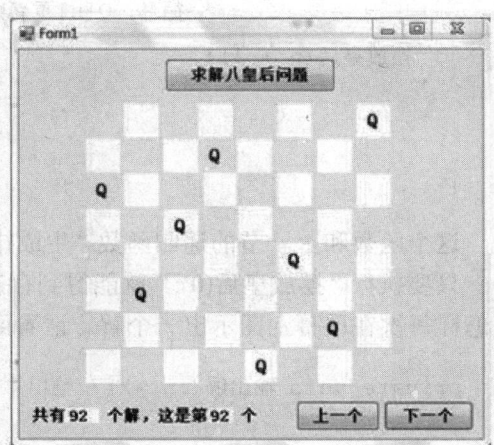

图 2-32 "八皇后问题"运行结果示例

附注：敏感的读者一定会意识到，"回溯算法"实际上也是一种"穷举法"或"试探法"，不过搜索解的路线不是那么随便，进进退退，具有一定的章法，是理论味道较足，上了一定档次的"穷举试探法"。为了强调其特色，我们把"回溯法"单列为一节，当然也可以把这一节合并到"穷举法"一节中。

2.6　分　治　法

分治——化整为零，分而治之，是自古以来就有的重要策略。其基本思想是将难以处理的较大问题分解为若干个较小的子问题，然后分别解决这些子问题，并从子问题的解构造出原问题的解。

用于计算机解题的分治法还强调一点，即所分解成的各子问题应相互独立，并且各子问题和原问题本质上是相同的问题，仅仅是规模小些而已。当子问题的规模足够小时，其解就明朗化了，不需要再作分解。看起来这样的强调有点苛刻，其实不然，大量的实际问题在分解时会自然地满足我们所强调的特点。这样可以简单地利用递归来设计分治算法。

2.6.1　快速排序

快速排序是分治法的一个典型案例。一般来说，数组排序的难度是和数组的长度成正比的。如果把一个大数组分解成左右两个小数组，而且左数组的任一元素小于右数组的任一元素，只要把左右两个数组排好序，整个数组也就排好序了。显然上面所说的分解适宜递归地进行，那么随着递归的深入部分数组也越来越小，当部分数组的长度为 1 或 0 时，部分数组就自然排好序了。

把一个大数组分解为左右两个部分数组，称为数组分区，是通过一个基准元素进行的。

取数组的第一个元素为基准，把它排到数组元素序列排成升序时它所该在的位置，可以用钉子把它钉死在这个位置，进一步排序就可以不考虑它了。怎么做到这一点？办法是用两个指针来驱赶。指针 left 开始指向数组的左端（首元素），指针 right 开始指向数组的右端（尾元素）。指针 right 负责把右侧比基准小的元素往左侧赶（只需找到后转存到 left 所指的位置）；指针 left 负责把左侧比基准大的元素往右侧赶（只需找到后转存到 right 所指的位置）；两个指针就这样交替工作，直到两个指针交会，left==right，无所谓左右了，驱赶结束。所有比基准大的元素都在两指针所指位置的右边，所有比基准小的元素都在两指针所指位置的左边，于是把基准元素放在两指针所指的位置上；一次数组分区完成了。数组分区不但使基准元素最终定位，还有一个好处就是进一步的排序只要对两个分区在原来的区域内分别进行即可。

下面是一次数组分区的示例。图 2-33 是数组分区的示意图。

```
49   38   65   97   76   13   27   51        基准 49
left                               right
```

```
49   38   65   97   76   13   27   51        基准 49
left                     right
```

| 27 | 38 | 65 | 97 | 76 | 13 | 27 | 51 | | 基准 49 |
| left | | | | | | right | | | |

| 27 | 38 | 65 | 97 | 76 | 13 | 27 | 51 | | 基准 49 |
| | left | | | | | right | | | |

| 27 | 38 | 65 | 97 | 76 | 13 | 65 | 51 | | 基准 49 |
| | | left | | | | right | | | |

| 27 | 38 | 65 | 97 | 76 | 13 | 65 | 51 | | 基准 49 |
| | | left | | | right | | | | |

| 27 | 38 | 13 | 97 | 76 | 13 | 65 | 51 | | 基准 49 |
| | | left | | | right | | | | |

| 27 | 38 | 13 | 97 | 76 | 13 | 65 | 51 | | 基准 49 |
| | | | left | | right | | | | |

| 27 | 38 | 13 | 97 | 76 | 97 | 65 | 51 | | 基准 49 |
| | | | left | | right | | | | |

27	38	13	97	76	97	65	51		基准 49
			left						
			right						

27	38	13	49	76	97	65	51		基准 49
			left						
			right						

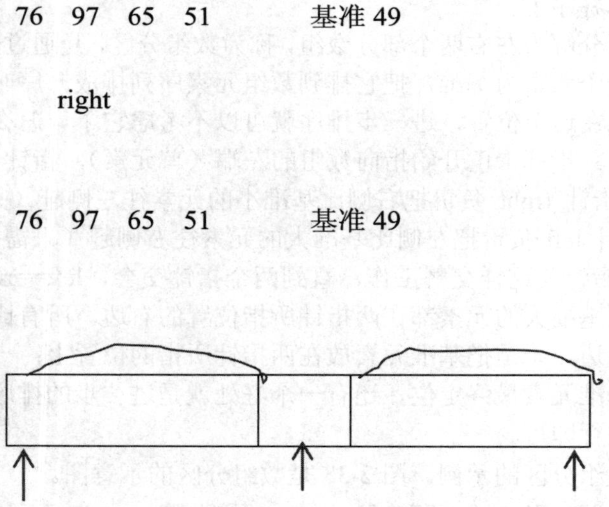

图 2-33　数组分区示意图

　　快速排序的核心操作就是数组分组，一次数组分组只对一个基准数排序定位，但总体上总是把小数往前赶，把大数往后赶，都在为排序这个大趋势服务，所有的操作都是有益于排序的，因此取得了"快速"排序的美誉。下面是函数数组分组的代码。

```
private int 数组分区(int[] A, int left, int right )
 {
   int key = A[left];
   while (left < right)
   {
     while (left < right && A[right] >= key) //从后往前找到第一个比基准小的数据
         --right;
     A[left]=A[right];   //把比基准小的换到前面来
     while (left < right && A[left] <= key)//再从前往后找到第一个比基准大的数据
         ++left;
     A[right]=A[left];   //把比基准大的换到后面来
   }
   A[right] = key;    //上面的 while循环结束时，left==right,在这个位置放上基准值
   return right;      //返回基准的序号
}
```

把数组分区函数提取出来以后，快速排序的递归函数就很简单了：

```
private void 快速排序(int[] A, int left, int right)
{
  int i;
  if (left < right)  //数组至少有2个元素，才需要排序
  {
    i=数组分区(A,left,right);    //作一次数组分区
    快速排序(A,left,i-1);        //递归地对所形成的两个分区进行快速排序
    快速排序(A, i + 1, right);
  }
}
```

为 Windows 窗体应用程序"快速排序"所设计的界面如图 2-34 所示。

图 2-34　快速排序界面

主要代码和上面介绍的一样，不过加了一个用随机数生成数组的方法：

```
private void 产生随机数组(int[] A)
 {
    Random r = new Random();
```

```
       k = r.Next(10, 26);
       for (int i = 0; i < k; i++)
           A[i] = r.Next(-28, 99);
   }
```

另外命令按钮 button1 的 Click 事件处理程序如下：

```
private void button1_Click(object sender, EventArgs e)
   {
       产生随机数组(A);
       string s ="随机产生的序列：\r\n";
       for (int i = 0; i < k; i++)
           s += A[i] + " ";
       s += "\r\n快速排序后：\r\n";
       快速排序(A, 0, k-1);
       for (int i = 0; i < k; i++)
           s += A[i] + " ";
       s += "\r\n";
       textBox1.Text = s;
   }
```

运行效果如图 2-35 所示。每单击一次按钮就会显示一个不同的案例。

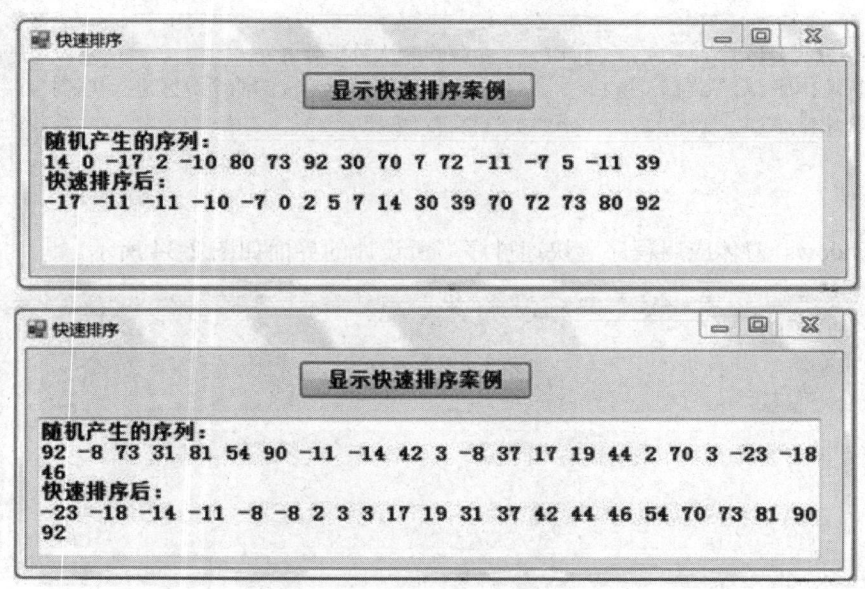

图 2-35 "快速排序"运行示例

2.6.2　乒乓球比赛日程安排

某校举行乒乓球单循环赛，设有 n 个选手参赛，每个选手要和其他选手各比赛 1 场（即每两个选手必须比赛 1 场且只比赛 1 场)。整个比赛共进行 $n-1$ 天，每个选手每天必须比赛 1 场。问怎样安排比赛日程？

不妨设 $n=8$，先按照分治思想，手工进行比赛日程安排。将 8 位选手按 1～8 编号，分为两部分，分别考虑 1～4 号选手和 5～8 号选手的日程安排。然后对两部分再进行对分，当分解到每一部分只有 2 位选手时，就不要再分解了。分解过程如图 2-36 所示。

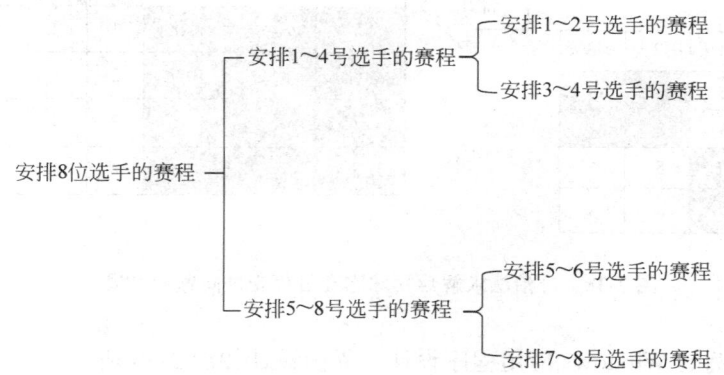

图 2-36 　比赛日程安排问题的分解

然后是解子问题及合并子问题的解，过程如图 2-37 所示。

1～2号选手的赛程安排

选手编号	对手号
1	2
2	1

3～4号选手的赛程安排

选手编号	对手号
3	4
4	3

合并

选手编号	第1天	第2天	第3天
1	2	3	4
2	1	4	3
3	4	1	2
4	3	2	1

图 2-37 　合并对 1～2 号及 3～4 号的安排得到对 1～4 号选手的赛程安排

由图 2-37 可见，对子问题解的合并有时并非很简单，就本问题而言，这个合并工作分为 3 步：①子问题 2 的解合并到子问题 1 的解下方；②子问题 1 的解复制到右下角；③子问题 2 的解复制到右上角。

继续用所总结出来的合并方法合并对 5～6 号及 7～8 号的安排得到对 5～8 号选手的赛程安排，最后合并对 1～4 号及 5～8 号的安排，得到对全体 8 位选手的比赛日程安排，如图 2-38 所示。

选手编号	第1天	第2天	第3天
1	2	3	4
2	1	4	3
3	4	1	2
4	3	2	1

选手编号	第1天	第2天	第3天	第4天	第5天	第6天	第7天
1	2	3	4	5	6	7	8
2	1	4	3	6	5	8	7
3	4	1	2	7	8	5	6
4	3	2	1	8	7	6	5
5	6	7	8	1	2	3	4
6	5	8	7	2	1	4	3
7	8	5	6	3	4	1	2
8	7	6	5	4	3	2	1

合并

选手编号	第1天	第2天	第3天
5	6	7	8
6	5	8	7
7	8	5	6
8	7	6	5

图 2-38　分治法求解乒乓球比赛日程安排问题的结果

下面讨论本例的 Windows 应用程序设计。界面设计如图 2-39 所示。

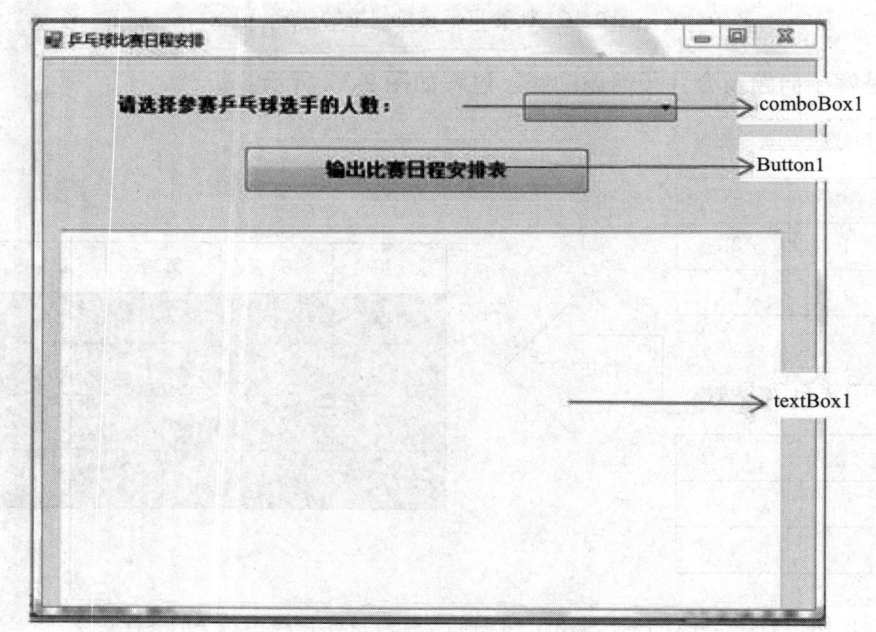

图 2-39　"乒乓球比赛日程安排"界面设计

接着讨论本例的代码页。鉴于本例的目的是要显示一个表格，设参赛选手共 n（n 是 2 的整数次幂）人，则表头以外的全体数据构成一个 n 行 n 列的表格，在代码页应该用一个整型二维数组来描写这个表格。为了编程方便，二维数组的 0 行 0 列弃之不用，按 $n=32$ 计算，数组定义为：

```
private int[,] a = new int[33, 33];
```

为了编制比赛日程表，需要设计一个体现分治算法的递归方法，把这个方法的签名设为：

```
private void 比赛日程安排(int k, int n);
```

含义是安排从编号 k 开始的 n 个选手的比赛日程，为什么需要 k、n 两个参数？因为每一次分治，都要明确交代每个分区的范围，在按连续编号和人数来划分分区的情况下，用起始编号 k 和人数 n 两个参数来给定一个分区比较方便。

递归方法"比赛日程安排"的基本思路就是不断地二分再二分，直到分区人数为 2 时，直接为这 2 人安排比赛场次，然后是逐层为同一次分区下的两个分区的安排结果进行合并。具体代码如下：

```
private void 比赛日程安排(int k, int n)  //安排从编号k开始的n个选手的比赛日程
    {
     int i, j;   //循环变量
     if (n == 2)
     {
       a[k, 1] = k;
       a[k, 2] = k + 1;
       a[k + 1, 1] = k + 1;
       a[k + 1, 2] = k;
     }
     else
     {  //分治
       比赛日程安排(k, n / 2);
       比赛日程安排(k + n / 2, n / 2);
       for (i = k; i < k + n / 2; i++) //合并，将左下角的数据块复制到右上角
         for (j = n / 2 + 1; j <= n; j++)
            a[I, j] = a[i + n / 2, j - n / 2];
        for (i = k + n / 2; i < k + n; i++)//将左上角的数据块复制到右下角
          for (j = n / 2 + 1; j <= n; j++)
           a[i, j] = a[i - n / 2, j - n / 2];
      }
    }
```

相当于主函数的按钮 **Button1** 单击事件处理程序设计为：

```
private void button1_Click(object sender, EventArgs e)
  {
     int i, j;  //循环变量
     int m = int.Parse(comboBox1.Text);
     比赛日程安排(1,m);
     string s = "选手编号\t";
     for (i = 2; i <= m; i++)
        s += "第" + (i - 1) + "天\t";
```

```
    s += "\r\n";
    for (i = 1; i <= m; i++)
    {
        for (j = 1; j <= m; j++)
        {
            s += a[i, j] + "\t";
        }
        s += "\r\n";
    }
    textBox1.Text = s;
}
```

对于本例，善思好问的读者自然会提出两个问题：

（1）比赛安排的日程太长，16 个人的比赛，赛期长达 15 天，不能忍受哦！

其实，赛期太长是因为规定了每人每天只比赛 1 场，很容易改造为每人每天比赛多场的情形，使赛期缩短。例如，16 人的比赛日程表如图 2-40 所示。

图 2-40　比赛日程表 1

横向 5 天为一段，截为 3 段，再纵向叠加起来，就得到每人每天比赛 3 场，赛期为 5 天的比赛日程表，如表 2-1 所示。

表 2-1　比赛日程表 2

选手编号	第 1 天	第 2 天	第 3 天	第 4 天	第 5 天
1	2	3	4	5	6
2	1	4	3	6	5
3	4	1	2	7	8
4	3	2	1	8	7
5	6	7	8	1	2
6	5	8	7	2	1
7	8	5	6	3	4
8	7	6	5	4	3
9	10	11	12	13	14
10	9	12	11	14	13
11	12	9	10	15	16
12	11	10	9	16	15

续表

选手编号	第 1 天	第 2 天	第 3 天	第 4 天	第 5 天
13	14	15	16	9	10
14	13	16	15	10	9
15	16	13	14	11	12
16	15	14	13	12	11
1	7	8	9	10	11
2	8	7	10	9	12
3	5	6	11	12	9
4	6	5	12	11	10
5	3	4	13	14	15
6	4	3	14	13	16
7	1	2	15	16	13
8	2	1	16	15	14
9	15	16	1	2	3
10	16	15	2	1	4
11	13	14	3	4	1
12	14	13	4	3	2
13	11	12	5	6	7
14	12	11	6	5	8
15	9	10	7	8	5
16	10	9	8	7	6
1	12	13	14	15	16
2	11	14	13	16	15
3	10	15	16	13	14
4	9	16	15	14	13
5	16	9	10	11	12
6	15	10	9	12	11
7	14	11	12	9	10
8	13	12	11	10	9
9	4	5	6	7	8
10	3	6	5	8	7
11	2	7	8	5	6
12	1	8	7	6	5
13	8	1	2	3	4
14	7	2	1	4	3
15	6	3	4	1	2
16	5	4	3	2	1

（2）本案例限制参赛人数为 2 的整数次幂，为的是二分又二分，最后二分的结果是 2 人比赛。哪有那么巧？参赛人数不是 2 的整数次幂怎么办？

其实限制也无损本例方法的一般性。例如若参赛人数为 12 人，按 16 人安排比赛日程，如图 2-41 所示。

选手编号	第1天	第2天	第3天	第4天	第5天	第6天	第7天	第8天	第9天	第10天	第11天	第12天	第13天	第14天	第15天
1	2	3	4	5	6	7	8	9	10	11	12	13	14	15	16
2	1	4	3	6	5	8	7	10	9	12	11	14	13	16	15
3	4	1	2	7	8	5	6	11	12	9	10	15	16	13	14
4	3	2	1	8	7	6	5	12	11	10	9	16	15	14	13
5	6	7	8	1	2	3	4	13	14	15	16	9	10	11	12
6	5	8	7	2	1	4	3	14	13	16	15	10	9	12	11
7	8	5	6	3	4	1	2	15	16	13	14	11	12	9	10
8	7	6	5	4	3	2	1	16	15	14	13	12	11	10	9
9	10	11	12	13	14	15	16	1	2	3	4	5	6	7	8
10	9	12	11	14	13	16	15	2	1	4	3	6	5	8	7
11	12	9	10	15	16	13	14	3	4	1	2	7	8	5	6
12	11	10	9	16	15	14	13	4	3	2	1	8	7	6	5
13	14	15	16	9	10	11	12	5	6	7	8	1	2	3	4
14	13	16	15	10	9	12	11	6	5	8	7	2	1	4	3
15	16	13	14	11	12	9	10	7	8	5	6	3	4	1	2
16	15	14	13	12	11	10	9	8	7	6	5	4	3	2	1

图 2-41　比赛日程表 3

但 13、14、15、16 四个选手不存在，把图 2-41 中实际上不存在的数据先标示出来，如图 2-42 所示。

选手编号	第1天	第2天	第3天	第4天	第5天	第6天	第7天	第8天	第9天	第10天	第11天	第12天	第13天	第14天	第15天
1	2	3	4	5	6	7	8	9	10	11	12	13	14	15	16
2	1	4	3	6	5	8	7	10	9	12	11	14	13	16	15
3	4	1	2	7	8	5	6	11	12	9	10	15	16	13	14
4	3	2	1	8	7	6	5	12	11	10	9	16	15	14	13
5	6	7	8	1	2	3	4	13	14	15	16	9	10	11	12
6	5	8	7	2	1	4	3	14	13	16	15	10	9	12	11
7	8	5	6	3	4	1	2	15	16	13	14	11	12	9	10
8	7	6	5	4	3	2	1	16	15	14	13	12	11	10	9
9	10	11	12	13	14	15	16	1	2	3	4	5	6	7	8
10	9	12	11	14	13	16	15	2	1	4	3	6	5	8	7
11	12	9	10	15	16	13	14	3	4	1	2	7	8	5	6
12	11	10	9	16	15	14	13	4	3	2	1	8	7	6	5
13	14	15	16	9	10	11	12	5	6	7	8	1	2	3	4
14	13	16	15	10	9	12	11	6	5	8	7	2	1	4	3
15	16	13	14	11	12	9	10	7	8	5	6	3	4	1	2
16	15	14	13	12	11	10	9	8	7	6	5	4	3	2	1

图 2-42　标出不存在的数据

从图 2-42 中把不存在的数据挖除，形成的空洞用平移数据的办法补实，如表 2-2 所示。

表 2-2　平移数据

选手编号	第 1 天	第 2 天	第 3 天	第 4 天	第 5 天	第 6 天	第 7 天	第 8 天	第 9 天	第 10 天	第 11 天
1	2	3	4	5	6	7	8	9	10	11	12
2	1	4	3	6	5	8	7	10	9	12	11
3	4	1	2	7	8	5	6	11	12	9	10
4	3	2	1	8	7	6	5	12	11	10	9
5	6	7	8	9	10	11	12	1	2	3	4
6	5	8	7	10	9	12	11	2	1	4	3
7	8	5	6	11	12	9	10	3	4	1	2
8	7	6	5	12	11	10	9	4	3	2	1
9	10	11	12	1	2	3	4	5	6	7	8
10	9	12	11	2	1	4	3	6	5	8	7
11	12	9	10	3	4	1	2	7	8	5	6
12	11	10	9	4	3	2	1	8	7	6	5

12 个人,每人每天参加 1 场比赛,每天安排 6 场比赛,共比赛 11 天。而如果参赛选手只有 11 人,在 12 人的比赛日程表中删除与 12 相关的数据(如表 2-3 所示),却无法把赛程表调整得紧凑些,因为对 11 个人只能安排 5 场单循环赛,每天必须有一人轮空。

表 2-3 删除与 12 相关的数据

选手编号	第1天	第2天	第3天	第4天	第5天	第6天	第7天	第8天	第9天	第10天	第11天
1	2	3	4	5	6	7	8	9	10	11	12
2	1	4	3	6	5	8	7	10	9	12	11
3	4	1	2	7	8	5	6	11	12	9	10
4	3	2	1	8	7	6	5	12	11	10	9
5	6	7	8	9	10	11	12	1	2	3	4
6	5	8	7	10	9	12	11	2	1	4	3
7	8	5	6	11	12	9	10	3	4	1	2
8	7	6	5	12	11	10	9	4	3	2	1
9	10	11	12	1	2	3	4	5	6	7	8
10	9	12	11	2	1	4	3	6	5	8	7
11	12	9	10	3	4	1	2	7	8	5	6
12	11	10	9	4	3	2	1	8	7	6	5

由此导出 11 人的赛程表,如表 2-4 所示。

表 2-4 11 人的赛程表

选手编号	第1天	第2天	第3天	第4天	第5天	第6天	第7天	第8天	第9天	第10天	第11天
1	2	3	4	5	6	7	8	9	10	11	
2	1	4	3	6	5	8	7	10	9		11
3	4	1	2	7	8	5	6	11		9	10
4	3	2	1	8	7	6	5		11	10	9
5	6	7	8	9	10	11		1	2	3	4
6	5	8	7	10	9		11	2	1	4	3
7	8	5	6	11		9	10	3	4	1	2
8	7	6	5		11	10	9	4	3	2	1
9	10	11		1	2	3	4	5	6	7	8
10	9		11	2	1	4	3	6	5	8	7
11		9	10	3	4	1	2	7	8	5	6

2.7 贪 心 法

2.7.1 概述

贪心法是求问题最优解的一种策略,它把解题过程分解为若干个步骤,但在每一个步骤上都是急功近利,不考虑整体,只是贪图眼前的利益,做出在当前看来最好的选择。

它并未着意追求整体最优解，但往往得到的解就是整体最优的或近似整体最优的。例如：

（1）最重装载问题：给出 n 个物体，第 i 个物体的重量为 w_i，选择尽量多的物体，使总重量不超过 C。

由于只关心物体的数量，所以装重的没有装轻的划算。只需把所有物体按重量从小到大排序，依次选择物体，直到装不下为止。这是一种典型的贪心法，它只顾眼前，却能得到最优解。

（2）找零钱：为使所用的纸币张数（或硬币枚数）最少，不是求出找零钱的所有方案进行比较，而是从最大面值的币种开始，按降序考虑各币种，先尽量用大面值的币种，对不足大面值币种的金额才转而考虑下一种较小面值的币种。

（3）背包问题用贪心法求解：n 件珍宝重量依序为 w_1，w_2，…，w_n，价值依序为 p_1，p_2，…，p_n，只有一个承重为 w 的背包。如何挑选珍宝装包才能使背出的珍宝价值最大？

将珍宝按价值排降序使用贪心法是不明智的，因为价值最高的珍宝可能很沉重，导致背出的件数很少，总价值并不高。

将珍宝按重量排升序使用贪心法也不明智，因为轻的可能价值也小，虽然件数多，合起来总价值也并不高。

贪心应表现在优先挑选最值钱的珠宝，即单价 p_i/w_i 最高的珍宝。所以应该是按 p_i/w_i 的值排降序，使用贪心法。

示例：

i	1	2	3	4	5
p_i	60	100	120	30	40
w_i	10	20	30	10	20
p_i/w_i	6	5	4	3	2

背包承重：50

贪心法得解：1、2、4　总价值 190　　背包还有 10 承重空间未用

最优解：2、3　总价值 220

这次贪心法没有找出最优解，因为毕竟没有花气力搜遍解空间，但得到的也是一种较好的可行解。

2.7.2　输油管道铺设问题和最小生成树

假设要在石油库 1 和加油站 2、3、4、5、6、7、8 之间铺设输油管道，油库和各加油站的位置如图 2-43 所示。其中虚线表示可能的管道铺设路线，虚线旁标注的数字表示所需铺设管道的长度（km）。

显然没有必要在所有可能的路线上铺设管道。每个加油站可以直接与油库相连，也可间接地通过若干个其他加油站与油库相连。问题是：应该选择哪些线路铺设管道，可使管道的总长达到最小？

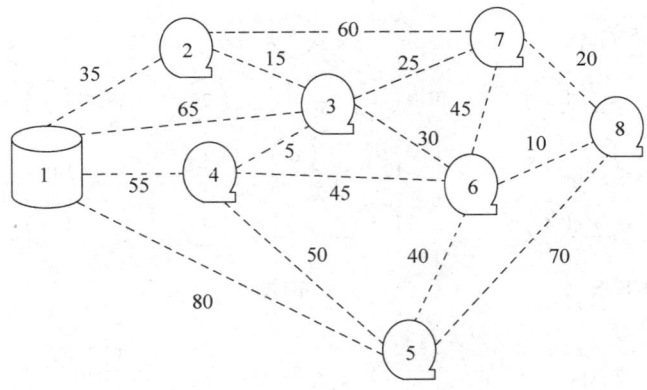

图 2-43　油库及加油站位置示意图

　　在计算机科学中，把诸如图 2-43 那样的由一些顶点（油库、加油站都抽象为顶点）及连接顶点的一些边（如管道铺设路线）组成，并且任意两个顶点都直接或间接地经边相连的图形称为连通图。对于具有 n 个顶点的连通图，它往往存在很多边，但如果仅仅为了达到连通这一目的，其实有 n-1 条边就够了，多了不必要，少了也不行。这些沟通全部 n 个顶点的 n-1 条边，因为构成了图的基本骨架，便称为图的生成树；而能使各边总长达最小的生成树，则称为图的最小生成树。上面的输油管道铺设问题就是求最小生成树的问题，这是一类极有实用价值的问题。

　　下面介绍求最小生成树的普里姆（Prim）算法，它也是典型的使用贪心策略的解题案例。普里姆算法可以通俗地称之为"生长法"，它是首先在图中任取一个顶点，吸纳为生成树的"树根"，即生长的出发点；设图中共有 n 个顶点，就分 n-1 个步骤把最小生成树一步一步地"长"出来。第一步是找出一个离"树根"最近的顶点，把这个顶点及相关的最小边吸纳到最小生成树中。经过第一步，最小生成树初步长大了一点，由一个孤零零的"树根"顶点扩展为两个顶点一条边。当前生成树有了两个顶点，这两个顶点都可以作为出发点向外扩展，挑选最近的线路向外扩展，于是第二步就是在 n-2 个尚未纳入生成树的顶点中找出一个离生成树已有两顶点之一距离最小的点，并把这个点及相关的最小边吸纳入最小生成树中。一般来说，每一步都实行贪心策略，第 k 个步骤就是在尚未纳入最小生成树的 n-k 个顶点中找出一个离当前最小生成树的 k 个顶点之一距离最小的点，把这个点及相关的最小边吸纳入最小生成树。当第 n-1 个步骤执行完毕，最小生成树就构造成功了。

　　例如，对如图 2-44 所示的图形，用普里姆算法求最小生成树的过程如图 2-45 所示。

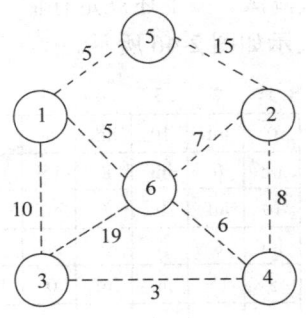

图 2-44　例图

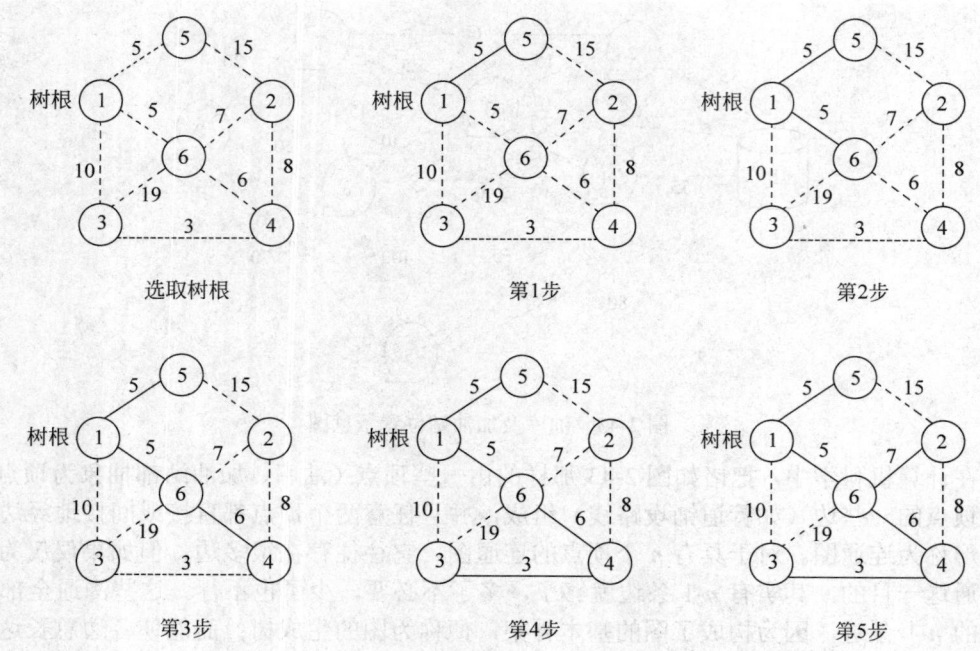

图 2-45　普里姆算法构造最小生成树的过程示例

　　难点是普里姆算法代码的实现。首先要解决的是图的存储问题。通常 n 个顶点的图用一个 n 行 n 列的二维整型数组来存储，行号 1～n 及列号 1～n 都表示顶点的编号（为了方便编程，0 下标弃之不用），这样，顶点的存储问题就借助于数组的下标轻巧地解决了，并且形成了 n^2 个行、列交叉的位置(i, j)，如果从顶点 i 到顶点 j 有边，该位置上就存放该边的边长，但这条边也是从顶点 j 到顶点 i 的边，所以在位置(j, i)上也存放同一边长。看来，边的存储有重复，但一条边因此可以有两种叫法，为编程带来方便。还有两个特殊情况。一是(i, j)中 $i=j$ 时，因为一个顶点到其自身没有边，故规定这样的位置上都存储 0；二是(i, j)，顶点 i 和顶点 j 无边相连，规定这时在该位置上存放一个符号常量 inf（意为无穷大），只要把 inf 设置得足够大，例如 100000，使它毫无疑问地比图中任一条边都大就可以了。这是为什么（无边相连，用一个负数标识一下不也可以吗）？因为在普里姆算法中，生成树的每一步扩展都需要在树上各点到树外各顶点的距离中求最小值，我们需要保证在求最小值的穷举比较中，inf 肯定会被淘汰。按上述规定存储一个图的二维数组，称之为邻接矩阵，例如，图 2-39 的邻接矩阵表示如图 2-46 所示。

	1	2	3	4	5	6
1	0	inf	10	inf	5	5
2	inf	0	inf	8	15	7
3	10	inf	0	3	inf	19
4	inf	8	3	0	inf	6
5	5	15	inf	inf	0	inf
6	5	7	19	6	inf	0

图 2-46　图 2-44 的邻接矩阵

鉴于我们所编的 Windows 窗体应用程序要针对多个图求最小生成树，用于存储图的邻接矩阵定义为：

```
int[,] E = new int[20, 20];   //20是预计各图的最多顶点数
```

具体图的顶点数 n、边数 m、各边的两个端点及边长都以人机对话的方式输入，在此基础上，不难用简单的代码实现邻接矩阵 E 的初始化。

图存储好以后，主要考虑如何执行普里姆算法。

（1）图中各顶点是逐步被吸纳入最小生成树的，在算法执行中的每一时刻，需要明确知道哪些顶点已被纳入最小生成树，哪些顶点暂时还游离在最小生成树之外。为此定义了一个一位数组 book：

```
int[ ] book = new int[20];
```

系统自动置数组各分量的初值为 0，表示各顶点皆未纳入最小生成树。此后，一旦某顶点 j 被吸纳入最小生成树，立马令 book[j]=1。

（2）除"树根"外，n-1 步扩展所获得的最小生成树的每个节点，简称"树节点"，都绑定有 3 个字段。
- 源节点：是从哪个树节点出发连接过来的（给出其顶点号）；
- 边长：生成树新长出的这一边的边长；
- 生成序号：本树节点是第几次扩展的产物。

此外，如果图的各顶点除了用编号相互区别以外，还各有名称，为了在输出运行结果时能以名称描述顶点，还可以添加一个字段：节点名称。

因此，按照面向对象的"封装"思想，可以把"树节点"抽象成一个类，定义：

```
class 树节点
  {
      public int 源节点;
      public int 边长;
      public int 生成序号;
  }
```

（3）因为图中每个顶点最终都要转变为最小生成树的节点，所以可以定义一个和 book 同样大小的、"树节点"类型的一维数组，用于跟踪记录最小生成树的成长过程。

```
树节点[] dis = new 树节点[20];
```

构造最小生成树从选择树根开始，通常选择图的 1 号顶点为树根：

```
book[1] = 1;
count++;        //count是生成树节点计数器，初值为0
```

接着求树根到各图中各顶点的距离，借用数组 dis 来存储有关数据：

```
for (i = 1; i <= n; i++)
{
```

```
        dis[i] = new 树节点();
        dis[i].边长 = E[1, i];
        dis[i].源节点 = 1;
    }
```

现在，在 dis 数组中，只有 dis[1]是树根，dis 的另外 $n-1$ 个分量所代表的顶点都还在树外，但是存储了各点到树根节点的距离。

以下用一个 while 循环来完成普里姆算法中对最小生成树的 $n-1$ 步扩展：

```
while(count<n)
 //在数组dis中，针对非树顶点求到当前生成树距离最小的顶点
{
    min=inf;                    //即求出代表最小距离的边
    for ( i = 1; i <=n; i++)
    {
     if(book[i]==0 && dis[i].边长<min)
     {
        min=dis[i].边长;
         j=i;                   //记下最短边关联的顶点
      }
    }
    dis[j].生成序号 = count;
    book [j]=1;                 //把所找到顶点纳入生成树
    count++;
    sum = sum+dis[j].边长;      //累加生成树的边长
    //更新dis数组，使保持为各非树顶点到当前最小生成树的距离列表
    for ( k = 1; k <=n; k++)
    {
      if (book[k] == 0 && dis[k].边长 > E[j, k])
      {
         dis[k].边长 = E[j, k];
         dis[k].源节点 = j;
       }
    }
  }
```

这个循环是普里姆算法的核心代码。代码紧凑精巧，需要细心领会。在循环的第 1 轮，是求根节点到其余各顶点距离的最小值，也就是求与 1 号顶点直接相连且边长最短的那个顶点 j，把顶点 j 纳入生成树。重要的是新的一点纳入生成树后，数组 dis 必须作相应的修改，才能投入下一轮循环。j 纳入生成树之前数组 dis 中针对非树顶点存储的是什么？是非树顶点到当时生成树的距离。在此用了"距离"这个词，没有用"边长"。概念需要辨析一下。如果生成树仅只一个树根节点，则任一非树顶点到生成树的距离也就是该非树顶点到树根节点的边长。但如果生成树已有 2 个以上的顶点，任一非树顶点到生成树的距离就是该顶点到生成树上各点的边长中最小的一个。例如，在图 2-45 中：

- 仅选定了树根 1 时，dis[2].边长=inf，dis[2].源点=1，

　　　　　　　　　　dis[3].边长=10，dis[3].源点=1；
- 5 纳入生成树后，dis[2]需更新：dis[2].边长=15，dis[2].源点=5，

　　　　　　　　　　dis[3]保持不变；
- 6 纳入生成树后，dis[2]又需更新：dis[2].边长=7，dis[2].源点=6，

　　　　　　　　　　dis[3]仍保持不变。

当一个新顶点 j 被吸纳入最小生成树后，数组 dis 应针对非树顶点 k 做怎样的修改呢？如果 j 点和 k 点之间没有边，最小生成树中有没有 j 点并不影响 k 到生成树的距离，即 dis[k] 无需修改；只有当 j 点和 k 点之间有一条边且这条边的边长比 k 到原生成树的距离（dis[k].边长）小时，才需要更新 dis[k]。也就是：

```
for ( k = 1; k <=n; k++)
{
   if (book[k] == 0 && dis[k].边长 > E[j, k])
     {
       dis[k].边长 = E[j, k];
       dis[k].源节点 = j;
     }
}
```

最后输出构造好的最小生成树。这时，数组 dis 所描述的全部顶点也就是最小生成树的各节点。对根节点外的每个节点，记下了它是从哪个节点连接过来，边长是多少，生成的顺序号是多少，所以很容易按照生成的顺序输出最小生成树的各边。主要代码是：

```
string s = "上图的最小生成树由下列各边组成：\n";
for (i = 1; i < n; i++)
  {
   for (j = 2; j <= n; j++)
   if (dis[j].生成序号 == i)
      s += "(" + dis[j].源节点 + "," + j + ")------边长" + dis[j].边长 + "    ";
  }
label2.Text = s;
```

本例的界面设计及运行情况如图 2-47～图 2-51 所示。

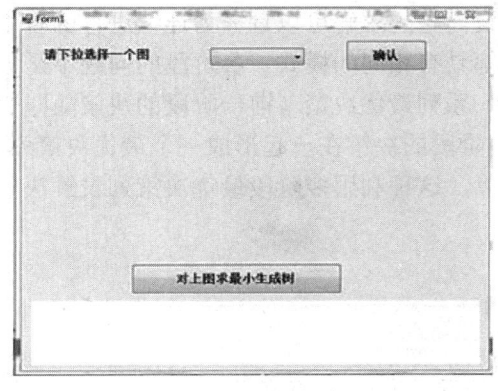

图 2-47　主界面

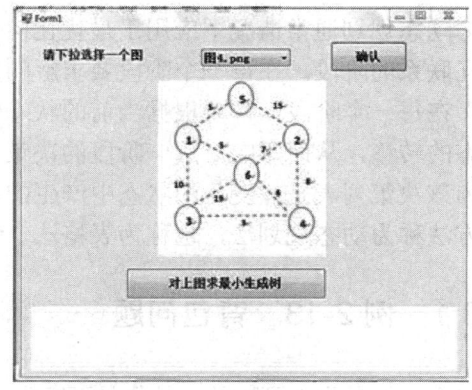

图 2-48　选定了一个图

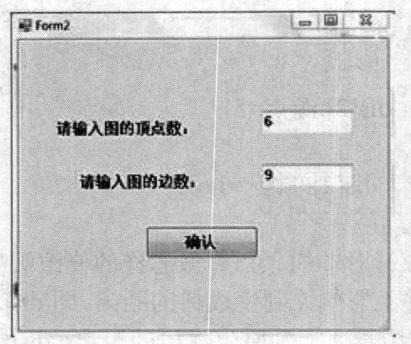
图 2-49　输入对话框一

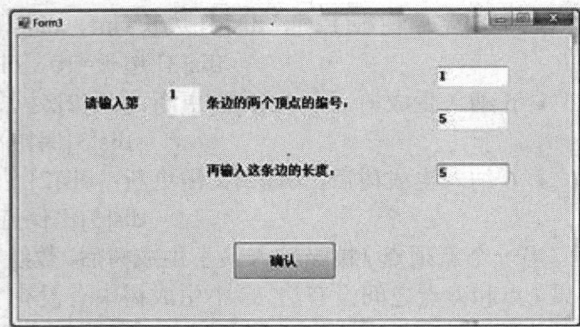
图 2-50　输入对话框二

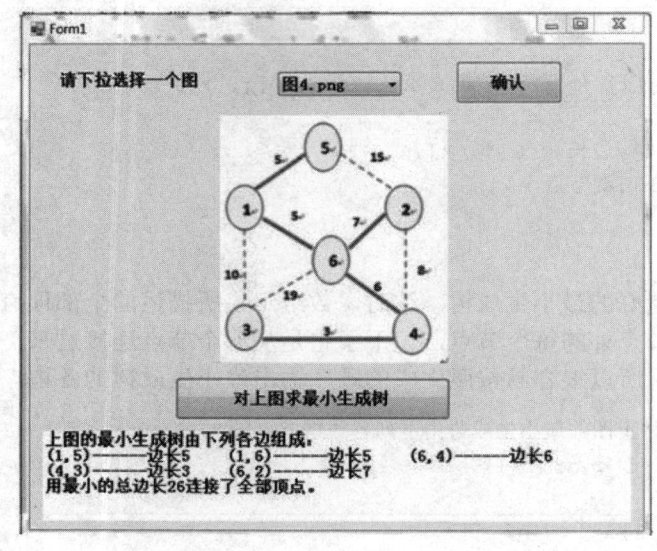
图 2-51　运行结果

2.8　动态规划算法

动态规划通常情况下应用于最优化问题。设问题的求解可以划分为连续进行的若干个相互联系的阶段，在每一个阶段要求解的问题都具有相同的模式，各阶段的问题不是独立的。在每一个阶段，都要根据当前的状态做出一系列最优决策（前一阶段的决策随即引起状态的转移，从而影响对后一阶段的决策），各阶段的决策在一起形成一个最优决策列表。因为该决策列表是在变化的状态中产生的，所以，这种利用多阶段最优决策列表解决问题的方法称为动态规划法，也称为表格法。

2.8.1　例 2-13　背包问题

设有编号为 1 到 n 的 n 件物品，每件物品 i 的重量为 $w[i]$，价值为 $v[i]$（$i=1, 2, \cdots, n$）。

如何从这 n 件物品中选择若干件装入一个容量（承重上限）为 c 的背包，使所装入物品的总价值达到最大?这就是背包问题。

下面把有哪些物品可供装包，包的容量是多少称为背包问题的状态；用[i, j]来表示可装包物品为 i, $i+1$, …, n；背包容量为 j 这一状态；又用 $m[i, j]$ 表示状态[i, j]下的最优装包方案所装物品的总价值。

按照上面规定的记号，背包问题的原始状态可表示为[1, c]，背包问题的最优解所对应的总价值可表示为 m[1, c]，问题是怎样把 m[1, c]求出来？怎样把 m[1, c]所对应的装包方案求出来？这需要剖析状态[1, c]的各个子状态[i, j]下的最优解 m[i, j]。这里 $1 \leqslant i \leqslant n$，遍及每一种物品；$0 \leqslant j \leqslant c$，遍及逻辑上可能形成的当前背包容量（对 j 的变化范围，由于不能确知已装包物品的情况，只能逻辑上就 0，1，2，…，c 的各种可能情况逐一考察）。这样，m[i, j]共有 $n \times (c+1)$ 种不同的情况，组成一个 n 行 $s+1$ 列的表格，这就是背包问题的最优决策列表。用动态规划法解背包问题，基础工作就是把最优决策列表做出来。这项工作实际上体现了一种类似于分治的思想：把一个大问题分解成许多小的子问题。由于大问题是最优决策问题，所以每个子问题的解也必须都是最优解，然后由子问题的最优解导出原问题的最优解。

怎样构造解背包问题的最优决策列表？请掌握以下 3 个要点：

（1）对 i 从 n 到 1，自底向上逐一去做。为什么要自底向上，先求 m[n, j]？因为这时可装包的物品只有一个 n，情况最简单。

若 n 号物品的重量 $w[n] > c$，则物品 n 不可能装包，故 m[n, j]=0($0 \leqslant j \leqslant c$)；

否则，当 $j < w[n]$ 时物品 n 不可能装包，价值为 0；当 $j \geqslant w[n]$ 时可将物品 n 装包而产生价值 v[n]，即：

m[n,0]=m[n,1]=…..=m[n,w[n]-1]=0;　m[n,w[n]]=m[n,w[n]+1]=……=m[n,c]=v[n]。

（2）决策列表的第 n 行构造好以后，其余各行的构造有一个统一的规律：即第 i 行可由第 i+1 行推出。

考察任一 m[i, j]（$1 \leqslant i \leqslant n-1$，$0 \leqslant j \leqslant c$）。

当 i 号物品的重量 $w[i] > c$ 时，i 号物品不可能装包，故有 m[i, j]=m[$i+1$, j]。这是因为 m[i, j]的含义是：可装包物品为 i, $i+1$, …, n，背包容量为 j 时，最优装包方案所达到的装包物品总价值，但因为 i 号物品不可能装包，这个最优装包方案中不包含物品 i，因此它等价于可装包物品为 $i+1$, $i+2$, …, n，背包容量为 j 时最优装包方案所达到的装包物品总价值，即与 m[$i+1$, j]相同。

否则，当 $j=0$, 1, …, $w[i]-1$ 时，i 号物品也不可能装包，也有 m[i, j]=m[$i+1$, j]。

当 $w[i] \leqslant j \leqslant c$ 时，i 号物品可以装包，问题是为了实现最佳抉择，装包好还是不装包好？如果不装包，则 m[i, j]=m[$i+1$, j]；如果装包，则 m[i, j]中包含了对物品 i 的选择，背包容量 j 因加进了物品 i 而变为 $j-w[i]$，包装物品价值也将增加 v[i]，从而下一步抉择时背包问题的状态将是[$i+1$, $j-w[i]$]，且有：

$$m[i,j]=m[i+1,j-w[i]]+v[i]$$

总之，当 $w[i] \leqslant j \leqslant c$ 时，m[i, j]=max{ m[$i+1$, j], m[$i+1$, $j-w[i]$]+v[i]}。

读者应该清醒地认识到，最优抉择列表所描写的各个状态只是逻辑上应有尽有的状态，并非都在实际发生，实际发生的状态每行只有 1 个，只是暂时不知道是哪一个而已。状态[i, j]是指可装包物品为 $i,i+1,…,n$，背包容量为 j 这一状态，这里有两个问题：其一，不见物品 1,2,…,i-1，什么道理？答曰，这前 i-1 个物品的装包取舍已决定过了，不用再考虑。其二，背包容量 j 未定，为什么？答曰，因为包中已装了哪些物品暂不明确。从状态 [i, j] 的定义可见，默认的装包过程是按物品编号从小到大的顺序逐一作出取舍抉择的，即状态的自然顺序过渡是从[i,*]到[i+1, #]，在状态[i,*]下对物品 i 的取舍操作直接影响到的下一步是[i+1,#]。默认的最优决策列表形成过程和构造最优决策列表的过程在顺序上是相反的。

（3）最优决策列表的第 1 行，不要死板地一一从第 2 行推出。因为实际上，第 1 阶段的装包状态是背包问题的初始状态，背包的容量已明确为 c，状态[1,0],[1,1],…,[1,c-1]都不存在，无最优解可言，不妨置 m[1,0]=m[1,1]=…=m[1,c-1]=0。仅需对 m[1,c]从第 2 行推出，即当 w[1]>c 时，物品 1 不能装包，因此有 w[1,c]=w[2,c]；当 w[1]≤c 时，物品 1 可以装包，但究竟是否装包，要看装包后能否形成最优解，这只需比较 m[2,c]和 m[2,c-w[1]]+v[1]的大小，择其大者作 m[1,c]的值。

上面完成了背包问题最优决策列表的构造，最后所得到的 m[1,c]就是背包问题最佳装包方案所达到的最大装包价值，但最佳装包方案还没有明朗化。怎样进一步求出最佳装包方案？

其实，最佳装包方案就隐含在最优决策列表中，只要从这个列表中分析出，n 个物品中有哪几个装了包。启用一个整型一维数组 x，若物品 i 装了包，记 x[i]=1，否则，记 x[i]=0。

为了利用最优决策列表来确定对每一个物品 i，x[i]=0 还是 x[i]=1，首先从列表的第 1 行顺序扫描到第 n-1 行。扫描中首先只看第 n 列，如果 m[i,n]=m[i+1,n]，说明物品 i 并未装包，得 x[i]=0，继续往下一行看；若 m[i,n]>m[i+1,n]，得 x[i]=1 并立马转移到第 c-w[i]列，从第 i+1 行起继续向下扫描，也是将当前行（设为第 j 行）该列的值和下一行该列的值比较，若相同则得 x[j]=0；否则得 x[j]=1，并立马转移到第 c-w[i]-w[j]列……。

对最后的第 n 行，因为没有下一行数据可比较，所以又当别论，设上述扫描过程最后所关注的是第 k 列，只要考察 m[n,k],若 m[n,k]=0，说明物品 n 未装包，令 x[n]=0；若 m[n,k]>0（只能是 m[n,k]=v[n]），则令 x[n]=1。

例如：设背包承重上限 c=17，物品件数 n=5，w=[3，4，7，8，9]，v=[4，5，10，11，13]，自底向上构造最优决策列表（如图 2-52）的过程是：

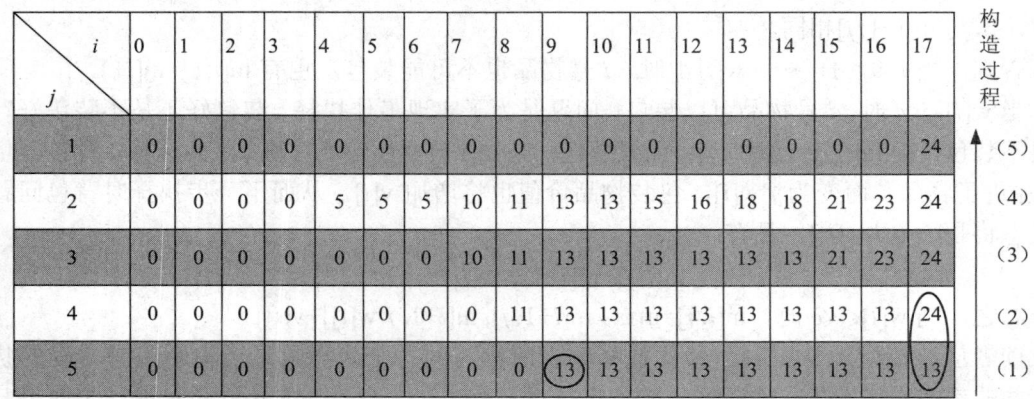

i / j	0	1	2	3	4	5	6	7	8	9	10	11	12	13	14	15	16	17	构造过程
1	0	0	0	0	0	0	0	0	0	0	0	0	0	0	0	0	0	24	(5)
2	0	0	0	0	5	5	5	10	11	13	13	15	16	18	18	21	23	24	(4)
3	0	0	0	0	0	0	0	10	11	13	13	13	13	13	13	21	23	24	(3)
4	0	0	0	0	0	0	0	0	11	13	13	13	13	13	13	13	13	24	(2)
5	0	0	0	0	0	0	0	0	0	13	13	13	13	13	13	13	13	13	(1)

图 2-52　背包问题决策列表构造过程示例

（1）因为 w[5]=9, v[5]=13

所以 m[5,0]=m[5,1]=…=m[5,8]=0;　　m[5,9]=m[5,10]=…=m[5,17]=13

（2）因为 w[4]=8, v[4]=11

所以 m[4,0]=m[5,0]=0

m[4,1]=m[5,1]=0

同理，m[4,2]=m[4,3]=…=m[4,7]=0

m[4,8]=m[5,0]+11=11

m[4,9]=m[5,9]=13,

同理，m[4,10]=m[4,11]=…=m[4,16]=13

m[4,17]=m[5,9]+11=24

（3）因为 w[3]=7, v[3]=10

所以 m[3,0]=m[4,0]=0

m[3,1]=m[4,1]=0

…

m[3,6]=m[4,6]=0

m[3,7]=m[4,0]+10=10

m[3,8]=m[4,8]=11

m[3,9]=m[4,9]=13

m[3,10]=m[4,10]=13

….

m[3,14]=m[4,14]=13

m[3,15]=m[4,8]+10=11+10=21

m[3,16]=m[4,9]+10=13+10=23

m[3,17]=m[4,17] =24

（4）因为 w[2]=4, v[2]=5

所以 m[2,0]=m[3,0]=0

m[2,1]=m[3,1]=0

m[2,2]=m[3,2]=0

m[2,3]=m[3,3]=0

m[2,4]=m[3,0]+5=5

m[2,5]=m[3,1]+5=5

m[2,6]=m[3,2]+5=5

m[2,7]=m[3,7]=10

m[2,8]=m[3,8]=11

m[2,9]=m[3,9]=13

m[2,10]=m[3,10]=13

m[2,11]=m[3,7]+5=10+5=15

m[2,12]=m[3,8]+5=11+5=16

m[2,13]=m[3,9]+5=13+5=18

　　　　　m[2,14]=m[3,10]+5=13+5=18

　　　　　m[2,15]=m[3,15]=21

　　　　　m[2,16]=m[3,16]=23

　　　　　m[2,17]=m[3,17]=24

（5）m[1,17]=m[2,17]=24

又由最优决策列表的 17 列可知 x[1]=x[2]=x[3]=0，x[4]=1；跳转到第 9 列第 5 行，不为 0，得 x[5]=1。

可见，本例的最优解是将 4、5 两种物品装入背包，这时物品总重 17 公斤，价值 24 元。

积累了一定的感性认识以后，编写用动态规划法解背包问题的 Windows 窗体应用程序，界面设计如图 2-53 所示。

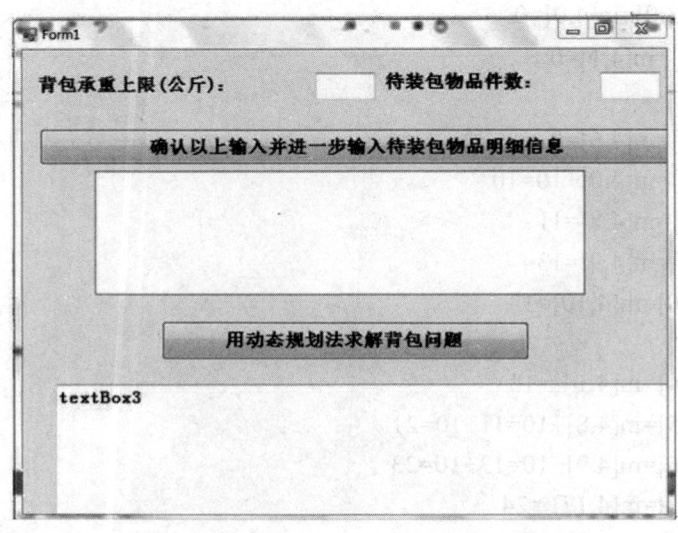

图 2-53　动态规划法解背包问题的界面

在窗体类 Form1.cs 中添置了下列成员变量：

```
int n;   //存放物品的件数
int[] w = new int[20];   //存放各物品的重量。0下标弃之不用，预计物品数小于20
int[] v = new int[20];   //存放各物品的价值。0下标弃之不用
int c;   //背包承重上限
int[] x = new int[20];   /*存放解决方案。0下标弃之不用。若选择了物品 i,则x[i]=1,
否则x[i]=0 */
int[,] m = new int[20, 150];   /*最优决策列表，m[i,j]表示在装包的第i阶段，待
装包物品号为i,i+1,…,n,可装入重量上限为j时的最优解的值(所装入物品的总重)*/
string s = "";           //存放输出字符串
```

核心代码——编制构造最优决策列表的方法如下：

```
private void 构造最优决策列表(int [] w,int [] v, int n, int c, int [,] m )
{
```

```
    int i,j,k;   //循环工作变量
    //求第n阶段各种情况下的最优解
for(j=0;j<=c;j++)    //决策m[n,j], 先假定w[n]>c,物品i无法装入, 价值增量为0
    m[n,j]=0;
if (w[n]<=c)   //若x[n]<=c, 则进行校正, 可装入物品n, 包装物品价值增加v[n]
  for(j=w[n];j<=c;j++)
    m[n,j]=v[n];
//求第n-1阶段到第2阶段各种情况下的最优解,运用递推公式
for(i=n-1;i>1;i--)
{
for(j=0;j<=c;j++)
    m[i,j]=m[i+1,j];   //先假定w[i]>c,物品i不能装包
   if(w[i]<=c)              //如果w[i]<=c,再校正之
   for(j=w[i];j<=c;j++)
   {
     k=j-w[i];
     if(m[i+1,j]<m[i+1,k]+v[i])
       m[i,j]= m[i+1,k]+v[i];
     else
       m[i,j]=m[i+1,j];
}
}
//第1阶段, 只需分析m[1,c]
m[1,c]=m[2,c];  //先假定w[1]>c
if(w[1]<=c)       //如果w[1]<=c,再校正之
{
   k=c-w[1];
   if(m[2,c]>m[2,k]+v[1])
     m[1,c]=m[2,c];
   else
     m[1,c]=m[2,k]+v[1];
}
}
```

根据最优决策列表导出背包问题最优解 int[] x 的方法, 编制如下:

```
private void 根据最优决策列表导出整体最优解(int [,] m,int [] w,int c,int n,int[] x)
{
 int i;
 for(i=1;i<n;i++)
 {
  if (m[i, c] == m[i + 1, c])  /*装i号物品时的最优决策值 和装i+1号物品时的最优决
   策一样——i号物品未装入*/
   x[i]=0;
  else
   {
```

```
    x[i]=1;
    c-=w[i];     //既然i号物品已装入，背包容量应减少w[i]，向左跳转w[i]列
    }
  }
if(m[n,c]>0)
  x[n]=1;
 else
  x[n]=0;
}
```

本例的运行结果如图 2-54 所示。

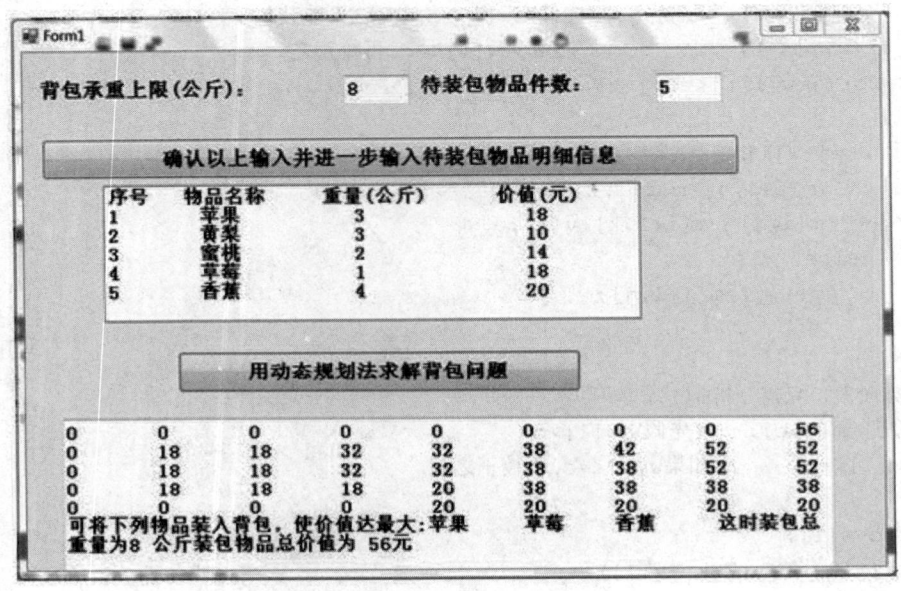

图 2-54　动态规划法解背包问题

2.8.2　例 2-14　钢条切割问题

某公司出售一段长度为 i cm 的钢条的价格为 $P_i(i=1,2,...,$ 单位：元)，不同长度钢条价格如下：

i	1	2	3	4	5	6	7	8	9	10
P_i	1	5	8	9	10	17	17	20	24	30

问题：给定一段长为 n cm($1 \leqslant n \leqslant 10$)的钢条和一张价格表，求切割方案，使销售收益达最大。

一段长为 n 的钢条，可以无切割直接卖出去，也可以切割为若干小段分别卖出去，问题是怎么做才能卖出最好的价钱。这道题可以用穷举法来做，穷尽一切可能的切割方案（包括无切割），把售价最高的切割方案挑出来。但这种做法"智商"似乎低了一点，能不能

来个聪明点的做法？

用 R_n 表示长为 n 的钢条的最大销售收益。目的就是求 R_n，因为求出 R_n 势必包含求出达到此最大收益的切割方案。用动态规划的思想来解这个问题，把求解 R_n 的过程划分为 n 个连续执行的阶段：① 求 R_1，② 求 R_2，③ 求 R_3，……，⑩求 R_n。

显然 n 越小，求解越简单，我们采用的是从简单起步，由简到繁的策略。各 R_i 的计算按照统一的公式进行，于是可以利用循环结构，但公式中必须包含可以化繁为简的递归，使循环的每一步都能顺利计算。打个比方，就像要计算斐波那契数列的第 20 项 F_{20}，可以利用初始的 $F_0=1$，$F_1=1$ 及公式 $F_n=F_{n-2}+F_{n-1}(n\geqslant2)$，逐步递推出 F_{20}。钢条切割问题的递推公式是：

$$R_n=\max\{P_n,R_1+R_{n-1},R_2+R_{n-2},\cdots,R_{n-1}+R_1\}$$

其中 P_n 对应于不切割，直接售出，另外 $n-1$ 种方案是先将钢条切割为长 i 和 $n-i$ 的两段，接着求解这两段的最优切割收益 R_i 和 R_{n-i}，每种方案的最优收益为两段的最优收益之和。这个公式不容易理解清楚，细析如下：

（1）长为 n 的钢条，怎样得到最大销售收益？或是无切割直接出售，收益为 P_n；或是切割出售，用 $R_{切割}$ 表示有切割销售的最大收益，则显然有

$$R_n=\max\{P_n, R_{切割}\}$$

（2）怎样求 $R_{切割}$？任何切割，都有第一刀，就是一分为二。长为 n 的钢条之一分为二的切割方案可穷举列出如下：

$$(1,n-1),(2,n-2),\cdots,(n-1,1)$$

共 $n-1$ 项，虽然其中有将近一半的重复，但不影响求解，为了表述简便，我们容忍了这里的重复。

既然任何切割都有第一刀，所以求 $R_{切割}$ 的问题可以转化为：第一刀怎么切才能获得最大销售收益。用 $R_{(i,n-i)}$ 表示切割方案 $(i,n-i)$ 下的最大销售收益，则有

$$R_{切割}=\max\{ R_{(1,n-1)}, R_{(2,n-2)},\cdots, R_{(n-i,1)}\}$$

又显然有 $R_{(i,n-i)}=R_i+R_{n-i}$，因此

$$R_{切割}=\max\{ R_1+R_{n-1},R_2+R_{n-2},\cdots,R_{n-1}+R_1\}$$

总之得：

$$R_n=\max\{P_n,R_1+R_{n-1},R_2+R_{n-2},\cdots,R_{n-1}+R_1\}$$

（3）难免有些读者会问：上面 R_n 的计算公式是否意味着钢条切割问题仅仅只是一刀切的切割问题呢？否！例如公式中的某项 R_i+R_{n-i}，并不表示把长为 n 的钢条切割为长 i 和长 $n-i$ 的两段，求两段的售价之和，而是求两段的最高售价之和，而求最高售价就可能包含着再切割。递归的优越性在此可见一斑。

（4）由于是顺序求解 R_1，R_2，…，R_n，在公式右边对任一 i，皆有 $i<n$，$n-i<n$，因此在计算 R_n 时，各 R_i 和 R_{n-i} 都已求出过，因此这个公式适宜用来递推。

（5）由 R_n 的递推计算公式可见，求解 R_n 的 n 个阶段不是相互独立的。且看：

$$R_1=P_1$$
$$R_2=\max\{P_2, R_1\}$$
$$R_3=\max\{P_3,R_1+R_2,R_2+R_1\}$$
$$R_4=\max\{P_4,R_1+R_3,R_2+R_2,R_3+R_1\}$$
$$\cdots$$

足见递推计算中存在大量的重复计算。还记得吗？在用动态规划法求解背包问题时，最终所要的答案是 $m(1,c)$，最优抉择列表中其他各行列的数据都是一些为求得 $m(1,c)$ 而备用的中间计算结果，之所以把它们存储在表格中，就是为了以后用到时可以用简单的查表来代替重复计算。那么现在为解决钢条切割问题中的重复计算，是不是也要用一个表格呢？不必了，用一个一维数组 r 把求得的 R_1，R_2，…，一路存储起来就足够了。

本例的主要代码如下：

```
//存储钢条价目表
int[] P = new int[11] { 0, 1, 5, 8, 9, 10, 17, 17, 20, 24, 27 };
//定义已知价目表和钢条长度，计算Rn的函数。输出信息存储在s中
int 钢条切割(int[] P, int n,out string s)
{
    s = "";
    int[] r = new int[n + 1];//存储历次计算出的R1,R2,…,Rn,不用0下标
    int i, j, max, sum;//工作变量
    for (i = 1; i <= n; i++)
    {  //按由小到大的顺序求r[i]
        max = P[i];  /*求出售长为i 钢条的售价最大值，假设用检验法，穷举不切割及各种可能的切为两段的情况*/
        s = i + "=" + i + "\n";
        s += i + "厘米的钢条，不用切割，售价" + P[i] + "元为最优";
        for(j=1;j<i;j++)
        {
         sum = r[j] + r[i - j];/*由于j<i,i-j<i,所有r[j],r[i-j]的值在此前都已经取得并保存*/
         if (sum > max)
         {
           max = sum;
           s = i + "=" + j + "+" + (i - j) + "\n";
           s+=i+"厘米的钢条，切割为"+j+"厘米和"+(i-j)+"厘米两段，售价为"+(r[j]+r[i-j])+"元，达最优";
         }
        }
        r[i]=max;
    }
    return r[n];
}

//主程序
string s = "";
int n = int.Parse(textBox1.Text);
钢条切割(P, n, out s);
label2.Text += "\n" + s;
```

本例的运行样例如图 2-55 所示。

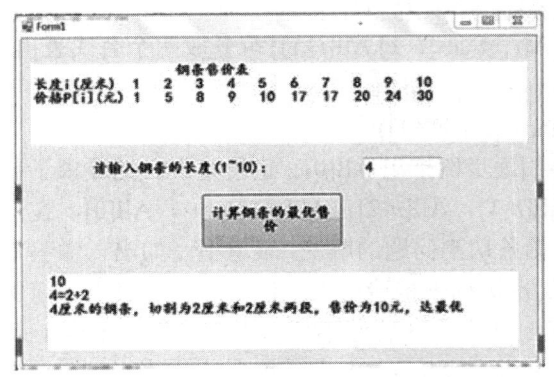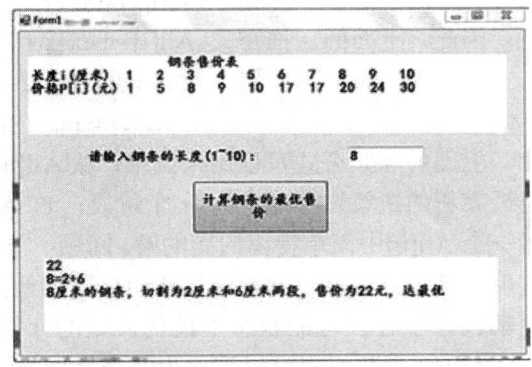

图 2-55　动态规划法解钢条切割问题运行样例

2.8.3　例 2-15　最大子数组和问题

一个有 n 个整数元素的一维数组(A[0]，A[1]，…，A[n-1]，A[n])，这个数组当然有很多子数组，那么子数组各元素之和的最大值是什么？

例如：

数组{1, -2, 3, 5, -3, 2}，最大子数组和为 8，达到此最大和的子数组为{3,5}；

数组{0, -2, 3, 5, -1, 2}，最大子数组和为 9，达到此最大和的子数组为{3,5,-1,2}；

数组{-9, -2, -3, -5, -6}，最大子数组和为-2，达到此最大和的子数组为{-2}。

我们曾经用穷举试探法解过这个问题，很烦琐，时间空间开销都很大。现在用动态规划法来解这个问题，基本的想法就是把原来规模较大的问题逐步递归转化为同类型的规模较小的子问题，当规模足够小时，问题可以简单地解出，再逐步倒推还原出原规模问题的解。分析如下：

数组{A[0]，A[1]，…，A[n-1]}可以划分为两段{A[0]}，{A[1]，A[2]，…，A[n-1]}，对数组{A[i]，A[i+1]，…，A[n-1]}，用 All[i]表示其中子数组和的最大值；又用 Start[i]表示其中以 A[i]开头的子数组和的最大值（$0 \leqslant i \leqslant n-1$）。目的就是求出 All[0]。

怎样求 All[0]呢？在原数组划分为(0,1～n-1)两段的情况下，All[0]或是 A[0]，或是 A[0]+Start[1]，或是 All[1]：

$$All[0]=\max\{A[0],A[0]+Start[1],All[1]\}$$

同理：

$$All[1]=\max\{A[1],A[1]+Start[2],All[2]\}$$

$$All[2]=\max\{A[2],A[2]+Start[3],All[3]\}$$

$$…;$$

$$All[n-2]=\max\{A[n-2],A[n-2]+Start[n-1],All[n-1]\}$$

当规模缩小到 n-1 时，已不需要推算，可直接得：

$$All[n-1]=A[n-1]; Start[n-1]=A[n-1]$$

此外还有：

$$Start[k]=\max\{A[k],A[k]+Start[k+1]\}$$

因此，上面的递推公式 $All[i]=\max\{A[i],A[i]+Start[i+1],All[i+1]\}$ 可分成两个公式表出：

$$Start[i] = \max(A[i], A[i] + Start);$$

$$All[i] = \max(Start[i], All[i+1]);$$

上面的递归公式可以用来倒推，从 $All[n-1]$ 逐步倒推出 $All[0]$。也就是说：把寻求子数组最大和的决策过程划分为 n 个阶段：求 $All[n-1]$，$All[n-2]$，$All[n-3]$，…，$All[0]$，在最后一个 $All[0]$ 中简单得出问题的解。回顾一下钢条切割问题的解法，难道不是如出一辙吗？这里虽然没有像背包问题中那样明显地把最优决策列表构造出来，但实际上对每个子问题也都包含了各种可能状态下最优决策的计算，只是用过后便不再保存。甚至 int[]All 和 int[]Start 两个数组也可以简化为两个变量 int All 和 int Start，因为数组中的数据不必一一保存，可以新陈代谢，共用一个变量。这使得本例的代码特别简单。核心代码是：

```
int 子数组最大和(int[] A, int n)
{
     int Start = A[n - 1];
     int All = A[n - 1];
    for(int i = n - 2; i >= 0; i--)
    {
     Start = max( A[i], A[i] + Start);
     All = max(Start, All);
    }
    return All;
}
```

这个程序出落得如此精巧，令人叹为观止，感慨动态规划的魔力和魅力！但程序中没有给出取得最大和的子数组是什么，为此不必修改代码，可以根据已得到的最大和，编一段小程序把对应的子数组搜索出来。请看：

```
int i = 0, j = 0;
int k = 最大和子数组(A, n);
for (i = 0; i < n; i++)
{
 int sum = 0;
 for (j = i; j < n; j++)
 {
  sum += A[j];
  if (sum == k)
  {
      p = i;
      q = j;
      goto x;
  }
 }
```

```
    }
x:  s="子数组的最大和是"+k+"\n达到最大和的子数组是：";
for (i = p; i <= q; i++)
  {
   s += A[i] + " ";
  }
label2.Text = s;
```

在编制本例的 Windows 窗体应用程序时，数组可随机产生并可重置，以便很方便地考察多个数组的子数组最大和，如图 2-56 和图 2-57 所示。

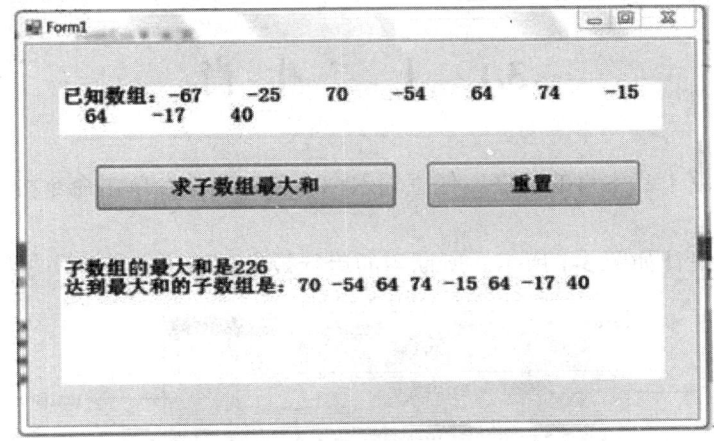

图 2-56　动态规划法求子数组最大和

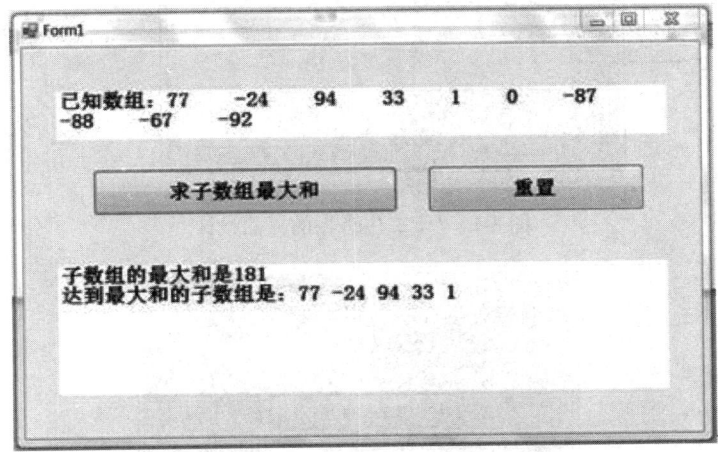

图 2-57　重置数组刷新子数组最大和

第 3 章　基本算法之外

第 2 章对程序设计中的基本算法做了一些介绍。那么，是不是在程序设计中，凡考虑算法，都要归结到基本算法呢？非也！基本算法仅是比较常用的一些算法，不可能包罗万象。实际问题是不可穷尽的，解决实际问题的算法也是不可穷尽的。当我们在编程中为找不到合适的算法作借鉴而苦恼时，应该怎么办呢？请看下面一组案例。

3.1　十　二　生　肖

编制一个推算十二生肖的程序。任意输入一个公元年份，单击命令按钮后，显示出该年的生肖。

本例的界面设计如图 3-1 所示。所期望的运行效果如图 3-2 所示。

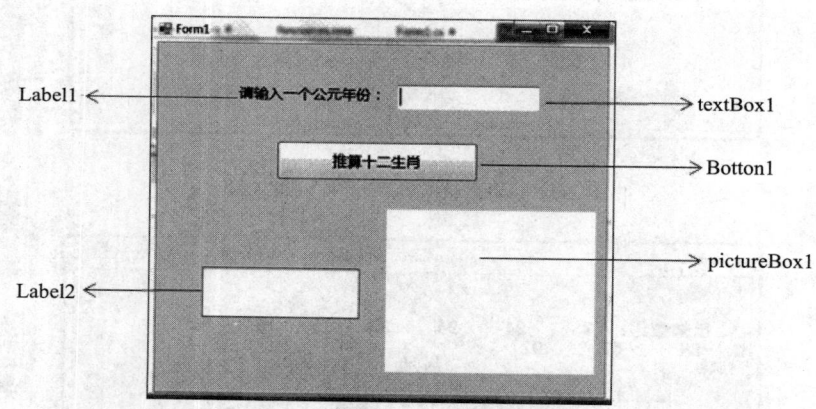

图 3-1　"十二生肖"的界面设计

图 3-2　"十二生肖"的运行效果

如果在代码的编写上卡了壳，那一定是因为不知道怎样由年份求出生肖，可以到图书馆或网上查出一个由年份求生肖的函数，但最好还是自己动脑筋导出这个函数。为了更像数学上的函数，先把十二生肖数字化，令每个生肖对应于一个生肖号，按习惯：

生肖：	鼠	牛	虎	兔	龙	蛇	马	羊	猴	鸡	狗	猪
生肖号：	0	1	2	3	4	5	6	7	8	9	10	11

问题归结为怎样由年份数求出对应的生肖编号，先看一组实例：

年份数	1994	1995	1996	1997	1998	1999	2000	2001	2002	2003	2004	2005	2006	2007	2008
生肖号 k：	10	11	0	1	2	3	4	5	6	7	8	9	10	11	0

我们都知道，两个年份如果相差 12 的整数倍，这两年的生肖是一样的。换句话说，两个年份如果除以 12 所得之余数相同，这两年的生肖是一样的。再换句话说，一个年份 Y 的生肖，取决于它除以 12 所得之余数——$Y \% 12$，请看图 3-3 所示的对应表。

年份数 Y：	1994	1995	1996	1997	1998	1999	2000	2001	2002	2003	2004	2005	2006	2007	2008
$Y\%12$：	2	3	4	5	6	7	8	9	10	11	0	1	2	3	4
生肖号 k：	10	11	0	1	2	3	4	5	6	7	8	9	10	11	0
生肖：	狗	猪	鼠	牛	虎	兔	龙	蛇	马	羊	猴	鸡	狗	猪	鼠

图 3-3　年份和生肖的对应表

可见，$Y \% 12$ 和 Y 所对应的生肖号 k 并不一致。我们的目的，是要求出一个由 Y 计算出 k 的公式，可惜现在 $Y \% 12$ 并不等于 k，还需要在二者之间建立起等量关系。仔细观察图 3-3 的中间两行数据，不难发现这两行数据是可以通过平行移动做到一致对齐的，有两个办法：

第一个办法，把生肖号这一行数据向左平移 4 位，这相当于改变对生肖的编号，对 12 个生肖按固有的顺序转着圈子编号，原来是从鼠起编号，现在先逆时针向前数 4 位→猪→狗→鸡→猴，再从猴起顺时针往后编号：

生肖：	猴	鸡	狗	猪	鼠	牛	虎	兔	龙	蛇	马	羊
生肖号：	0	1	2	3	4	5	6	7	8	9	10	11

再造 $Y \% 12$ 和新编生肖号的对应表，得图 3-4。

年份数 Y：	1994	1995	1996	1997	1998	1999	2000	2001	2002	2003	2004	2005	2006	2007	2008
$Y\%12$：	2	3	4	5	6	7	8	9	10	11	0	1	2	3	4
生肖号 k：	2	3	4	5	6	7	8	9	10	11	0	1	2	3	4
生肖：	狗	猪	鼠	牛	虎	兔	龙	蛇	马	羊	猴	鸡	狗	猪	鼠

图 3-4　图 3-3 中生肖重新编号以后

由此，得到简单的函数关系：$k = Y \% 12$。

能使图 3-3 中间两行数据一致对齐的第二种方法是把 $Y \% 12$ 这一行数据向右平移 4 位，而这就相当于把原来的 $Y \% 12$ 改为 $(Y - 4) \% 12$，这样一改，图 3-3 变为图 3-5。

年份数 Y:	1994	1995	1996	1997	1998	1999	2000	2001	2002	2003	2004	2005	2006	2007	2008
$(Y–4)\%12$:	10	11	0	1	2	3	4	5	6	7	8	9	10	11	0
生肖号 k:	10	11	0	1	2	3	4	5	6	7	8	9	10	11	0
生肖:	狗	猪	鼠	牛	虎	兔	龙	蛇	马	羊	猴	鸡	狗	猪	鼠

图 3-5　图 3-3 中 $Y\%12$ 改为 $(Y–4)\%12$ 以后

由此，也得到一个简单的函数关系：$k=(Y–4)\ \%\ 12$。注意，两个函数关系所对应的生肖编号方法不同。

为了编程方便，生肖图片的主文件名就采用生肖的编号，例如"马"的图片命名为 10.bmp（或 6.bmp）。为了调用图片时可以直接给出图片名，免去交代路径，可把图片存放在本项目文件夹的 bin 子文件夹的 Debug 子文件夹中，这样项目复制到别处时，运行不受影响。

于是不难理解下面为 button1_Click 事件处理所编的代码：

```
string[] s = { "猴", "鸡", "狗", "猪", "鼠", "牛", "虎", "兔", "龙", "蛇",
"马", "羊" };
int y = int.Parse(textBox1.Text);
int k = y % 12;
label2.Text = textBox1.Text + "年是" + s[k] + "年";
pictureBox1.Load(k + ".bmp");
```

3.2　列表框和倒计数循环的应用——队员调配

最常用的显示和输出所用控件是标签或设置为只读的文本框，此外，应该算是列表框 listBox 了。请看本例吧，界面如图 3-6 所示。

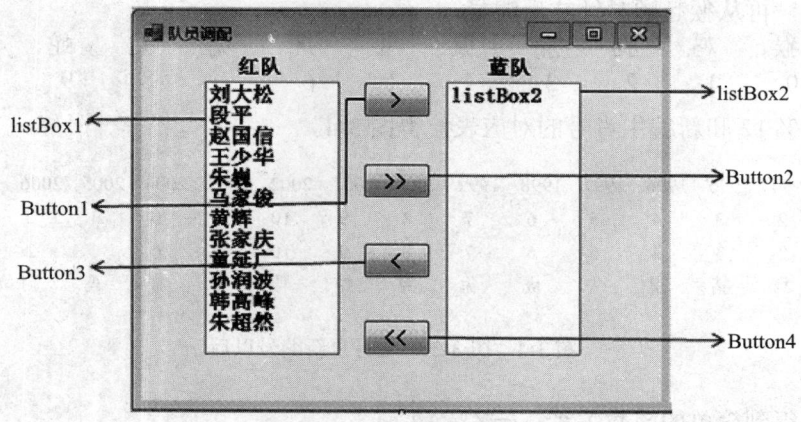

图 3-6　"队员调配"界面

图 3-6 中，红队原有 12 名队员，在列表框 listBox1 中列出。现要从红队中抽出若干人

组成一个新队——蓝队。调配操作通过 4 个按钮进行。当通过单选或多选从 listBox1 中选定了若干人后，只要单击 Button1 ▶ ，所有选定的人立刻从 listBox1 转移到 listBox2，即从红队转移到了蓝队；若单击 Button2 ▶▶ ，则 listBox1 中剩余的全部人员都被转移到 listBox2。类似地，可用按钮 ◀ 和 ◀◀ 把蓝队的成员调回红队。

按钮 ▶▶ 的单击事件代码比较简单：

```
foreach (object x in listBox1.Items)
    {
        listBox2.Items.Add(x);
    }
listBox1.Items.Clear();
```

这段代码的含义非常简明：遍历 listBox1 的列表项集合，把所遇到的每一个列表项都添加到 listBox2 的列表项集合中，然后把 listBox1 的列表项集合清空。

按钮 ▶ 的单击事件代码是：

```
for (int i = listBox1.SelectedItems.Count - 1; i >= 0;i--)
{
listBox2.Items.Add(listBox1.SelectedItems[i]);
listBox1.Items.Remove(listBox1.SelectedItems[i]);
}
```

这段代码的含义也很简明：按照编号的降序遍历 listBox1 的被选项集合，对所遇的每一个被选项都添加到 listBox2 的列表项集合中，并把它从 listBox1 的列表项集合中移除。值得想一想的是遍历所用的 for 循环为什么是倒计数循环？即为什么是

```
for (int i = listBox1.SelectedItems.Count - 1; i >= 0;i--)
```

而不是

```
for (int i =0; i <= listBox1.SelectedItems.Count - 1;i++)
```

最好的办法是通过实验分析解决问题。不妨把代码改为从 0 开始的顺序计数循环，就会发现：

- 若从 listBox1 中选定 2 个列表项，则单击 ▶ 后，只有第 1 个列表项被移走；
- 若从 listBox1 中选定 3 个或 4 个列表项，则单击 ▶ 后，只有第 1、3 两个列表项被移走；
- 若从 listBox1 中选定 5 个或 6 个列表项，则单击 ▶ 后，只有第 1、3、5 三个列表项被移走；

……

问题在于循环体内包含移除操作，接受遍历的集合在遍历过程中发生着变化。假设从 listBox1 中选定了 4 个列表项（简记为 L(0)、L(1)、L(2)、L(3)），则单击 ▶ 后，首先循环变量 i=0，表达式 $i\leqslant3$ 的值为 true，执行循环体，L(0) 被移走；但 L(0) 被移走后，listBox1

中的被选项只剩下 3 个了，重新编号为 L(0)（原 L(1)）、L(1)（原 L(2)）、L(2)（原 L(3)），循环变量的终值也减少 1，变成 2，于是接下来，循环变量 i=1，表达式 i<=2 的值为 true，执行循环体，L(1)（原 L(2)）被移走；再接下来，因为 listBox1 中只剩下原 L(1)、L(3)，但重新编号为 L(0) 和 L(1)，循环变量的终值又减少 1，变成 1，于是循环变量 i=2，表达式 i<=1 的值为 false，循环终止。这就揭示了为什么单击 ▶ 后，listBox1 中只有第 1、3 两个列表项（即 L(0) 和 L(2)）被移走。

为什么采用倒计数循环无此弊端呢？在倒计数循环下，虽然每执行一次循环体，接受遍历的集合也发生变化，但被移走的列表项是编号最大的那个，移走后剩下诸列表项维持原有的编号，循环变量的取值和终值同步减少 1，保持表达式值为 true。因此，循环体按预定的次数顺利进行。

读者不难类推出按钮 ◀ 和 ◀◀ 的单击事件处理程序代码。

3.3　数字螺旋方阵的打印

编程：输入一个正整数 n，在屏幕上打印出 $n×n$ 的数字螺旋方阵，如图 3-7 所示。

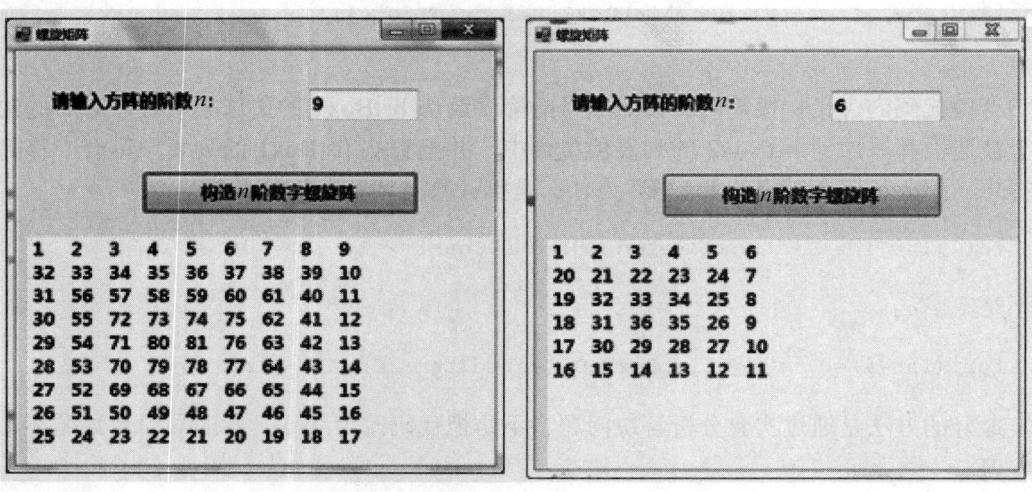

图 3-7　编程打印数字螺旋方阵

面对这个程序，怎样想出它的算法？很能检验你的基本功。在仔细观察分析的基础上应该看到，图中的正整数序列是转着圈顺序打印出来的，每一圈都是同一模式：向右、向下、向左、向上。所以应该以"圈"为单位组织循环。循环多少次呢？就看 n 阶方阵包含多少"圈"。因为每一圈耗去 2 行 2 列，所以当 n 为偶数时，正好是 $n/2$ 圈；当 n 为奇数时，$n/2$ 圈以外，还多一个居于中心位置的最大数。算法的核心问题是怎样把每一圈的打印归结为同一个模式。可以先解剖一个 8 阶的数字螺旋方阵（如图 3-8）看一看。

j \ i	1	2	3	4	5	6	7	8
1	1	2	3	4	5	6	7	8
2	28	29	30	31	32	33	34	9
3	27	48	49	50	51	52	34	10
4	26	47	60	61	62	53	36	11
5	25	46	59	64	63	54	37	12
6	24	45	58	57	56	55	38	13
7	23	44	43	42	41	40	39	14
8	22	21	20	19	18	17	17	15

图 3-8　螺旋方阵按圈分拆图

按照图 3-8 写出每一圈 4 小条数据所在位置的行下标 i 和列下标 j 的变化如图 3-9 所示。

n=8

第一圈(k=1)	第二圈(k=2)
上条：　i=1；　j=1～n-1 右条：　j=n；　i=1～n-1 下条：　i=n；　j=n～2 左条：　j=1；　i=n～2	上条：　i=2；　j=2～n-2 右条：　j=n-1；　i=2～n-2 下条：　i=n-1；　j=n-1～3 左条：　j=2；　i= n-1～3
第三圈(k=3)	**第四圈(k=4)**
上条：　i=3；　j=3～n-3 右条：　j=n-2；　i=3～n-3 下条：i=n-2；　j=n-2～4 左条：　j=3；　i= n-2～4	上条：　i=4；　j=4～n-4 右条：　j=n-3；　i=4～n-4 下条：i=n-3；　j=n-3～5 左条：　j=4；　i=n-3～5

图 3-9　下标的变化

由此可抽象出，对任一圈 k，

上条：i=k；　j=k～n-k
右条：j=n-k+1；　i=k～n-k
下条：i=n-k+1；　j=n-k+1～k+1
左条：j=k；　i=n-k+1～k+1

上面只讲了对螺旋变化的位置的控制，那么，对各位置上的打印内容怎么控制？这很好办（也很巧妙、新颖），因为打印内容是顺次递增 1 的，只需用一个计数器 m，初值为 1，每打印一次，m++就可以了。

完整的代码如下：

```
private string space(int n) //这是为打印整齐而自定义的空格函数
{
  string s = "";
  for (int i = 1; i <= n; i++)
```

```
      s += " ";
      return s;
}


private void button1_Click(object sender, EventArgs e)
{
   int n = int.Parse(textBox1.Text);
   int q = n / 2; // 总共圈数
   int r = n % 2; //零头
   int m = 1;    //计数器
   int i,j,k; //循环变量
   int [,] A=new int[n+1,n+1]; //存放数字螺旋方阵。0下标不用
   string s = "";
   for (k = 1; k <= q; k++)    //从第1圈到第q圈，一圈一圈地赋值
     {
       i=k;    //上边
       for (j = k; j <= n - k; j++)
       A[i, j] = m++;
       j = n - k + 1;  //右边
      for (i = k; i <= n - k; i++)
       A[i, j] = m++;
       i = n - k + 1;  //下边
     for (j = n - k + 1; j >= k + 1; j--)
       A[i, j] = m++;
       j = k;  //左边
    for (i = n - k + 1; i >= k + 1; i--)
     A[i, j] = m++;
   }
if (r == 1)    //n为奇数时，多一个中心位置
   A[q+ 1, q + 1] = m++;
for (i = 1; i <= n; i++)  //输出螺旋方阵
{
   for (j = 1; j <= n; j++)
   {
     int l = A[i, j].ToString().Length;
     s += A[i, j] + space(7-2*l);
   }
 s += "\n";
}
label2.Text = s;
}
```

3.4　报 数 游 戏

n 个人站成一行玩报数游戏。所有人从左到右编号为 1 到 *n*。游戏开始时，最左边的

人报 1，他右边的人报 2，编号为 3 的人报 3，等等。当编号为 n 的人（即最右边的人）报完 n 之后，轮到他左边的人（即编号为 $n-1$ 的人）报 $n+1$，然后编号为 $n-2$ 的人报 $n+2$，以此类推。当最左边的人再次报数之后，报数方向又变成从左到右，依次类推。

为了防止游戏太无聊，报数时有一个特例：如果应该报的数包含数字 7 或者 7 的倍数，他应当用拍手代替报数。表 3-1 是 $n=4$ 的报数情况（X 表示拍手）。当编号为 3 的人第 4 次拍手的时候，他实际上数到 35。

表 3-1　报数情况

人	1	2	3	4	3	2	1	2	3
报数	1	2	3	4	5	6	X	8	9
人	4	3	2	1	2	3	4	3	2
报数	10	11	12	13	X	15	16	X	18
人	1	2	3	4	3	2	1	2	3
报数	19	20	X	22	23	24	25	26	X
人	4	3	2	1	2	3	4	3	2
报数	X	29	30	31	32	33	34	X	36

试编一个 Windows 窗体应用程序，输入 n，m 和 k（$2 \leqslant n \leqslant 100$，$1 \leqslant m \leqslant n$，$1 \leqslant k \leqslant 100$），计算当编号为 m 的人第 k 次拍手时，他实际上数到了几。

这道题也没有现成的算法可循。题目中给出了一张表，意在启迪算法，但这张表设计得不够好，为了便于导出算法，把这张表改造一下，如表 3-2 所示。

表 3-2　改造后的表

$n=4$　　$m=3$　　$k=4$

人	1	2	3	4	
	1	2	3		第 1 轮报数→
		6	5	4	第 2 轮报数←
	X(7)	8	9		第 3 轮报数→
		12	11	10	第 4 轮报数←
	13	X(14)	15		第 5 轮报数→
		18	X(17)	16	第 6 轮报数←
报数	19	20	X(21)		第 7 轮报数→
		24	23	22	第 8 轮报数←
	25	26	X(27)		第 9 轮报数→
		30	29	X(28)	第 10 轮报数←
	31	32	33		第 11 轮报数→
		36	X(35)	34	第 12 轮报数←

本例的运行界面如图 3-10 所示。

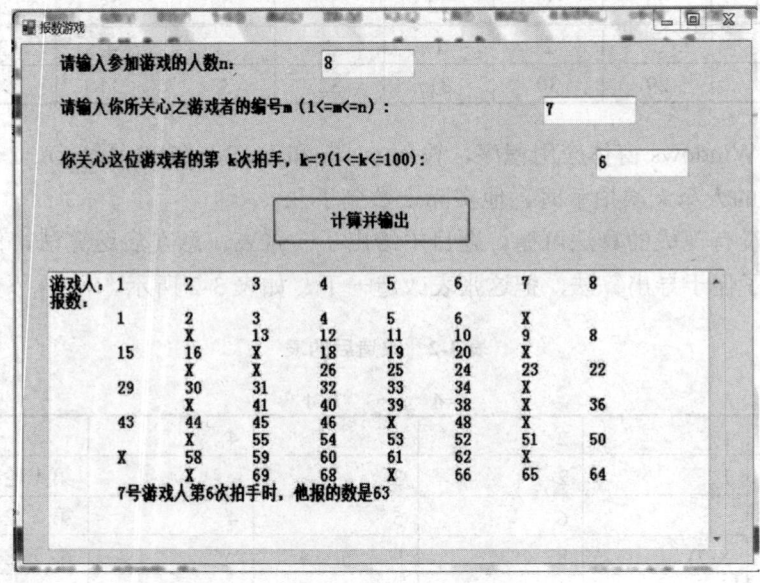

图 3-10　报数游戏运行界面设计

在 Form1.cs 类中添置下列成员变量：

```csharp
int n;
int m;
int k;
int[,] A;    //A[i,j]中存放第i轮报数中j号参游者所报的数
int x = 1;   //报数计数器，初值为1
int i = 0;   //报数轮数计数器，初值为0
int j =0;     //游戏参与者编号
 int mp = 0;    //m号游戏人拍手次数计数器
  int da = 0;     //存放答案，即m号游戏人第k次拍手时报数报到多少
```

```
    int 实际报数轮数;
//为了使程序条理清晰，编制了三个成员方法
private bool 拍手条件(int bs)    //参数bs为游戏人的报数
{
    if (bs != 0 && bs % 7 == 0)  //条件bs!=0用来应对数组A中空置为0的单元
        return true;
    else
      {
        bool q = false;
        string p = bs.ToString();
        int l = p.Length;
        string[] a = new string[l];
        for (int i = 0; i < l; i++)
        {
          a[i] = p.Substring(i, 1);
          if (a[i] == "7")
          q = true;
        }
       return q;
      }
}


private void 报数()
 {
   A[i, j] = x++;
   if (拍手条件(A[i, j]))
     {
       if (j == m)
        {
          mp++;
          da = A[i, j];
         }
      }
  }
private void 输出(string s)
{
   s="游戏人：\t";
   for (i = 1; i <= n; i++)
     s += i + "\t";
   s += "\r\n"+"报数：\t";
   s += "\r\n" + "\t";
   for (i = 1; i <= 实际报数轮数; i++)
    {
      for (j = 1; j <=n; j++)
       {
```

```
        if (拍手条件(A[i,j]))
          s += "X\t";
        else if (A[i, j] == 0)
          s += "   \t";
        else
          s+=A[i,j]+"\t";
      }
    s += "\r\n" + "   \t";
  }
  textBox4.Text +=s;
  textBox4.Text += m+"号游戏人第"+k+"次拍手时，他报的数是"+da;
}
```

相当于主函数的按钮单击事件处理程序代码是：

```
n = int.Parse(textBox1.Text);
m = int.Parse(textBox2.Text);
k= int.Parse(textBox3.Text);
A = new int[100, n + 1];  /*假定报数不超过100轮。A[i,j]中存放第i
轮报数中j号参游者所报的数*/
    while (mp<k)
    {
      i++;
      for ( j = 1; j <= n - 1; j++)
        报数();
      i++;
      for ( j = n; j >= 2; j--)
        报数();
    }
    实际报数轮数 = i;
    string s = "";
    输出(s);
```

注意：把数组 A 的构造和输出分清，构造时报数是多少就存储多少，输出时逢到该拍手才改为输出 X。

3.5　小写金额换大写

任一个涉及营销的应用程序，当打印发票时，必须将小写金额转换为大写。本例介绍的程序具有广泛的实用价值。

本例的界面设计如图 3-11 所示。

很多大学生在这道题面前为难，也不难找到关于这道题的资料，但很多解说含糊，逻辑不清。其实，解这道题的关键是准确理解现行小学四年级数学教材中"多位正整数的读法"一节的内容。

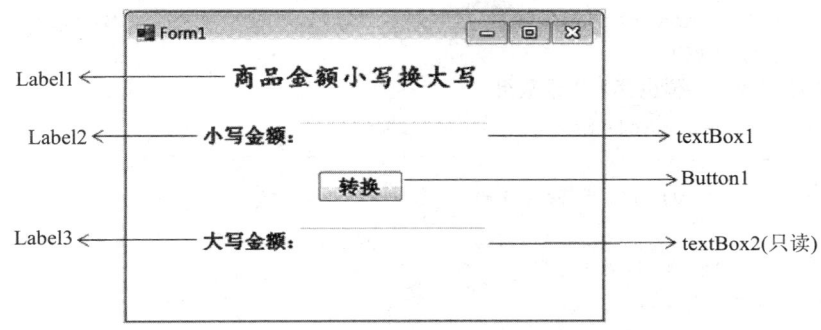

图 3-11　金额转换界面设计

　　大写金额的整数部分，是根据我国对多位数的读法写出来的。通常的商业行为所涉及的金额都在亿以下，本例中也只考虑亿以下金额的转换，因此，先要搞清楚亿以下多位数的读法。亿以下的多位数至多 8 位，从低位到高位每 4 位为一级，依序划分为两级。低 4 位称为"个级"，高 4 位称为"万级"。读数时，先读万级，再读个级；万级的数，按照个级的读法来读，读完加一个"万"字。每级末尾不管有几个 0，都不读；其他数位上有一个 0 或连续几个 0，都只读一个"零"。

　　可见，转换的基础是个级的转换，我们把它称为基本转换。对任意输入的一个亿以下的实数，先四舍五入使其只保留两位小数，划分为小数级、个级和万级 3 个级别。编一个"基本转换"方法，再编一个"元以下金额换大写"方法。于是，对万级和个级都调用"基本转换"，对小数级调用"元以下金额换大写"，把 3 个转换结果拼合起来，就完成了亿以下小写金额换大写的转换。运行效果如图 3-12 所示。

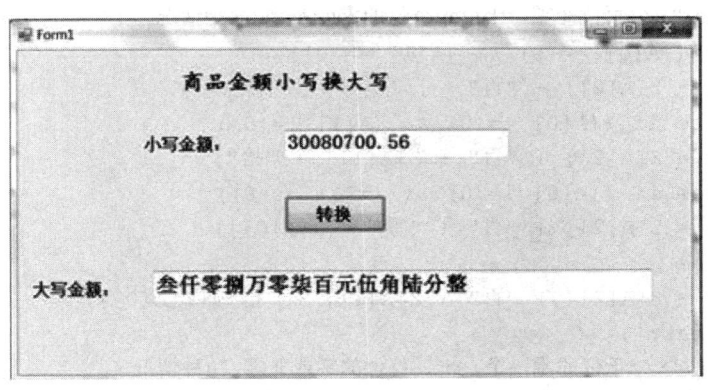

图 3-12　小写金额换大写运行示例

本案例的有关代码如下：
（1）基本转换代码。

```
private string 基本转换(int x)  //x是一个小于10000的正整数
{
  string q="";   //存放转换结果
 //把数码0～9对应的汉字存入一维数组，使得可用数码作为下标调出对应的汉字
```

```csharp
string[] Z = new string[10] { "零", "壹", "贰", "叁", "肆", "伍", "陆",
"柒", "捌", "玖" };
//x看作四位数，各位也存入一维数组
int[] A = new int[4];
int temp = x;
for (int i = 0; i <= 3; i++)
{
  A[i] = temp % 10;
  temp=temp / 10;
}
int L = x.ToString().Length;//求出x的实际位数
//求x的读法
if (x != 0)
{
  switch (L)
  {
    case 1: //一位非零，1种情况
      q = Z[A[0]];
      break;
    case 2: //十位非零，个位零或非零，2种情况
      if (A[0] == 0)
        q = Z[A[1]] + "拾";
      else
        q = Z[A[1]] + "拾" + Z[A[0]];
      break;
    case 3://百位非零，十位和个位的零或非零，4种情况
      if ((A[0] == 0) && (A[1] == 0))
      q = Z[A[2]] + "百";
      else if ((A[0] == 0) && (A[1] != 0))
      q = Z[A[2]] + "百" + Z[A[1]] + "拾";
      else if ((A[0] != 0) && (A[1] == 0))
      q = Z[A[2]] + "百" + "零" + Z[A[0]];
      else
      q = Z[A[2]] + "百" + Z[A[1]] + "拾" +Z[A[0]];
      break;
    case 4://千位非零，个、十、百位的零或非零，8种情况
      if ((A[0] == 0) && (A[1] == 0) && (A[2] == 0))
      q = Z[A[3]] + "仟";
      else if ((A[0] == 0) & (A[1] == 0) & (A[2] != 0))
        q = Z[A[3]] + "仟" + Z[A[2]] + "百";
      else if ((A[0] == 0) && (A[1] != 0) && (A[2] == 0))
        q =Z[A[3]] + "仟" + "零" + Z[A[1]] + "拾";
      else if ((A[0] == 0) && (A[1] != 0) & (A[2] != 0))
        q = Z[A[3]] + "仟" + Z[A[2]] + "百" +Z[A[1]] + "拾";
      else if ((A[0] != 0) && (A[1] == 0) && (A[2] == 0))
```

```
            q = Z[A[3]] + "仟" + "零" +Z[A[0]];
        else if ((A[0] != 0) & (A[1] == 0) & (A[2] != 0))
            q = Z[A[3]] + "仟" + Z[A[2]] + "百" + "零" +Z[A[0]];
        else if ((A[0] != 0) && (A[1] != 0) && (A[2] == 0))
            q = Z[A[3]] + "仟" + "零" + Z[A[1]] + "拾" + Z[A[0]];
        else
            q = Z[A[3]] + "仟" + Z[A[2]] + "百" + Z[A[1]] + "拾" + Z[A[0]];
        break;
        }
    }
    else
     q = "零";
     return (q);
  }
```

（2）元以下的转换代码。

```
 private string 元以下金额换大写(int y)///2位整数y表示的角、分金额转换为大写
 {
 string[] Z = new string[10] { "零", "壹", "贰", "叁", "肆", "伍", "陆",
 "柒", "捌", "玖" };
 string r = "整";
 if (y!= 0)
 if ((y % 10) == 0)
    r = Z[(y / 10)] + "角" + r;
 else if ((y / 10) == 0)
    r = Z[(y % 10)] + "分" + r;
 else
    r = Z[(y / 10)] + "角" + Z[(y % 10)] + "分" + r;
 return r;
 }
```

（3）button1_Click 事件处理代码。

```
//输入的小写金额划分为小数级z1、个级z2、万级z3,分别转换再拼合，L记整数部分位数
   int z1, z2, z3, L;
   string s = textBox1.Text;//用户的小写金额输入作为字符串接收下来
   double x;  //文本框中的输入数据转换为实型数存入其中
   //输入数据的合法性检验
   if (!double.TryParse(s, out x))
    {
      MessageBox.Show("输入的不是数值! 请重新输入! ", "警告提示");
      textBox1.Text = "";
      textBox1.Focus();
     }
   else if (x >= 100000000)
```

```
        {
            MessageBox.Show("请重新输入1亿以下的数！", "警告提示");
            textBox1.Text = "";
            textBox1.Focus();
        }
    else
        {
            x = Math.Round(x, 2);//若输入数据带小数，四舍五入取2位小数
            //把x的整数部分和小数部分分开
            string p = (100 * x).ToString();
            int c = p.Length;
            string p1 = p.Substring(c - 2, 2);//x的小数部分的数字串
            string p2 = p.Substring(0, c - 2);//x的整数数部分的数字串
            z1 = int.Parse(p1);//金额之两位小数部分，扩大100倍化整后的值
            z2 = int.Parse(p2);//金额之整数部分的值
            L = c - 2; //整数部分z2的位数
            if (L <= 4)
                s = 基本转换(z2) + "元" + 元以下金额换大写(z1);
            else
                {
                    z3 = z2 / 10000;
                    z2 = z2 % 10000;
                    if (z2 / 1000 != 0)
                        s = 基本转换(z3) + "万" + 基本转换(z2) + "元" + 元以下金额换大写(z1);
                    else
                        s = 基本转换(z3) + "万零" + 基本转换(z2) + "元" + 元以下金额换大写(z1);
                }
            textBox2.Text = s;
```

3.6　万　年　历

在 Windows 操作系统下，单击右下角状态栏中显示的日期时间，立刻会显示出当月的月历表，而且可以导出任一年中任一月的月历表。这是一项很有用的功能，称之为万年历。下面来做一个万年历，要求任意输入一个公元的年份和月份，单击"确定"按钮，就能输出该月的月历表。界面设计如图 3-13 所示。

对这个问题的编码，应该怎样去分析解决呢？首先应当考虑，编制 y 年 m 月的月历表，需要些什么数据？两个数据，一是这个月的天数，二是这个月的第一天是星期几。为了把这两个数据算出来，还涉及到下列运算：某年 y 是否为闰年，任一年 y 的天数是多少，等等。为了使所编的代码结构良好，实现模块化，我们把每一种计算作为一项独立的功能，写成窗体类的一个成员方法，使得编出的代码显得条理分明。

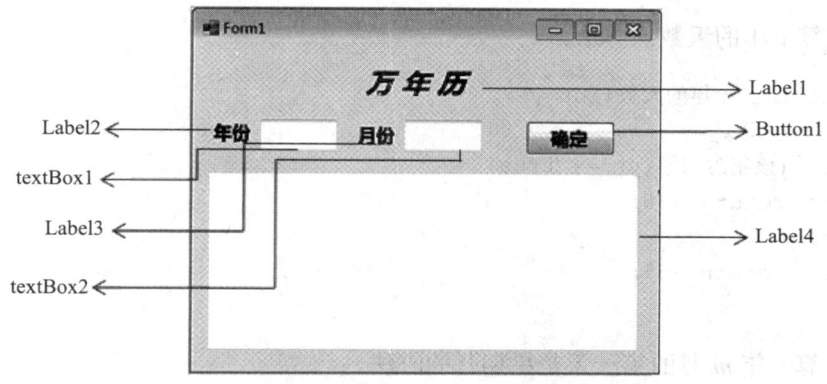

图 3-13　"万年历"界面设计

（1）计算 *y* 年是否为闰年的方法。

```
private bool 该年为闰年(int y)
  {
    if ((y % 4 == 0 && y % 100 != 0) || y % 400 == 0)
      return true;
    else
      return false;
  }
```

（2）计算 *y* 年 *m* 月的天数的方法。

```
private int 该月的天数(int y, int m)
  {
    switch (m)
    {
      case 1:
      case 3:
      case 5:
      case 7:
      case 8:
      case 10:
      case 12:
        return  31;
      case 2:
        if (该年为闰年(y) == true)
          return  29;
        else
          return  28;
      default:
        return  30;
    }
  }
```

（3）计算 y 年的天数的方法。

```csharp
private int 一年的天数(int y)
  {
      if (该年为闰年(y) == true)
          return 366;
      else
          return 365;
  }
```

（4）计算 y 年 m 月的第一天是星期几的方法。

```csharp
private int 该月第一天是星期几(int y, int m)
  {
    int sumDay = 0;//存放从公元1年1月1日到y年m月的上月底共有多少天
    if (m > 1)
     {
       for (int i = 1; i <= m - 1; i++)

       sumDay += 该月的天数(y,i);
     }
     y--;
     for (int j = 1; j <= y; j++)
      {
        sumDay += 一年的天数(j);
      }
    return (sumDay + 1) % 7;
 }
```

（5）输出月历表的方法。

```csharp
private void 输出月历表(int 该月首日星期几, int 该月天数)
      {
        int num = 0;  //用以控制每行只输出7个日期
        string s=("\n    星期日      "+"星期一      "+"星期二      "
        +"星期三      "+"星期四      "+"星期五      "+"星期六\n");
        s+="         ";
        for (int i=0;i<该月首日星期几;i++)//月历表第一行预留空位
        {
         s+="          ";
         num++;
        }
        for(int i=1;i<=9;i++)//月历表中填上本月份的各个一位数的日期
        {
         num++;
         if(num % 7!=0)
```

```
                s+= i +"                  ";
            else
                s+= i + "\n            ";
    }
    for (int i = 10; i <= 该月天数; i++)//月历表中填上本月份的各个两位数的日期
    {
        num++;
        if (num % 7 != 0)
            s += i + "            ";
        else
            s += i + "\n          ";
    }
    label4.Text =s;
}
```

button1_Click 事件处理程序的代码非常简单明了。

```
int year = Convert.ToInt32(textBox1.Text);   //接收年份数
  int month = Convert.ToInt32(textBox2.Text);  //接收月份数
  int day = 该月的天数(year ,month);
  int week = 该月第一天是星期几(year, month);
  输出月历表(week, day);
```

本例的运行效果如图 3-14 所示。

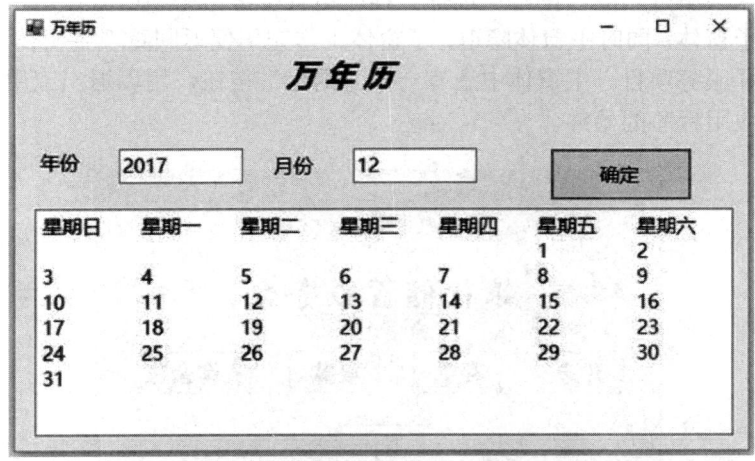

图 3-14　"万年历"运行效果

第4章 多个窗体类构成的 Windows 应用程序

现在要讨论具有两个以上窗体的 Windows 应用程序。其实，在第 2、3 章中已编制过穿插有 MessageBox 消息框或自定义输入对话框的 Windows 应用程序，那已经是多窗体的 Windows 应用程序了，因为消息框和自定义对话框也都是窗体，它们为主窗体提供服务，可以看成是附属于主窗体的，缺少一点独立性，整个应用程序只服务于一个主题。下面考虑应用程序服务于多个主题，因而需要多个相对独立又相互联系的窗体界面的情况。

4.1 银行储蓄服务

为了阐明多窗体 Windows 应用程序的一般编制方法，以银行储蓄服务为例，但为了突出重点，略去了利息的计算。

多窗体的应用程序中，担任总控、首先启动的那个窗体称为主窗体，默认的主窗体就是 Form1，本例中把 Form1 改名为"主窗体"，界面设计如图 4-1 所示。中间 4 个命令按钮体现了程序的 4 项服务功能，供用户选择。程序运行中单击某项服务按钮，便打开一个提供相应服务的子窗体，同时主窗体隐退；子窗体工作完毕便返回重现主窗体，子窗体关闭，这时可再次选择服务项目。主窗体中还有一个"退出"按钮，用以退出应用程序。可见，主窗体贯穿于应用程序的始终。

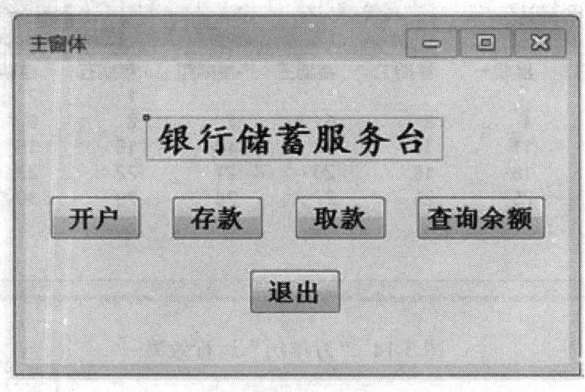

图 4-1 银行储蓄服务的主窗体

本案例除了主窗体外，还需要设置哪些窗体呢？开户、存款、取款各用一个窗体；余额查询因需要区别两种查询方法，将引发两种输入对话框窗体。这样，还需设置 6 个窗体类，如图 4-2 所示。

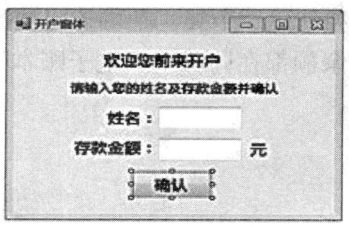 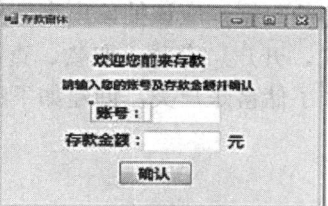 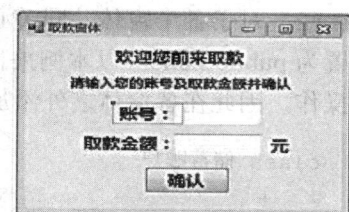

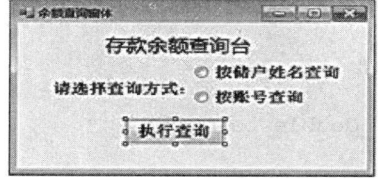  

图 4-2　主窗体之外的 6 个窗体类的界面设计

对于多窗体的 Windows 应用程序，编程中要掌握的第一个问题是怎样实现窗体间的切换。具体要掌握 5 点：

（1）从主窗体切换到某子窗体。以从主窗体切换到存款窗体为例，代码为：

```
存款窗体  f=new 存款窗体();
f.Show();
this.Hide();
```

（2）从某子窗体返回主窗体。代码为：

```
主窗体  f=new 主窗体();
f.Show();
this.Close();
```

（3）关闭主窗体并退出应用程序。代码为：

```
Application.Exit();
```

（4）某窗体调用对话框。若是调用系统的消息框，则应前加引用语句 using System.Windows.Forms;，调用消息框的代码是：MessageBox.Show(" 消息字符串 ");，若是调用自定义对话框，例如余额查询窗体调用账号输入对话框，代码是：

```
账号输入对话框 f = new 账号输入对话框();
f.ShowDialog(); //注意：窗体作为对话框打开，应用 ShowDialog()方法
this.Close();
```

（5）自定义对话框返回调用窗体的代码是：this.Close();，在未调用任何窗体的情况下，对话框只要关闭了，控制权就返回调用该对话框的窗体。

编程中要掌握的第 2 个问题是窗体间信息的互访，有下列两个要点。

（1）一个窗体只能访问另一个窗体中用 public 修饰的字段、属性、方法，如果这些字段、属性、方法是静态的，可通过窗体类的名称来访问，否则要通过窗体类的实例来访问。

（2）对于各个窗体共同关心的数据，应该抽象出来，单独创建一个类，把供访问数据设置为 public static。以本例来说，开户、存款、取款、查询余额都在同一个"电子账本"上操作，因此在各窗体之外添加了储蓄账户类，创建如下：

```csharp
class 储蓄账户
    {
        private string 客户姓名;
        private int 账号;
        private double 存款余额;
        public static int k = 0; //储蓄账户序号

        public 储蓄账户(string name, int number, double balance)
        {
            客户姓名 = name;
            账号 = number;
            存款余额 = balance;
        }

        public static 储蓄账户[] A = new 储蓄账户[100];

        public void 存款(double x)    //存款x元
        {
            存款余额 += x;
        }

    public int 取款(double x)    //取款x元
    {
      if (存款余额 < x)
      {
        MessageBox.Show("余额不足，不能如数支取！", "消息对话框");
        return (0);
      }
      else
      {
        存款余额 -= x;
        return (1);
      }
    }

    public double 查余额()
    {
      return 存款余额;
    }

        public string 查储户姓名()
```

```
    {
        return 客户姓名;
    }

}
```

在上面的基础上，不难写出实现各项储蓄功能的代码。

（1）"开户"窗体"确认"按钮单击事件处理程序的代码：

```
string s = textBox1.Text;
int b = int.Parse(textBox2.Text);
储蓄账户.k++;
储蓄账户.A[储蓄账户.k] = new 储蓄账户(s, 储蓄账户.k, b);
MessageBox.Show("开户成功! \n" + "客户名：" + 储蓄账户.A[储蓄账户.k].查储户姓名
() + "\n账号：" + 储蓄账户.k + "\n存款余额：" + 储蓄账户.A[储蓄账户.k].查余额(),
"开户信息");
主窗体 f = new 主窗体();
f.Show();
this.Close();
```

（2）"存款"窗体"确认"按钮单击事件处理程序的代码：

```
int n = int.Parse(textBox1.Text);
int b = int.Parse(textBox2.Text);
储蓄账户.A[n].存款(b);
 MessageBox.Show("存款成功! \n" + "客户名：" + 储蓄账户.A[n].查储户姓名() +
    "\n账号：" + n + "\n存款余额：" + 储蓄账户.A[n].查余额(), "存款信息");
 主窗体 f = new 主窗体();
 f.Show();
 this.Close();
```

（3）"取款"窗体"确认"按钮单击事件处理程序的代码：

```
int n = int.Parse(textBox1.Text);
int b = int.Parse(textBox2.Text);
储蓄账户.A[n].取款(b);
MessageBox.Show("取款成功! \n" + "客户名：" + 储蓄账户.A[n].查储户姓名() +
   "\n账号：" + n + "\n存款余额：" + 储蓄账户.A[n].查余额(), "存款信息");
主窗体 f = new 主窗体();
 f.Show();
  this.Close();
```

（4）"余额查询"窗体"执行查询"按钮单击事件处理程序的代码：

```
if (Convert.ToBoolean(radioButton1.Checked))
  {
    姓名输入对话框 f = new 姓名输入对话框();
    f.ShowDialog();
```

```
    this.Close();
  }
if (Convert.ToBoolean(radioButton2.Checked))
{
账号输入对话框 f = new 账号输入对话框();
f.ShowDialog();
this.Close();
  }
```

（5）"姓名输入对话框"窗体"确认"按钮单击事件处理程序的代码：

```
string s = textBox1.Text;
if(s!="")
 {   int j = 1;
     while ((j <= 储蓄账户.k) && (储蓄账户.A[j].查储户姓名()!=s))
       j++;
     if (j <= 储蓄账户.k)
      {
       MessageBox.Show("查询结果\n" + "客户名：" + 储蓄账户.A[j].查储户姓名() +
        "\n账号：" + j + "\n存款余额：" + 储蓄账户.A[j].查余额(), "查询结果");
      }
     else
      {
       MessageBox.Show( "无此客户！", "消息提示");
      }
 }
主窗体 f = new 主窗体();
f.Show();
this.Close();
```

（6）"账号输入对话框"窗体"确认"按钮单击事件处理程序的代码：

```
if (textBox1.Text != "")
 {
   int j = int.Parse(textBox1.Text);
   if (j >= 1 && j <= 储蓄账户.k)
   MessageBox.Show("查询结果\n" + "客户名：" + 储蓄账户.A[j].查储户姓名()+ "\n
账号：" + j + "\n存款余额：" + 储蓄账户.A[j].查余额(), "查询结果");
   else
     MessageBox.Show("无此账号！", "消息提示");
 }
主窗体 f = new 主窗体();
f.Show();
this.Close();
```

主窗体的代码比较简单，例如"开户"按钮对应的代码是：

```
开户窗体 f = new 开户窗体();
f.Show();
this.Hide();
```

"退出"按钮对应的代码是：Application.Exit();，其余就不赘述了。

再次提醒一句，本程序仅仅是示意性的，用数组来存储储蓄账户是不现实的，应该代之以数据库。本书后面将专门讨论 Windows 应用程序如何访问数据库。

4.2　在主窗体前添加一个登录窗体

从安全角度考虑，启动应用程序时，在主窗体显示之前应先有一个登录窗体，下面为银行储蓄服务添加一个登录窗体，界面设计如图 4-3 所示。

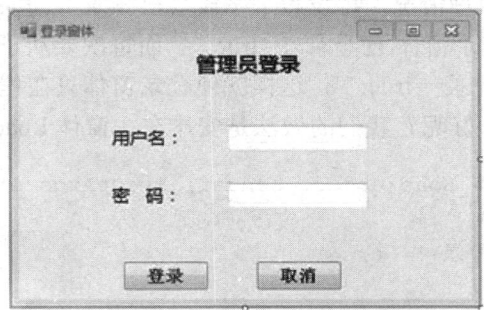

图 4-3　"登录窗体"的界面设计

设登录时合法的用户名为 admin，密码为 123456，则"登录"按钮的单击事件处理程序代码为：

```
string 用户名 = textBox1.Text;
string 密码 = textBox2.Text;
if (用户名 == "admin" && 密码 == "123456")
 {
   MessageBox.Show("登录成功，欢迎使用银行储蓄服务系统！");
   this.Close();
 }
 else
 {
   MessageBox.Show("用户名或密码错误，请重新输入");
   textBox1.Text = "";
   textBox2.Text = "";
   textBox1.Focus();
 }
```

"取消"按钮的单击事件处理程序代码为：

```
取消 = true;
this.Close();
```

另外，登录窗体部分类的定义中，还包含两个静态的成员变量：

```
public static bool 已登录 = false;
public static bool 取消 = false;
```

读了上面的代码，可见登录窗体打开以后，或因为登录成功而关闭，或因为无法输入正确的用户名和密码，单击"取消"按钮关闭。但若登录成功，接下来应是打开主窗体；若取消登录，接下来应是退出应用程序，这又是怎么实现的呢？"已登录"和"取消"两个字段，又各起什么作用？

为此，来研究一下登录窗体的打开条件和时机。登录窗体是设置在主窗体前方的一道安全屏障，但仅仅是第一次打开主窗体前需要登录，以后每次从子窗体返回主窗体就不需要登录了，为了区别这两种情况，特设置了字段"已登录"，其初值为 false，又把打开登录窗体的条件设置为"登录窗体.已登录 != true"，而每次要从子窗体返回主窗体时，都先配上一句"登录窗体.已登录==true;"，这样就使登录窗体只在程序启动时打开一次。那么登录窗体安排在何时打开好呢？我们的做法是安排在主窗体 Load 事件的处理程序中：

```
private void 主窗体_Load(object sender, EventArgs e)
{
    if (登录窗体.已登录 != true)
    {
        登录窗体 f = new 登录窗体();
        f.ShowDialog();
    }
    if (登录窗体.取消 == true)
        Application.Exit();
}
```

登录窗体打开后，如果因为被"取消"而关闭，应用程序便退出了；否则登录成功，按照正常情况，Load 事件的处理程序运行完毕主窗体便显示出来了。

本节写到这里可以结束了，最后，再送你一个大礼包吧，它一定会给你带来一份惊喜。这个大礼包就是：本节还有一个更精妙、更漂亮的解决方案，那就是改变在主窗体 Load 时调用登录窗体的做法，也不必用什么"已登录""取消"，只需在登录窗体的代码中，当用户输入的用户名和密码都正确时，在该执行的代码里加上一句：this.DialogResult = DialogResult.OK;，并动手修改文件 Program.cs 中的 Main()函数，把函数体改为：

```
Application.EnableVisualStyles();
Application.SetCompatibleTextRenderingDefault(false);
登录窗体 d = new 登录窗体();
if (d.ShowDialog() == DialogResult.OK)
    Application.Run(new 主窗体());
else
    Application.Exit();
```

请比较一下原来的函数体：

```
Application.EnableVisualStyles();
Application.SetCompatibleTextRenderingDefault(false);
Application.Run(new 主窗体());
```

可见这种做法就是把对登录窗体的调用移到作为程序入口的 Main() 函数中，本来 Main() 函数是直接启动主窗体的，现在加上了条件。首先调用登录窗体，仅在正确成功登录的条件下才启动主窗体。主窗体启动后，便与登录窗体无关了。

千万不要以为编制登录窗体就限于上面讲的两种方法。上面实际上讲的是在主窗体已经编好并且已设定为启动窗体的前提下，如何以对话框的形式添加一个登录窗体。也可以先把默认的启动窗体 Form1 编为登录窗体，然后再编主窗体和其他窗体（或者修改 Program.cs 中的 Main() 函数，把后编的登录窗体改为启动窗体）。请亲自动手试一试。

4.3　MDI 应用程序——数学小测验

MDI 应用程序是一种特殊的多窗体 Windows 应用程序，在它的多个窗体中，有一个称为父窗体，其余窗体都是它的子窗体。可以同时显示多个窗体，每个窗体都在自己的窗口中显示，子窗体被包含在父窗体中，父窗体为应用程序中所有的子窗体提供工作空间。也就是说，父窗体是子窗体的容器，子窗体必须在父窗体中打开，子窗体可以独立地打开、关闭，在父窗体中可以同时打开多个子窗体；但是，若关闭父窗体，则连同其中的子窗体都被关闭了。在父窗体中打开的多个子窗体中，只有一个处于活动状态，可以对它进行操作。可以用鼠标单击来灵活地选择和切换当前活动窗体。

MDI 应用程序提供了一种可以对多个子窗体相互参照着进行操作的工作环境，必要时可以采用这种程序模式。下面举一个 MDI 应用程序的实例——数学小测验，介绍什么是 MDI。

本程序运行时，首先显示父窗体，如图 4-4 所示。

图 4-4　MDI 父窗体

单击主菜单项"加载子窗体"，弹出一个子菜单，如图 4-5 所示。

图 4-5　显示子菜单

依序单击两个子菜单命令，弹出两个子窗体，如图 4-6 所示。

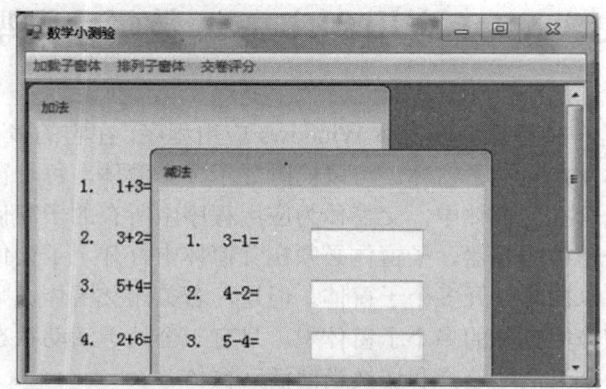

图 4-6　父窗体中加载了两个窗体

单击主菜单项"排列子窗体"，效果如图 4-7 所示。

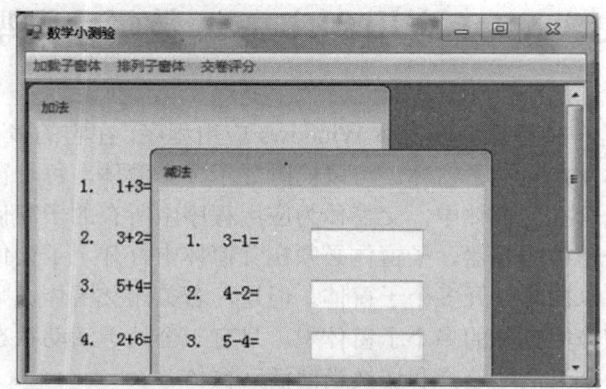

图 4-7　两个子窗体竖直排列

用户在两个子窗体上作答,如图 4-8 所示。

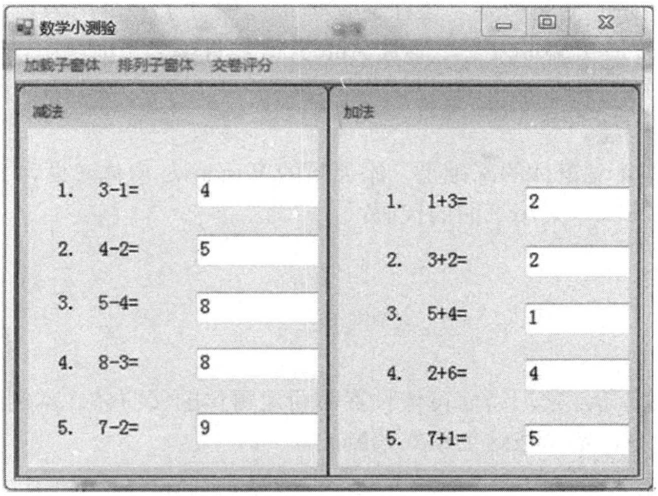

图 4-8　用户答题示例

单击主菜单项"交卷评分",效果如图 4-9 所示。

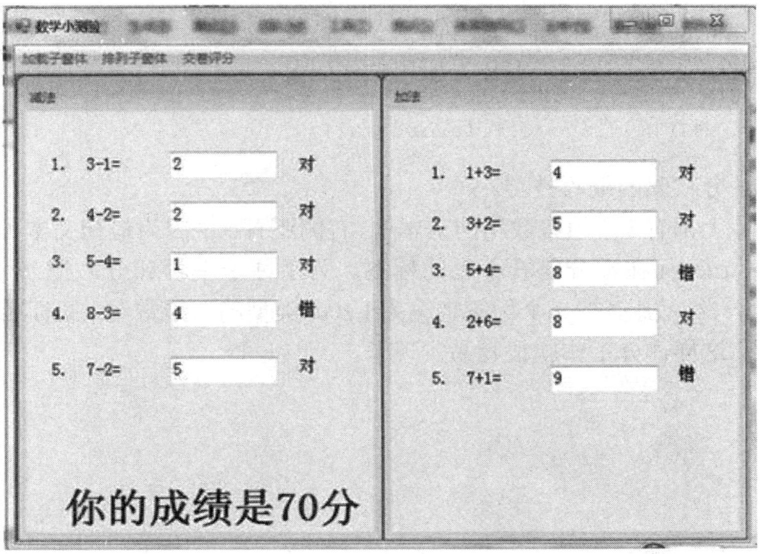

图 4-9　"交卷评分"效果

和程序"银行储蓄服务"相比,程序"数学小测验"可以说是别有一番风味,它在编码方面有些什么新学问呢?

(1)父窗体的创建和设置。

在属性窗口将所建窗体的 IsMdiContainer 属性设置为 true,于是,该窗体就成为 MDI 子窗体的容器,即父窗体。

通常,父窗体中需要留出尽可能大的空间作为各子窗体的工作空间,只从工具箱中把主菜单（MainMenu）或菜单栏（menuStrip）控件拖入父窗体，通过菜单命令进行有关子窗体的操作。除引进了主菜单外，还在父窗体下部引进了一个用来最后输出成绩的标签Label1，因为该标签最初文本为空，而且 AutoSize 属性值为 true，所以评分之前看不出这个标签，最后亮分时它才显示出来。

（2）子窗体的创建。

在已创建了 MDI 父窗体的基础上，添加新的 Windows 窗体（设为 Form2），在父窗体中编程打开该子窗体时，采用下面的代码：

```
Form2  f2=new Form2();
f2.MdiParent=this;
f2.Show();
```

其中关键是第二句，它把当前窗体设置为新建窗体的父窗体。本例中加法窗体和减法窗体两个子菜单命令，都是按这个模式编制的。

（3）排列 MDI 子窗体。

针对 MDI 父窗体对象，有一个专门用来对其中多个子窗体进行排列的 LayoutMdi 方法，该方法调用时需带一个参数，交代所采用的排列方式，该参数有 3 个值供选用。

- MdiLayout.Cascade：层叠排列；
- MdiLayout.TileHorizontal：水平平铺；
- MdiLayout.TileVertical：垂直平铺。

本例中主菜单命令"排列子窗体"所用的代码是：

```
this.LayoutMdi(MdiLayout.TileVertical);
```

（4）交卷评分代码的编写技巧。

每个子窗体上都有 5 个填答数用的文本框，右侧还有 5 个因为最初文本为空且 AutoSize 属性值设置为 true 而在评分前看不见的标签。为了便于编程评分，把 5 个文本框编成 TextBox 类型的一维数组，把 5 个标签也编为 Label 类型的一维数组，把标准答案存放在一个一维数组里，这样评分工作就很容易实现了。

第 5 章　封装、继承和多态

本章强调面向对象程序设计的基本思想，阐述它的三个主要特征，并通过实例阐明在编程实践中如何自觉贯彻最基本的面向对象的程序设计方法。

5.1　封　　装

什么是对象？万物皆对象。形形色色的对象各自展示自己的属性特征、行为动作并相互作用，组成了万千的现实世界。面向对象的程序设计思想首先认为，描摹现实世界的程序也可以由一个个对象组成，程序就是许多对象在计算机中相继表现自己，一个对象就是一个程序实体。

对象是可以分类的，虽然逻辑上是先有对象，然后抽象出一个个类。然而，在程序设计的方法上，却是先定义类，然后才定义类的对象，用类的对象来开展工作。因此，在第1章中就指出，面向对象的程序设计是以类的创建为基础的。

类的创建或定义，显示了面向对象程序设计的第一个特征——封装。此话怎么理解？请看如下解析：

（1）在定义类的时候，其构成主要包括成员变量（字段）和成员方法（函数）。可见，定义一个类无非是把一类对象的数字特征和行为动作抽象出来，结合在一起，看作一个整体。这就是"封装"的第一层含义。

（2）上述第一层含义，概括为"包装"不就可以了吗，为什么不说"包装"，而要说成"封装"？一个"封"字，意味着这种包装具有"隐藏""隐蔽""对外秘而不宣"的作用，这正是"封装"的第二层含义。为什么是这样呢？这是因为类的每一个成员在定义时还受到"访问修饰符"的控制。在类的外部，只能访问类中用 public 修饰的成员；凡类中用 private 或 protected 修饰的成员都是对外隐蔽信息的。因而，可以利用访问修饰符恰如其分地对类进行"封"装，例如，一个用 private 修饰的字段，如果想开放让外界访问，而不允许外界修改，可以对应于此字段定义一个用 public 修饰的只读属性。

另外，对于类中用 public 修饰的方法，尽管外界可以调用它，却无法修改，这说明方法的内容具有隐蔽性。

（3）设计者定义好的类，除了自己用，还可提供给别人使用，例如系统就向用户提供了庞大的类库。非设计者在调用设计者所创建的类时，只需要知道该类中有哪些 public 的成员可以调用，调用的格式如何，而无须知道类的个中细节。这是"封装"的第三层含义。

5.2　继承的概念及实现

继承是在类之间建立的一种传承关系。通过继承一个已有的类，新建的类不需要撰写任何代码便可以直接拥有所继承类的功能，同时可以创建自己的专有功能，建立起类的新层次。其中，新建的类称为派生类或子类，被继承的类称为基类或父类。实现继承的语法格式为：

```
[访问修饰符]  class  <派生类名>：<基类名>
{
    <派生类中新成员的声明>
}
```

例如，在下面的代码中，A 类为基类或父类，B 类为派生类或子类。

```
public class A
{
    ...
}

public class B:A
{
    ...
}
```

于是，派生类自动地拥有基类中除构造函数以外的全体成员（派生类还有专有的新成员，所以排除了对基类构造函数的继承）。值得重视的是，虽说是派生类继承了基类的成员，但未必就能使用这继承来的成员，因为还照样受到基类所设访问权限的控制。因此，为了简单方便地实现彻底继承，建议基类中各成员的访问修饰符都设置为 public（或 protected）。

显然，继承可以看成对类进行扩充的一种手段。在子类中，可以增加新的方法、新的字段和新的属性，还可以覆盖父类的某些方法，从而改变父类的行为，以使其更好地满足需求。

当在应用程序的编制中需要定义一个新类，发现这个新类和某个已有的类有很多共同点，这时，应考虑使用继承。例如，为了求三角形的面积，定义了三角形类，其中包括底、高两个字段及一个计算面积的方法。后来，还想求平行四边形的面积，则只需添加一个平行四边形类让它继承三角形类，把原三角形类的求面积方法签名加一个限定关键字 virtual，新建的平行四边形类中只需重写（override）一下求面积的方法。

如果编制的应用程序比较复杂，需要定义多个类，这多个类又有一些共同点，这时，应考虑把共同点都抽象出来，定义成一个基类，所需的各个类都定义成它的子类。例如某人才市场为编程进行人力资源管理，需要创建诸如博士生、硕士生、本科生等多个类，所有这些类都是"公民"类的子类，继承使用"公民"类中定义好的姓名、身份证号码等属性。

巧用继承可以在编程中节省很多笔墨。

5.3　多　　态

多态主要指两种情况：

（1）在创建类、定义类的成员方法时，可以用同一个方法名来定义多个方法，但这多个方法中参数的类型、个数或顺序应相互有所不同，各方法的实现（方法体）自然是各自为政的。当调用这样的方法时，编译器会根据传入的参数自动进行判断，决定调用哪个方法。这种多态称为编译时多态。

（2）在基类中定义方法时，可以添加关键字 virtual，把方法定义为虚方法，然后在派生类继承基类时，在派生类中用关键字 override 重写虚方法。这样，就使得源于基类的同一名称的方法，在各子类中展示出不同的功能。这种多态称为运行时多态。

总之，多态是指同一名称的方法或因参数的不同，或因所属子类的不同而具有多种不同的形态。

面向对象程序设计的"多态"这一特征体现出适应多变的应用环境而必备的那种随机应变的灵活性。

5.4   综合实例：平面图形面积的计算

编制一个计算平面图形面积的程序，把初中所学的所有平面图形面积的计算都包括进去，具体包括：

- 圆
- 正方形
- 矩形
- 正三角形
- 三角形
- 平行四边形
- 梯形
- 正五边形
- 正六边形

根据"封装"的观点，应当针对上述 9 种图形创建 9 个类。而独立地定义这 9 个类，代码的重复量会相当可观，应当考虑一个节省代码的办法，于是想到"继承"。关键是找一个基类。9 个类中，随便把哪一个当作基类都不合适，怎么办？我们干脆把 9 个类中计算面积所用的参数抽出来，再加上一个计算面积的虚方法，定义成一个"平面图形"类，代码如下：

```
class 平面图形
    {
        public double 边长;
        public double 半径;
        public double 长;
        public double 宽;
        public double 底;
        public double 高;
```

```
    public double 上底;
    public double 下底;

    public virtual double 面积()
    {
        return 0;
    }
}
```

接着，把 9 个类都定义成它的子类。这样，9 个子类的定义都非常简单，只要重写一个面积函数就可以了，对继承来的字段则实行各取所需。例如：

```
class 正方形:平面图形
{
    public override double 面积()
    {
        return 边长 * 边长;
    }
}
```

```
class 矩形:平面图形
{
    public override double 面积()
    {
        return 长 * 宽;
    }
}
```

```
class 梯形:平面图形
{
    public override double 面积()
    {
        return (上底+下底)*高/2;
    }
}
```

```
class 正六边形:平面图形
{
    public override double 面积()
    {
        return 2.598*边长 * 边长;
    }
}
```
…

注意：创建每一个类都是右击项目标题，在快捷菜单中选择"添加"→"类"命令的方法。

除了这些类以外，作为 Windows 应用程序，还需要窗体类。创建项目时系统给的那个 Form1，用来做主窗体，界面设计如图 5-1 所示。

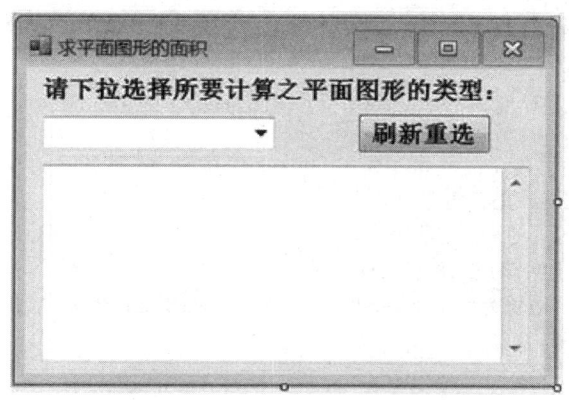

图 5-1　"求平面图形的面积"的主窗体

在主窗体中供选择图形类型的组合框中，可选的选项有：

- 正多边形
- 矩形
- 圆
- 三角形
- 平行四边形
- 梯形

为了节省笔墨，把正方形、正三角形、正五边形、正六边形都合并到正多边形名下。当选定了某种类型后，立即进行参数的输入及面积计算，并把结果显示在下方的文本框中。完成了一项计算后，可以单击"刷新重选"按钮，接着进入新一轮选择及计算。

对于上面 6 种类型的每一个，都需要定义一个对话框式的窗体，用来接收面积计算所需的原始数据并着手计算，例如，"求正多边形面积"窗体的设计如图 5-2 所示。

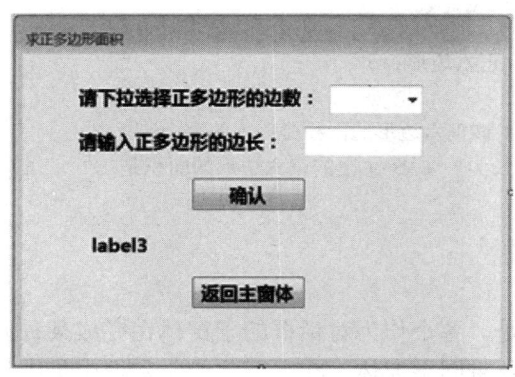

图 5-2　"求正多边形面积"的界面

为"确认"按钮编制的代码如下：

```csharp
private void button1_Click(object sender, EventArgs e)
{
 int a = int.Parse(comboBox1.Text);    //接收正多边形的边数
 int b = int.Parse(textBox1.Text);     //接收正多边形的边长
 switch (a)
 {
  case 3:
  {
   正三角形 A = new 正三角形();
   A.边长 = b;
   label3.Text =" 该正三角形的面积是: "+ A.面积();
   Form1.xx = " 边长为" + b + "的正三角形的面积是: " + A.面积();
   break;
  }
  case 4:
  {
   正方形 A = new 正方形();
   A.边长 = b;
   label3.Text = " 该正方形的面积是: " + A.面积();
   Form1.xx = " 边长为" + b + "的正方形的面积是: " + A.面积();
   break;
  }
  case 5:
  {
   正五边形 A = new 正五边形();
   A.边长 = b;
   label3.Text = " 该正五边形的面积是: " + A.面积();
   Form1.xx = " 边长为" + b + "的正五边形的面积是: " + A.面积();
   break;
  }
  case 6:
  {
   正六边形 A = new 正六边形();
   A.边长 = b;
   label3.Text = " 该正六边形的面积是: " + A.面积();
   Form1.xx = " 边长为" + b + "的正六边形的面积是: " + A.面积();
   break;
  }
 }
}
```

代码中需要解释的是, 各个作为对话框的子窗体在完成某种面积计算后, 还要把所接收的原始数据及计算结果带回主窗体, 在主窗体的文本框中集中显示一遍, 为了实现这个信息传递, 特地在主窗体 Form1 中定义了一个静态变量 xx:

```csharp
public static string xx;
```

　　各子窗体对话框在返回主窗体前，把要返回的信息存放到 Form1.xx 中。那么子窗体返回主窗体后，主窗体接着做什么呢？请看：

```
if(xx!="")
 {
    textBox1.Text += xx + "\r\n\r\n";
    xx = "";
 }
```

　　类似地，"求梯形的面积"子窗体的界面设计如图 5-3 所示。

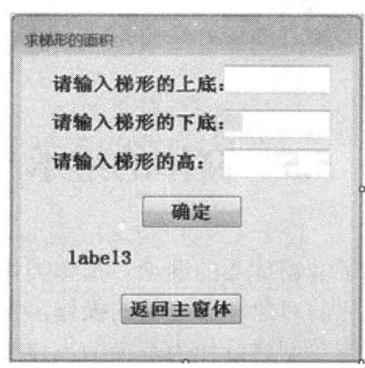

图 5-3　"求梯形的面积"的界面

　　其"确定"按钮引起的代码是：

```
private void button1_Click(object sender, EventArgs e)
{
  梯形 A = new 梯形();
  A.上底 = double.Parse(textBox1.Text);
  A.下底 = double.Parse(textBox2.Text);
  A.高 = double.Parse(textBox3.Text);
  label3.Text = "该梯形的面积是：" + A.面积();
  Form1.xx = " 上底为" + A.上底 + " 下底为" + A.下底 + " 高为" + A.高 + "的梯形
  的面积是：" + A.面积();
 }
```

　　可见，只要把逻辑理顺，本程序的代码其实很简单。图 5-4 是使用本程序计算了 5 种图形面积的场景。

　　关于本实例笔者想饶舌几句。很多书上都以面积计算为例来讲继承和多态，充其量不过是贯彻了一下有关概念和方法，并没有达到节省代码的目的，在用户看来仿佛是故弄玄虚，反而把问题搞复杂了，多绕了几个弯子，代码量增加了不少。笔者在本例中采取了一个"反常"的做法：一般从基类到派生类是"扩充"，但在本例中不是扩充，而是基类反过来包括各子类在面积计算中所需要的全体字段，使得各子类中根本不需要再定义字段了，在计算多个多种平面图形面积时，实实在在地节省了代码，有效地实现了代码的复用。

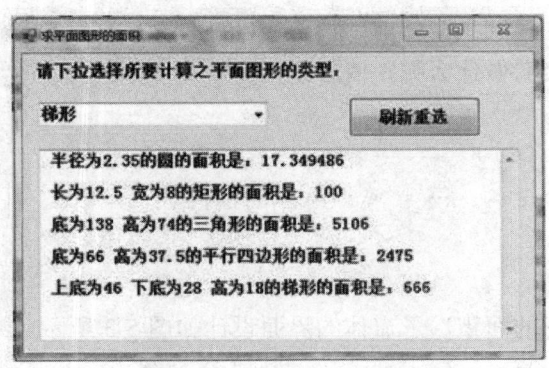

图 5-4　本案例运行结果示例

5.5　窗体的继承

以上讲的继承实际上只讲了非窗体类的继承。窗体类作为特殊的类，当然也有继承一说。只是由于窗体类含有可视化的对象和可视化的操作，窗体的继承需要另加讨论。

要实现窗体类的继承，首先要创建好作为基类的窗体类，然后才创建继承该基类窗体的子窗体，因为在创建继承窗体时绝口不谈子窗体将对父窗体做哪些改造，所以初创建的子窗体和基类窗体从外观到功能都一模一样，改造是下一步的事。

应用上主要用可视化方法来实现窗体的继承。鉴于基类窗体和继承它的窗体可以处在同一个项目中，也可以处在不同的项目中，操作手法有所不同，这里就这两种情况分别进行说明。

5.5.1　同一项目下的窗体继承——二元运算大观园

编制一个名为"二元运算大观园"的 Windows 应用程序项目，主窗体 Form1 界面设计如图 5-5 所示。

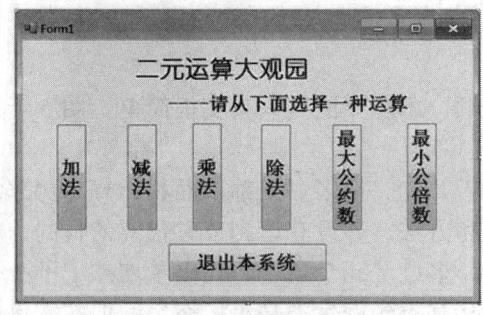

图 5-5　"二元运算大观园"主窗体

在进入主窗体之前，还需经过严格的登录窗体，如图 5-6 所示。

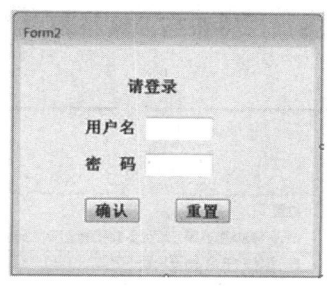

图 5-6　登录窗体

　　进入主窗体以后，可选择打开某个运算的子窗体，在构造这些子窗体时我们想到，各子窗体都需要输入两个运算数，可以把登录窗体稍改造一下得来，何不来一个继承。

　　在同一个项目下实现窗体继承，前提条件是先生成一个包含基类窗体的.exe 文件。为此，把仅有主窗体和登录窗体的项目先于启动运行。这时打开项目文件夹中 bin 文件夹中的 Debug 文件夹，如图 5-7 所示。

图 5-7　生成包含拟作基类窗体在内的"二元运算大观园.exe"

　　下面开始创建名为"加法"的继承窗体。右击项目标题，在快捷菜单中选择"添加"→"新建项"命令，弹出"添加新项"对话框，在此对话框的左窗格中单击 Windows Form，在中部窗格中单击"继承的窗体"，在下部的文本框中输入继承窗体的名称，如图 5-8 所示。

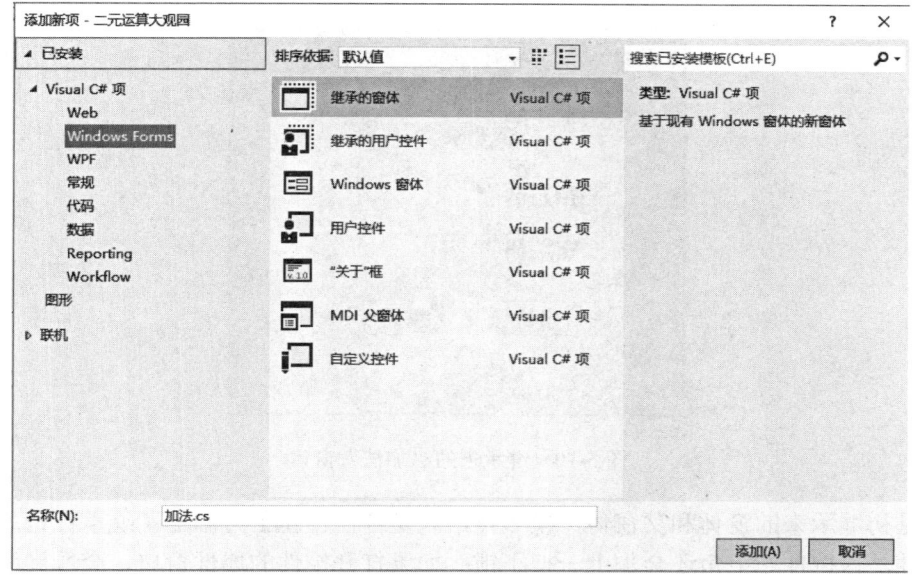

图 5-8　通过"添加新项"对话框添加继承窗体

在图 5-8 所示界面中单击"添加"按钮后，系统弹出"继承选择器"对话框，如图 5-9 所示。

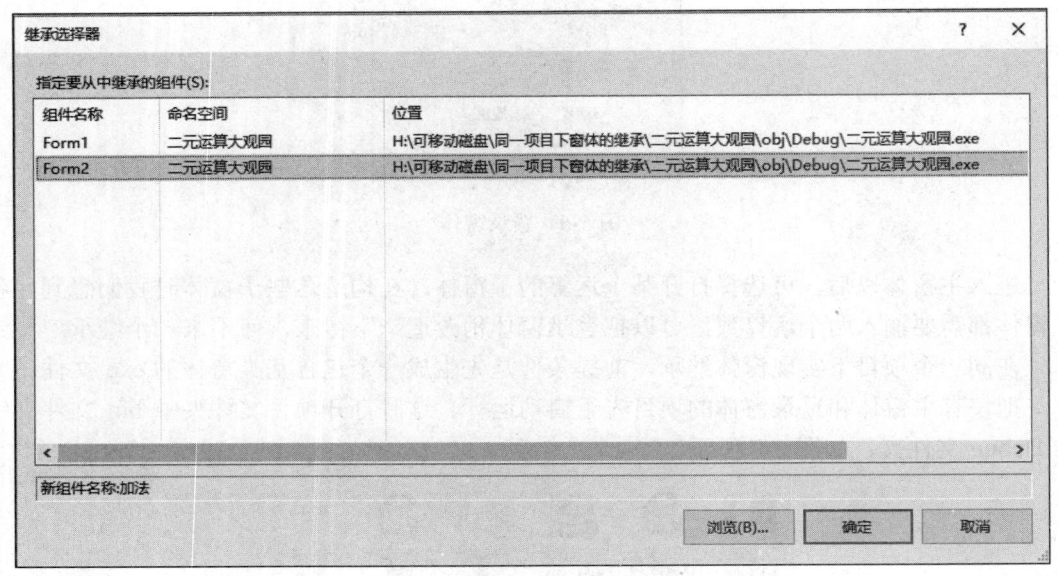

图 5-9　"继承选择器"对话框

"继承选择器"对话框是要为欲创建的继承窗体选择父窗体，窗格中显示出本项目的.exe 文件中所包含的窗体文件，供选择一个作为父窗体，在此选择 Form2，即登录窗体。然后单击"确定"按钮，完成继承窗体的添加。

新创建的"加法"窗体什么样？在"解决方案资源管理器"窗口单击新产生的项 ▷ 囯 加法.cs ，可见其界面如图 5-10 所示。

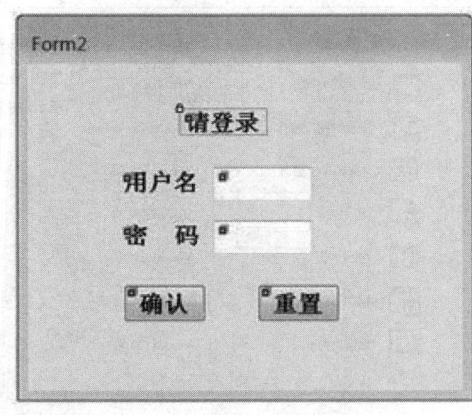

图 5-10　继承来的"加法"窗体

可见初继承来的窗体和父窗体一模一样，只是各控件左上方都加了继承标记。单击选择某控件，该控件左上角还会加上一把小锁；如果打开控件的属性窗口，会看到所有的属性项和事件项都呈灰暗的死寂状态，拒绝任何编辑，如图 5-11 所示。

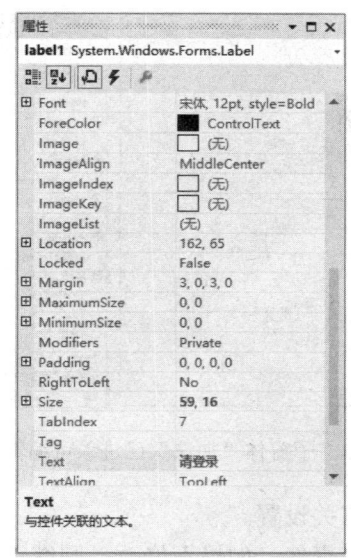

图 5-11　被锁住的控件属性

为什么会是这样？原来，控件作为窗体类的成员变量，也受到访问修饰符的控制，这种控制体现为控件的 Modifiers 属性值的设置，而任一窗体控件 Modifiers 属性的默认值都是 Private，如图 5-12 所示。

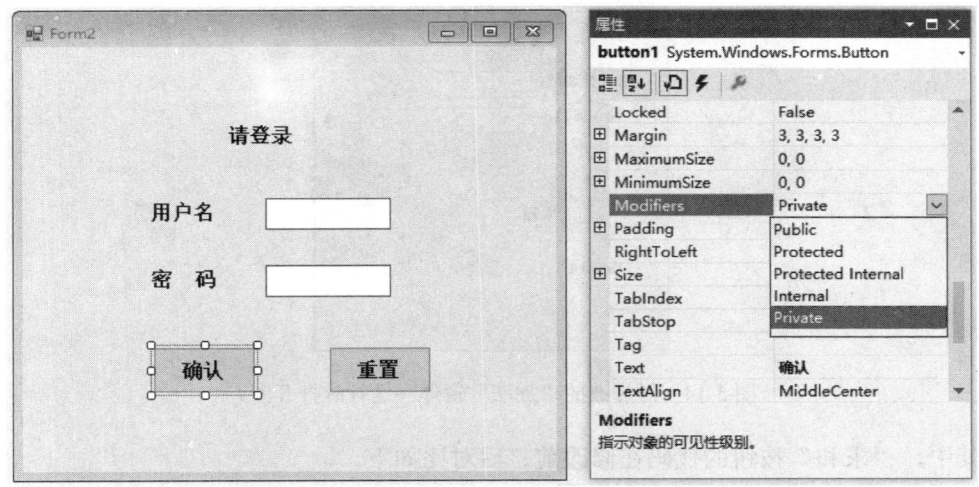

图 5-12　窗体控件的 Modifiers 属性设置

因此，要想继承了以后能自主地编辑修改，首先应将基类窗体中各控件的 Modifiers 属性值全部设置成 Public。这样做以后再启动运行一次，再次打开"加法"窗体，各控件的属性窗体就已激活了，如图 5-13 所示。

对继承窗体的编辑修改主要有 3 个方面：

（1）修改所继承之控件的属性值。注意，继承来的控件是不可删除的，如果子窗体中不想要某个继承来的控件，可将其 Visible 属性值设为 false。

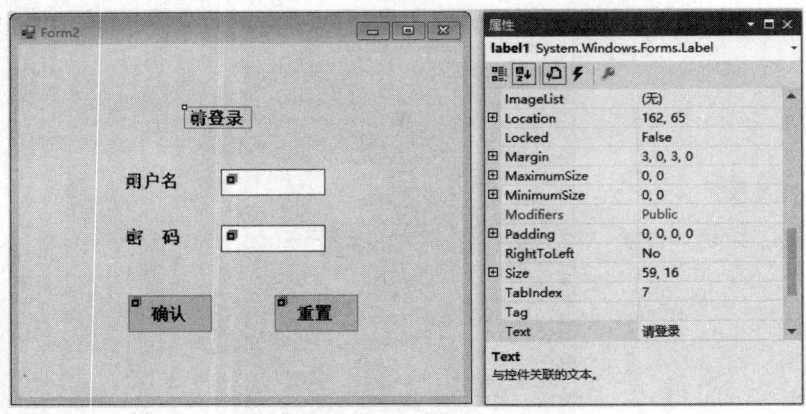

图 5-13 子窗体"加法"已进入可编辑状态

（2）添加新的控件并进行有关设置。

（3）对窗体和控件的方法和事件，如果不修改，则继承父辈的方法及事件处理程序；如果想改编父辈的方法及事件处理程序，则应将父辈方法及事件处理程序的签名改为 public virtual，而对子窗体中相应的方法或事件用签名 public override…进行改写，以覆盖父辈的代码。

本例中的"加法"子窗体可修改为如图 5-14 所示。

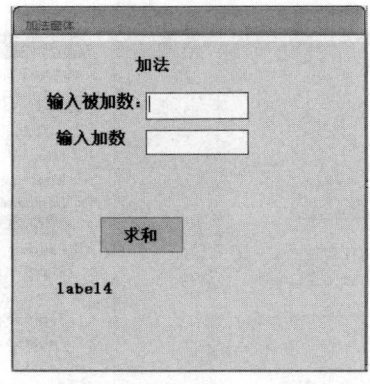

图 5-14 经修改的"加法"窗体（运行时打开图）

其中，"求和"按钮的代码在修改前、后对比如下。

修改前：

```
public virtual void button1_Click(object sender, EventArgs e)
}
    if(textBox1.Text =="admi"&& textBox2.Text =="12345")
    }
        MessageBox.Show("欢迎进入本系统！");
        Form1 f = new Form1()
        f.Show();
        this.Hide()
```

```
    }
    else
    {
        MessageBox.Show("用户名或密码错误，请重新登录！");
        textBox1.Text = "";
        textBox2.Text = "";
    }
}
```

修改后：

```
public override void button1_Click(object sender, EventArgs e)
{
    int x= int.Parse(texrBox1.Text);
    int y= int.Parse(texrBox2.Text);
    labe14.Text = (x+y)+"";
}
```

"返回主窗体"按钮的代码在修改前、后对比如下。

修改前：

```
public virtual void button2_Click(object sender, EventArgs e)
{
    textBox1.Text = "";
    textBox2.Text = "";
    textBox1.Focus();
}
```

修改后：

```
public override void button2_Click(object sender, EventArgs e)
{
    Form1 f = new Form1();
    f.Show();
    this.Close();
}
```

下面考虑"乘法""除法""最大公因数""最小公倍数"4 个窗体的制作。由于"继承"具有传递性，这 4 个窗体与其继承登录窗体 Form2，不如继承"加法"窗体更方便，而且在事件方法的再继承方面，由于被继承方已经有 override 修饰，继承方就什么修饰都不要了，具体做法都是"面熟"的，在此不再赘述。

5.5.2　不同项目下的窗体继承——新编数学小测验

在窗体继承的创建工作中，如果基类窗体和派生类窗体不在同一个项目中，派生类窗体所在的项目是 Windows 窗体应用程序项目，那么为了生成包括供选基类窗体的 DLL 文件，可以把作为基类的窗体放在一个"类库"型的项目中。

例如，要新编一个名为"数学小测验"的 MDI 应用程序，其中所有的试题取自一个名为"试题库"的类库型项目。先来创建这个类库。

在 VS 2010 起始页单击菜单"文件"→"新建"→"项目"命令，在"新建项目"对话框中选择"Visual C#"和"类库"，并在下方输入欲建类库的名称（试题库）、位置（D:\不同项目下的窗体继承）、解决方案名称（试题库）并单击"确定"按钮。便进入类库型项目"试题库"的创建，最初的"解决方案资源管理器"窗口如图 5-15 所示。

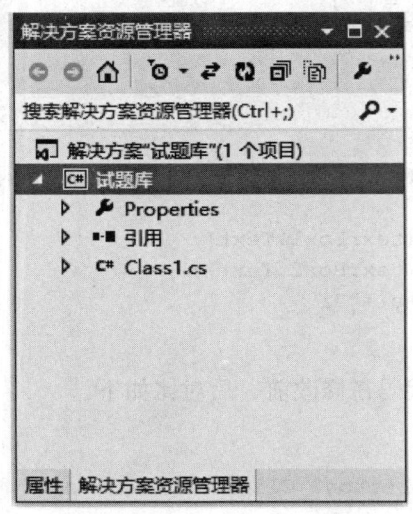

图 5-15　初建类库

既然是类库，系统给出第一个空白类 Class1.cs，这是一个普通的非窗体类。千万不要误认为类库应由非窗体的类组成，我们要用三个窗体类来组成类库，为此可删除 Class1.cs，另外添加"单选题""多选题""填空题"三个窗体类，"解决方案资源管理器"窗口改观，如图 5-16 所示。

图 5-16　三个 Windows 窗体类组成类库

类库中三个窗体界面设计如图 5-17 所示。

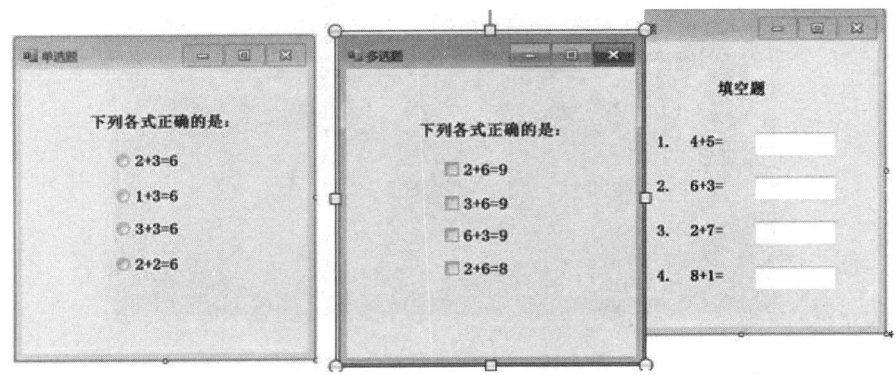

图 5-17　三个窗体类的界面设计

为了据以制作继承窗体，以上三个窗体中每个控件的 Modifiers 属性值均应设为 public。

在 VS 2010 窗口单击 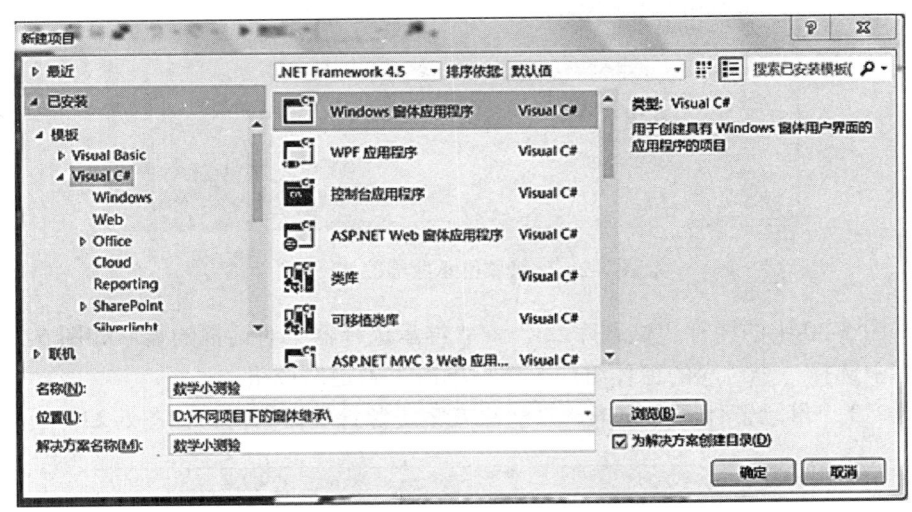 菜单的"生成"→"生成解决方案"命令，项目文件夹的 bin\Debug 下有了.dll 文件，为下一步制作继承窗体打下了基础。

接下来开始创建 Windows 窗体应用程序"数学小测验"，添加项目如图 5-18 所示。

图 5-18　新建项目"数学小测试"

在"数学小测验"这个项目中，把系统给的 Form1.cs 改名为"主窗体.cs"，把它做成 MDI 父窗体，界面设计如图 5-19 所示。其中 label1 是一个最初不可见，最后用来显示总分时才露面的标签。

然后是添加 MDI 子窗体，而子窗体又是继承"试题库"中的窗体。操作过程都是在"解决方案资源管理器"窗口右击本项目名，在快捷菜单中单击"添加"→"新建项"命令，在"添加新项"对话框中单击 Windows Forms 和"继承的窗体"并输入继承窗体的名称，最后单击"添加"按钮。弹出"继承选择器"对话框后，通过单击"浏览"按钮找到类库"试题库"项目文件夹中的.DLL 文件，如图 5-20 所示。

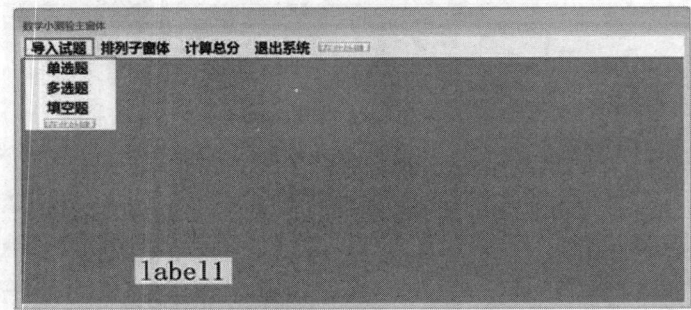

图 5-19 "数学小测试"主窗体

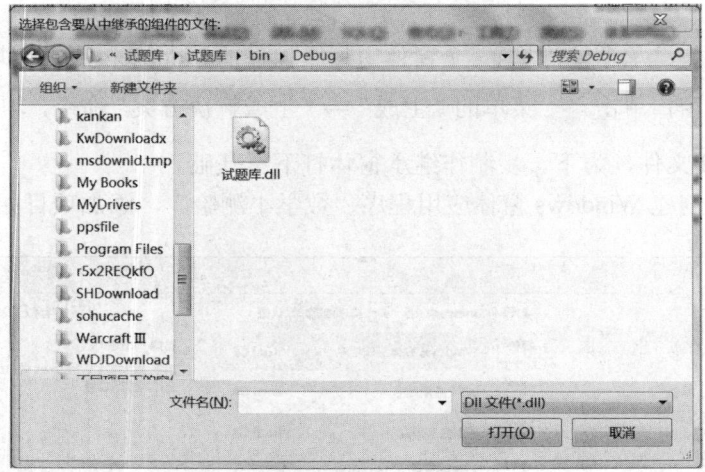

图 5-20 搜索继承所需的.dll 文件

双击图 5-20 中的图标"试题库.dll","继承选择器"对话框的显示如图 5-21 所示。从试题库中选择一个对应的窗体组件,然后单击"确定"按钮。

如此,3 个继承窗体添加完毕,"解决方案资源管理器"窗口如图 5-22 所示。

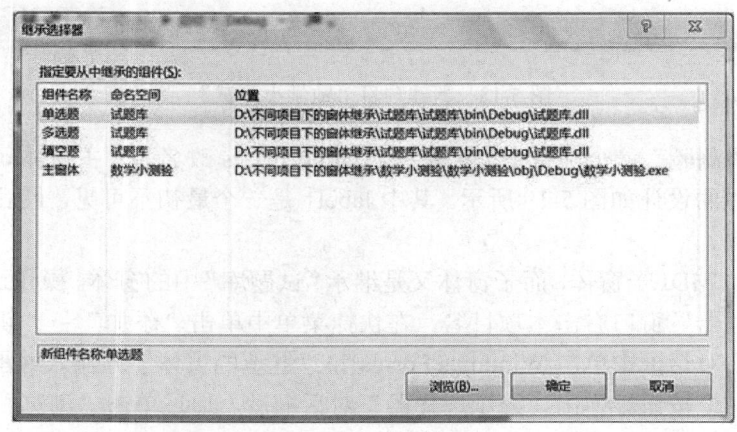

图 5-21 继承选择器显示出库类 dll 文件及本项目 exe 文件中所包含的窗体供选择

图 5-22　添加了 3 个继承窗体

　　3 个继承来的窗体可以原封不动地使用继承来的试题，也可以方便地修改原试题。我们为这 3 个子窗体都添加了一个"确认交卷"按钮和一个最初不可见，交卷后才显示本卷得分的标签，如图 5-23 所示。

 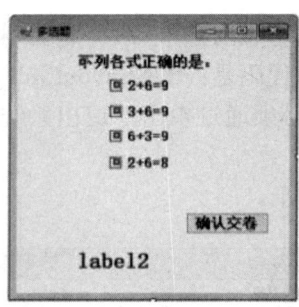 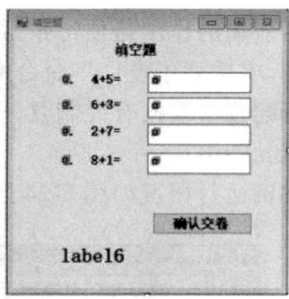

图 5-23　继承窗体对父窗体的修改

　　为避免引起麻烦，试卷（子窗体）打开后便不准关闭，但又要允许用户自由调整窗体的大小，即要求在窗体标题栏右端的 3 个控制按钮中，禁止使用关闭按钮，也就是在用户单击"关闭"按钮时不起作用。为了达到这个目的，先要搞清楚原来为什么单击"关闭"按钮能关闭窗体？原来系统内置了一个窗口处理方法 WndProc，这个方法侦听系统 Message 变量 m 中的消息，一旦收听到用户单击"关闭"按钮的消息，立即关闭窗体。这个方法也是从父窗体继承下来的，现在要禁用"关闭"按钮，可以改写父窗体的 WndProc 方法，当截获到用户单击"关闭"按钮的消息时，立即返回，而不去关闭窗体。这段改写 WndProc 方法的代码为：

```
protected override void WndProc(ref Message m)
{
    //消息m的这两个值标志着用户单击了窗口的"关闭"按钮
    if ((m.Msg == 0x0112) && ((int)m.WParam == 0xF060))
    {
        return;
```

```
    }
    base.WndProc(ref m);//传递下一条消息
}
```

在 3 个子窗体类中都加上这段代码。

各子窗体上"确认交卷"按钮的功能无非是根据卷面的情况评定分数，存放在本窗体类的一个静态变量里（以便于汇总于主窗体），并在所添加的标签中显示出来。还有一句是 this.Enabled = false;，即交卷后卷面变得灰暗，不可编辑，此举的必要性是显然的。

最后回到 MDI 主窗体，谈谈几个菜单命令的编码。"导入试题"下"单选题""多选题""填空题" 3 个命令都是要创建一个子窗体，并显示出来，例如：

```
public  void 单选题ToolStripMenuItem_Click(object sender, EventArgs e)
{
    单选题 f1 = new 单选题();
    f1.MdiParent=this;
    f1.Show();
    this.单选题ToolStripMenuItem.Enabled = false;
}
```

最后一句的作用是使每张试卷只能打开一次，避免不必要的麻烦。

另外，"排列子窗体"命令的代码是：this.LayoutMdi(MdiLayout.TileVertical);，又因为主窗体标题栏右端没有控制盒，必须通过单击"退出系统"命令结束程序运行，代码是：Application.Exit()。

本案例运行概况如图 5-24 所示。

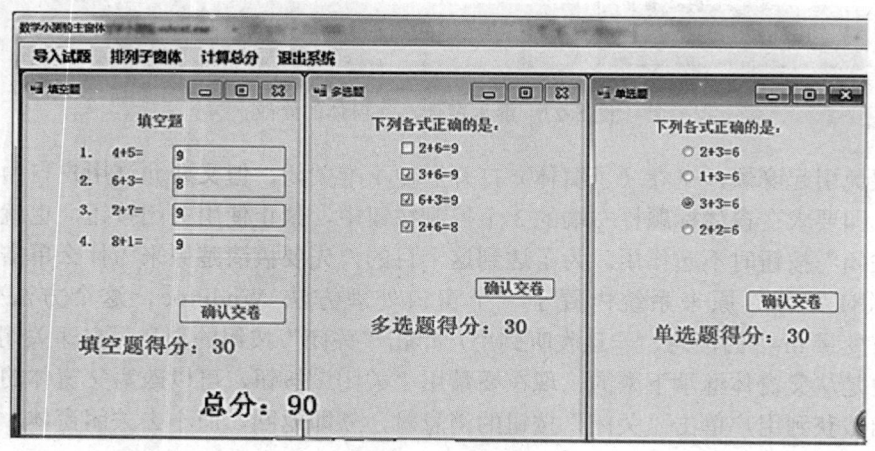

图 5-24 "数学小测试"运行概览

第6章 接口——为什么"类"有这么一个孪生兄弟

为了帮助用户进行面向对象的编程，.NET 平台提供了庞大的类库。类库中除了包含形形色色的类以及常用的值类型和引用类型以外，还包括各种接口。这个和类相提并论的接口究竟是什么角色？蕴含着什么玄机？

6.1 认 识 接 口

面向对象的程序设计是以类为基础的，仅仅只是按常规构造一般的类未免太平淡了，不那么够味；为了别开生面，于是致力于研究某些特殊的类，以带来新的应用；接口就是最重要的一种特殊的类。

6.1.1 接口的定义

定义接口的语法是：

```
interface 接口名称
{
   接口体;
}
```

从形式上看，和定义类的语法相比，无非是把关键字 class 换成 interface，把类体换成接口体，那么它作为特殊的类，主要特殊在什么地方呢？就特殊在接口体上。接口体是一组特定方法的集合（其组成除方法外，还可以是属性、事件、索引器；但本质上都是方法，在此不妨从简统称为方法）；而且各方法都只有方法的签名（指规定了方法的名称、参数列表和返回值类型。禁止使用访问修饰符，但默认为 public），而没有方法的实现（即方法体为空，可简单地用一个分号 ;表示）。例如：

```
Interface  I吠叫      //按约定俗成的法则，接口的命名以大写字母I开头
{
string 吠叫();        //默认访问修饰符为public，但禁止写出来
}
```

因为接口的内容纯属抽象，没有一点实在的东西，所以对定义好的接口，不能把它直接实例化，例如，对上面定义的接口"I 吠叫"，立即执行代码：

```
I吠叫 狗叫=new I吠叫();
```

是错误的。而一个接口如果不被实例化就毫无用处。接口如何实例化？

6.1.2　接口的实现

接口的实例化是通过类对接口的继承来实现的。规定：一个类如果要继承某个接口，就必须实现接口体中的全部方法。例如，定义一个名为"狗"的类继承"I 吠叫"接口：

```
class 狗: I吠叫
{
 public  string 吠叫()  /*接口的成员在实现时，必须把原来默认的public访问修饰符明
 确写出来*/
{
 return "汪汪";
}
}
```

再定义一个名为"猫"的类继承"I 吠叫"接口：

```
 class 猫: I吠叫
{
 Public  string 吠叫()
 {
  return "喵喵";
}
}
```

一个类继承了某接口，也称这个类实现了该接口。对实现了接口的类，显然可以创建类的对象，这种类的对象也被看成是相应接口的对象，这就实现了接口的实例化。例如：

```
I吠叫 动物=new 狗();    //代之以  狗 大黄= new 狗();
```

接着调用接口的功能（方法）：

```
MessageBox.Show(动物.吠叫());
```

或

```
I吠叫 动物=new 猫();    //代之以  猫 小花= new 猫();
```

接着调用接口的功能（方法）：

```
MessageBox.Show(动物.吠叫());
```

上述关于接口的定义、实现和实例化，怎样置于一个 Windows 窗体应用程序中呢？步骤如下：

1. 创建一个名为"接口的定义和实现"的 Windows 窗体应用程序项目

窗体 Form1 的界面设计如图 6-1 所示。

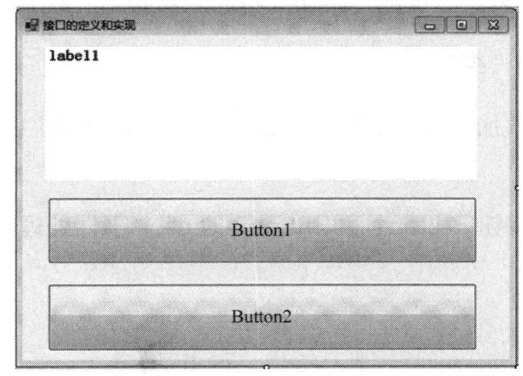

图 6-1　程序"接口的定义和实现"初始设计界面

编制 Form1 的 Load 事件处理程序代码如下：

```
string s = "定义接口：Interface  I吠叫{string 吠叫();}\n";
s += "\n定义实现接口的类：\n";
s += "class 狗：I吠叫\n" + "{public  string 吠叫(){return \"汪汪\";}}\n";
s += "\nclass 猫：I吠叫\n" + "{public  string 吠叫(){return \"喵喵\";}}";
label1.Text = s;
s = "创建接口\"I吠叫\"的对象\"动物\"，使引用\"狗\"类的对象\n";
s += "并调用接口的功能";
button1.Text = s;
s = "创建接口\"I吠叫\"的对象\"动物\"，使引用\"猫\"类的对象\n";
s += "并调用接口的功能";
button2.Text = s;
```

于是，程序运行，窗体装入显示如图 6-2 所示。

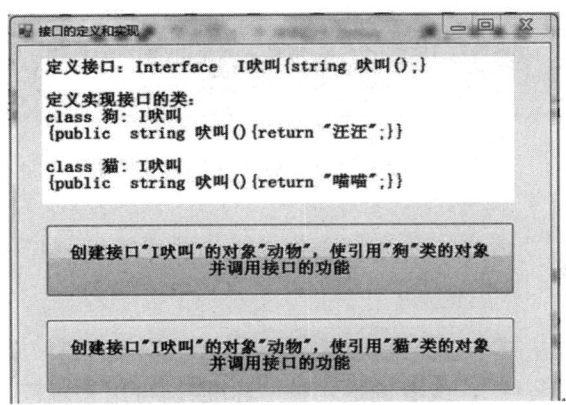

图 6-2　运行时的窗体

2．添加"接口"

在"解决方案资源管理器"窗口右击项目标题，快捷菜单中单击"添加"→"新建项"→"接口"命令，输入接口名称，单击"添加"按钮。在接口代码页输入接口代码。

3．添加继承接口的"类"

按照通常在项目中添加"类"的方法，添加"狗"和"猫"两个继承接口的类，输入代码。

4．编写 Form1 中按钮 Button1 和 Button2 的 click 事件处理程序

代码分别为：

```
I吠叫 动物 = new 狗();
MessageBox.Show(动物.吠叫());
```

和

```
I吠叫 动物 = new 猫();
MessageBox.Show(动物.吠叫());
```

于是，程序运行时若单击按钮 Button1，效果如图 6-3 所示。

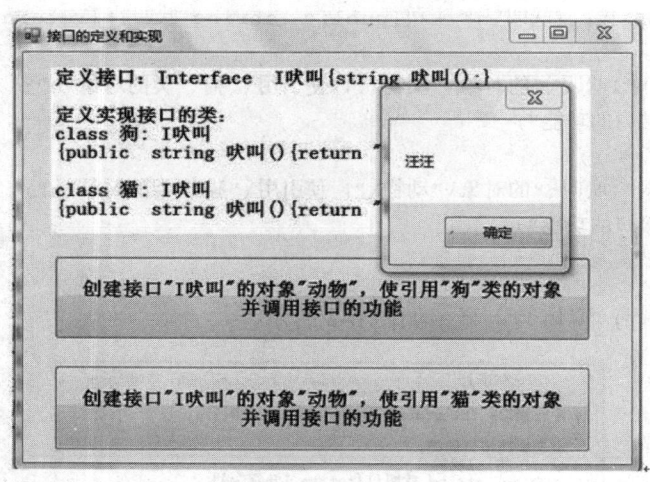

图 6-3　单击按钮 Button1 的运行结果

6.1.3　接口的作用

接口的作用主要应从三个方面来认识。

（1）接口是一种"契约"，或者说是一种"标准"，可用来规范"类"的行为。

如我们所知，定义了一个接口之后，如果没有类来继承它，就是毫无用处的。换句话

说，定义接口的目的就是等着有类来继承它；而继承接口的类都必须实现接口中所规定的方法。这样看来，接口就是为继承它的类所规定的"契约"或"标准"。

那么这种契约或标准又有什么用处呢？想一想，世界上很多产业都非常重视产品的标准化，诸如各种插头、插座，螺栓、螺母等，都是按照一定的标准生产的。标准化使各地的产品通用、配合，用起来更方便。而在软件领域，显然实现标准化的方法之一是制定统一的接口。

举例来说，一个大的软件项目，需要许多人分工合作完成，每个程序员只负责编写一个类。项目组长怎样向各程序员布置任务呢？可以通过接口。项目组长针对整个项目制定了一批接口，例如，布置程序员 A：你必须实现某某接口，完成某某功能；又布置程序员 B：你必须从 A 所编的那个类中调用由某某接口所规定的那个方法。这样，就做到了各程序员间配合默契，协调有序。

再举例说，现今各银行业务都实现了计算机管理，每个银行都有自己的账户系统，但他们都赞同使用相同的接口，以便在不同的银行之间进行转账业务。注意，接口规定的方法都是 public 的，外界可以访问，在得知接口方法签名的前提下更可以顺利地调用。

（2）接口实现了具有相同签名之方法在功能上的多态，或者说接口实现了具有相同签名之方法的类的多态。这一点很多书上说得比较玄乎，其实非常简单：因为接口中只包含方法的签名，而接口方法的实现要到继承接口的类中完成；继承同一接口的不同的类在实现接口的方法时，可以各显神通，体现出不同的功能，这就造成了所说的多态。

上述接口的多态特性有一个等价的说法：接口是不同类中具有相同签名的方法的抽象。

我们再来体会一下接口所造成的多态。接口本身无实例可言，接口的实例是指继承该接口的任一子类的实例。这一点具有三方面的意义。其一，接口把不同的子类对象都看成是自己的对象，从而实现了程序的通用性；其二，子类还可以按需扩展，从而为程序的扩展埋下伏笔，可以适应用户需求的变化；其三，接口技术使作为接口的类的实例化延迟到其子类，这一点非常重要，它甚至成为软件工程中设计模式理论的重头戏，对编制出易于维护、易于扩展的应用程序具有关键的作用，以至于产生了面向接口编程的口号。

（3）接口允许多继承，即一个类可以继承任意多个接口，弥补了普通类不能被多继承的缺憾。

很多教科书上把这一点作为引入接口的必要性提出，在开讲接口时首先就开宗明义地说："接口是为了实现多重继承而产生的"，而且不加进一步的解释，其实是欠妥的。因为接口的继承和普通类的继承是有区别的。普通类的继承重在复用，子类可以不着一字，把父类的代码当作自己的代码来用；而接口的继承意在认祖归宗，确认自己所应遵守的规范并实现之，无复用可言。因此，迷迷糊糊地混为一谈，纯属忽悠，不能给人正确的认识。

然而，普通类的继承和接口的继承，都有一个公共的内涵：子辈具有父辈的某种秉性。日常生活中经常讲到的继承和多继承也是这个内涵，应用上强调的是这种秉性传承的存在，并不在意实现这个传承的过程（是天生遗传的，还是后天努力的）。C#中的类不能多继承，而人们的习惯思维中经常要求多继承，如果无法实现肯定是遗憾的，怎么办？可以先把要继承的多种秉性编成多个接口，再创建一个类继承这多个接口。例如，助力车使用的环保型发动机，有蓄电池驱动和阳光驱动两种基本类型。编程要求，凡发动机必须能报告其功率的马力数，凡蓄电池驱动发动机必须能报告充电所需的小时数，凡阳光驱动发动机必须能报告发动机正常运转所需要的最小光照流明数。现有一款新锐牌发动机投放市场，它是双重驱动的发动机，既能用蓄电池驱动，也能用阳光驱动，程序中应如何描述？最醒目最能突出主题的办法就是利用接口来实现多继承：

```
interface I环保发动机
{
        int 发动机的马力数();    //给出发动机的马力数
}

interface I蓄电池驱动发动机 : I环保发动机
{
    int 需要充电的小时数();
}

interface I阳光驱动发动机 : I环保发动机
{
    int 光照流明数下限();
}


class 新锐牌发动机 : I蓄电池驱动发动机,I阳光驱动发动机
    {
        public int 发动机的马力数()
        {
            return 8;
        }

        public int 需要充电的小时数()
        {
            return 6;
        }

        public int 光照流明数下限()
        {
            return 3000;
        }
    }
```

　　有人说，抽象类中设置抽象方法或普通类中设置虚函数，均可替代接口工作，对不对？如果涉及多继承，肯定错了。在无多继承的情况下，替代是可以的，但就将方法的定义和方法的实现相隔离而言，唯有接口最直接、最专业。

6.2　接口的应用

下面通过一组实用的、并非仅仅是示意性的案例，初步揭示在程序设计中如何使用接口，领略接口技术的别样风采。

6.2.1　典型的契约——系统 IComparable 接口的应用

C#中的数组类 System.Array 中提供了一个用于对一维数组元素进行排序的 Sort 方法。因为接受排序的数组元素可能是很复杂的，例如可能是某个类的对象，包含多个不同数据类型的字段，要想排序，必须先交代清楚是按照哪个字段来排序；所以对 Sort 方法的调用就附加了一个条件：数组元素所属的类必须实现一个名为 IComparable 的接口，这个接口要求实现一个名为 CompareTo 的方法，其签名为：

```
public int CompareTo(object obj)
```

提示：CompareTo(object　obj)方法既然是某个"类"中的方法，势必应由该类的某个对象(实例)A 来调用，即调用方式是：

```
A.CompareTo(object obj)
```

这里 obj 是该类中和 A 相比较的另一个对象。因为编制该方法时不能确知所处的类是什么，只能一般地看成是 object 类的对象，相当于做一次"装箱"，应用于具体类时再"拆箱"。

实现这个方法，就是要具体给出，当该类的两个对象 A 和 B 比较大小，即 A CompareTo (B)时，什么情况下认为 A>B，返回 1 作为标志；什么情况下认为 A=B，返回 0 作为标志；什么情况下认为 A<B，返回-1 作为标志。这是排序方法的基础。

如我们所熟知，当一维数组元素是通常的数值类型（int,float,double,…）或字符串类型（string）时，两个数值型（int,float,double,…）对象的大小就是指数学意义下的大小，而两个字符串型的对象，是按它们在字典里的顺序比较大小的，在字典里居后者为大；实际上也就是两个字符串左对齐后，从左往右对应的字符逐个按 ASCII 值比较大小，先大者为大。按照上述熟知的大小比较方法，.NET 类库的各数值类型和字符串类型已经内置继承了 IComparable 接口，实现了 CompareTo 方法。细节不必追究，对接口的实现可以验证如下：

```
int x = 3;
int y = 5;
int z=x.CompareTo(y);
MessageBox.Show(z.ToString());
```

消息框将显示-1。

```
string a = "南京大学";
string b = "复旦大学";
int c = a.CompareTo(b);
MessageBox.Show(c.ToString());
```

消息框将显示 1。

对于通常的类，必须自己来做继承。例如，设有一个"学生"类，包括学号、姓名、年龄、成绩 4 个字段。为了存储学生记录并按任意选定的字段调用 Sort 方法排序：

```
Array.Sort(学生.arr);
```

定义学生类如下：

```
class 学生: IComparable
    {
        //静态一维数组
        public static 学生[] arr = new 学生[5];

        //成员变量（字段）
        public string 学号;
        public string 姓名;
        public int 年龄;
        public double 成绩;
        //构造函数
        public 学生(string xh,string xm, int nl,double cj)
        {
            学号 = xh;
            姓名 = xm;
            年龄 = nl;
            成绩 = cj;
        }
        //实现接口的方法
        public int CompareTo(object obj)  /*这个方法的参数包含一个类似装箱的概念
        ——把被比较的学生对象obj装箱，转化为object类型*/
        {
          switch (Form1.s)  /*s是窗体Form1中的静态字符串变量，存放用户通过组合框
          对排序字段的选择*/
          {
              case "学号":       //下面this引用当前类的当前实例（对象）
                  return this.学号.CompareTo(((学生)obj).学号); /*这里相当于拆
                  箱，把obj还原为学生类的对象*/
              case "姓名":
                return this.姓名.CompareTo(((学生)obj).姓名);
              case "年龄":
                return this.年龄.CompareTo(((学生)obj).年龄);
              default:
```

```
            return this.成绩.CompareTo(((学生)obj).成绩);
        }
    }
}
```

上面学生类中 int CompareTo(object obj)方法的实现，利用了数值类型和字符串类型中现成的 CompareTo 方法。

基于上述代码不难编出有如图 6-4 所示效果的学生对象数组的排序程序。

图 6-4　实现 IComparable 接口，调用 Sort 方法为学生类对象数组排序

6.2.2　二元运算——接口多态特性的应用之一

数学上有很多二元运算：加、减、乘、除、乘方、开方、最大公因数、最小公倍数等，都是由两个数进行某种运算，得出一个新的数作为运算结果。编制一个方便用户进行二元运算的 Windows 应用程序，最初只考虑加法和减法。界面设计如图 6-5 所示。

运行效果如图 6-6 所示。

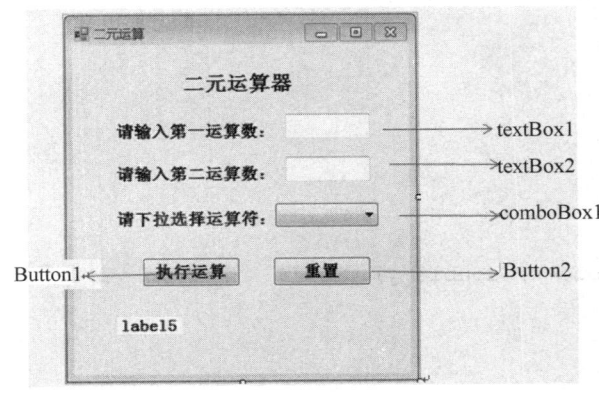

图 6-5　二元运算界面设计

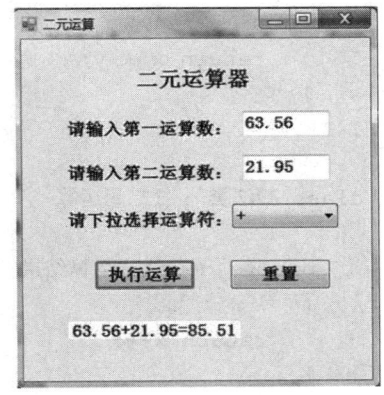

图 6-6　运行效果一瞥

你可能会不假思索地说：这很简单嘛，只要写一个按钮 Button1 的单击事件处理程序就好了：

```
double x = double.Parse(textBox1.Text);
double y = double.Parse(textBox2.Text);
```

```
double z = 0;
switch (comboBox1.Text)
{
    case "+" :
        z = x + y;
        break;
    case "-" :
        z = x - y;
        break;
}
label5.Text = x + comboBox1.Text + y + "=" + z;
```

写得对不对？对的。写得好不好？不好。缺点主要在于不能很好地适应用户需求的变化，不易于维护，也不易于扩展。代码集中在一个按钮上，稍有变动，就要推倒重来。再从编程思想来说，写这个程序没有主动贯彻面向对象的思想。你也许会说，Visual C# 的 Windows 窗体应用程序本身不就是面向对象的嘛！不错，你是在一个 Form1.cs 类中写代码，但你的代码中把二元运算的概念、加法的概念、减法的概念等都混杂在一起，难道不应该分别"封装"一下吗？从 Form1.cs 中抽象出一个接口、两个类：

```
interface I二元运算
{
    double 运算结果(double x, double y);
}
```

```
class 加法类 :I二元运算
{
    public double 运算结果(double x, double y)
    {
        return x + y;
    }
}
```

```
class 减法类 : I二元运算
{
    public double 运算结果(double x, double y)
    {
        return x-y;
    }
}
```

这样一来，显然给维护带来很大方便。例如，要修改加法，使运算结果精确到小数点后 4 位，就只要打开加法类进行修改，不会涉及其他类的代码。

接着要考虑的是如何在所定义的接口和类的基础上，为用户提供二元运算服务？设界面仍如图 6-5 所示。问题的关键在于根据用户的选择，制造出（new）接口 I 二元运算的某个实例（即某个运算类的对象）。我们把此项功能也抽出来，封装为一个类，习惯上把这样的类称为"工厂"，在此称为"二元运算工厂"：

```
class 二元运算工厂
    {
        public static  I二元运算 制造二元运算实例(string 运算符)
        {
            I二元运算 oper = null;
            switch (运算符)
            {
                case "+":
                    oper = new 加法类();
                    break;
                case "-":
                    oper = new 减法类();
                    break;
            }
            return oper;
        }
    }
```

这个工厂类的创建，典型地体现了接口的多态特性，把作为接口的类的实例化推迟到子类，请细心体会。

窗体 Form1 中按钮 Button1 的单击事件处理程序代码可编为：

```
string s = comboBox1.Text;
I二元运算 运算 = 二元运算工厂.制造二元运算实例(s);
double x = double.Parse(textBox1.Text);
double y = double.Parse(textBox2.Text);
label5.Text = textBox1.Text + s + textBox2.Text + "=" + 运算.运算结果(x, y);
```

一个好的应用程序必须易于扩展。所谓易于扩展，其含义是具有添加新功能的余地，为了添加新的功能，只需添加新的类，而原有的类不作任何改动。这个原则称为"对扩展开放，对修改封闭"，简称开放—封闭原则。

二元运算程序改到现在，是否易于扩展了？譬如要增加一种乘法运算，显然需要添加一个乘法类，但同时还要为工厂类中的 switch 语句添加新的分支，窗体 Form1 的组合框的 Items 集合也需添加新的选项。所以，并未做到"对修改封闭"。

下面就来探讨怎样做到"对修改封闭"。首先，要做到对修改封闭，界面上就不能用组合框，因此改用文本框让用户输入所需的运算符；相应地，代替组合框的下拉列表，开机时在窗体的上方显示一张告示：

其实是把告示的内容先打好字，再用截图工具截取后，另存为图片，例如，另存为图片"告示.PNG"。然后，把这张图片复制粘贴到项目文件夹\bin\debug 中，同时窗体上方引进一个图片框 pictureBox1，又设置窗体装入事件处理程序的代码为 pictureBox1.Load ("告示.PNG");，好处是如果添加了新的二元运算服务，只需在源代码之外修改所附的图片。

重点还在于重构"二元运算工厂"类中的那个方法。逻辑依然是：

运算符号→对应的运算类→制造该类的实例

但编写代码时摈弃 switch 语句，也摈弃 new 方法，而是借用.NET 系统的反射和配置文件来解决问题。为此，必须在应用程序代码页的导入部分导入两个命名空间：

```
using System.Reflection;        //反射
using System.Configuration;     //配置
```

此外，还必须在"解决方案资源管理器"窗口项目名下方右击"引用"标签，在弹出的快捷菜单中单击"添加引用"命令，又在接着弹出的"引用管理器"对话框选中 System.Configuration 复选框，并单击"确定"按钮，如图 6-7 所示。

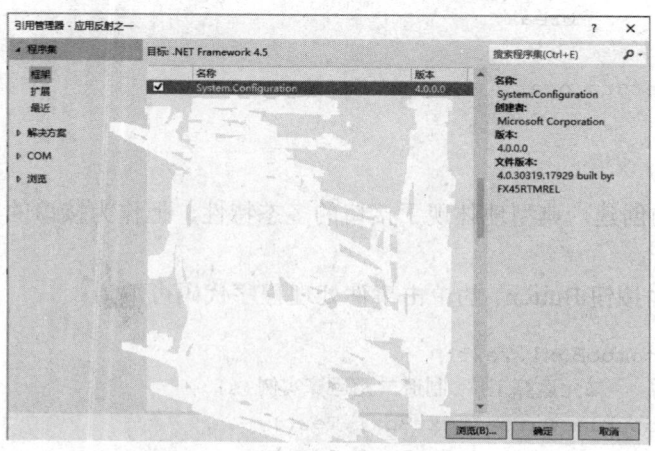

图 6-7　在资源管理器窗口添加引用

还要双击"解决方案资源管理器"窗口项目名下方的配置文件 App.config，打开后改写其内容，把要做的配置放进去。配置文件要改成什么样稍后再看。

上面三步是准备工作，下面细述原理。

什么是反射?先看一个.NET 平台上编程操作的截图，如图 6-8 所示。图中创建了一个"学生"类的对象 x，接着输入 x. ，这时，系统的智能提示显示出类中所定义的可被 x 调用的各字段、属性、方法。

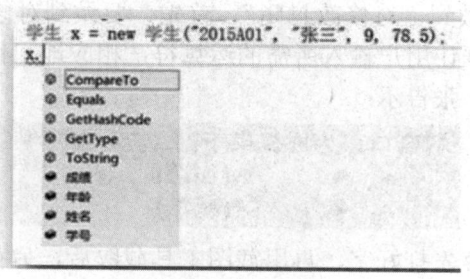

图 6-8　代码输入中的智能提示

在.NET 平台的命名空间 System.Reflection 中，有一个称为 Assembly（程序集）的类，可用来收藏应用程序中所定义的所有类以及这些类的成员的信息，称之为元数据。代码编写过程中的智能提示，正是利用"元数据"来帮助用户编程，并保证代码合法正确。"元数据"原本是编程的产物，但反过来，.NET 平台也允许在程序运行的过程中，通过一定的语句访问元数据，例如访问指定的类，还可以让系统自动产生指定类的实例，这就称之为"反射"。

Assembly 类有一个 Load 方法，执行：

```
Assembly.Load("当前项目的名称")
```

就把当前项目的元数据加载到 Assembly 中，在此基础上，欲自动产生某指定类的实例，可进一步执行 CreateInstance 方法，即：

```
Assembly.Load("当前项目的名称").CreateInstance("当前项目的名称."+指定类名);
```

执行上面方法的结果是根据指定的类名创建了一个 object 类型的对象，用户可以根据需要将它转换为所需的类型。

你一定会说，不就是创建一个指定类的对象吗，干脆 new 指定类名()不就成了，何必绕那么大弯儿？问题在于这个指定类名我们并不直接知道，需要通过配置文件查出来。

再来讲讲配置文件，配置文件的目的是为应用程序的设计和运行带来一些方便。例如，编程访问 Access 数据库，需要用到连接字符串：

```
"Provider=Microsoft.Jet.OLEDB.4.0;Data Source=C:\学生成绩.mdb"
```

这个字符串比较难记，为此，求助于系统的"应用程序配置文件"，这个文件的名字是 App.config，在"解决方案资源管理器"窗口的"引用"栏下可以找到这个文件，双击打开这个文件，把它改写成如图 6-9 所示。

```
<?xml version="1.0" encoding="utf-8" ?>
<configuration>
  <appSettings>
    <add key="constr" value="Provider=Microsoft.Jet.OLEDB.4.0;Data Source=C:\学生成绩.mdb"/>
  </appSettings>
</configuration>
```

图 6-9　一个简单的应用程序配置文件

可见，App.config 是用可扩展标记语言 XML 写成的文档。一对标签<configuration>和</configuration>之间可存放各种配置。在此只作了一种置于标签对<appSettings>和</appSettings>之间的配置，就是加入（add）若干组配对的字符串。每一组配对的字符串中，前面一个称为 key（键），后面一个称为 value（值）。其功用是在程序运行中可以给出 key，由系统找出对应的 value。有了如图 6-9 所示的配置文件，编程中需要用到连接字符串时，可以通过简单易记的"constr"，把复杂难记的连接字符串查出来。只要执行下面两条语句：

```
string constr = ConfigurationManager.AppSettings["constr"];
MessageBox.Show(constr);
```

第一个语句的作用是：调用命名空间下的类 ConfigurationManager 的静态属性 AppSettings，把 AppSettings 配置中 key 字符串"constr"所对应的 value 字符串查出来，存放到字符串变量 constr 中。于是，执行第二条语句的结果如图 6-10 所示。

回过头来，可以重构"二元运算工厂"类如下：

先做导入关于"反射"和"配置"的命名空间、添加引用 System.Configuration、改写配置文件 App.config 这三项准备工作，改写后的配置文件 App.config 如图 6-11 所示。

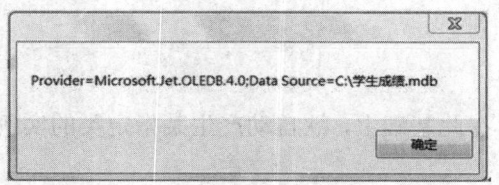

图 6-10 配置文件功用示例   图 6-11 项目二元运算的配置文件

重构后的"二元运算工厂"类是：

```
class 二元运算工厂
{
    public static I二元运算 制造二元运算实例(string s)
    {
        string 运算类名 = ConfigurationManager.AppSettings[s];
        I二元运算 运算 = (I二元运算)Assembly.Load("二元运算之二").CreateInstance(
          "二元运算之二." + 运算类名);
        return 运算;
    }
}
```

相应地，窗体 Form1 的界面设计修改如图 6-12 所示。

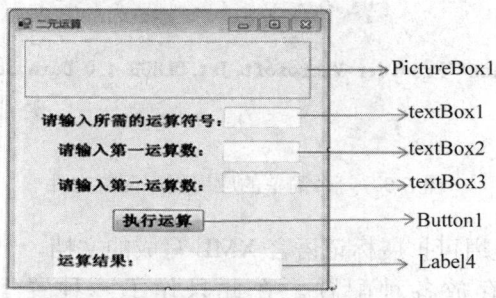

图 6-12 更新的二元运算界面

按钮 Button1 的单击事件处理程序代码改为：

```
string 运算符 = textBox1.Text;
I二元运算 运算 = 二元运算工厂.制造二元运算实例(运算符);
double x = double.Parse(textBox2.Text);
double y = double.Parse(textBox3.Text);
```

```
label4.Text = "运算结果：  " + 运算.运算结果(x,y);
```

二元运算程序修改至此，今后要想扩展一种运算，只要新添加一个运算类。此外就是修改配置文件 App.config——在其中添加一个（key, value）字符串对，并在告示图片中添加一行提示。注意：所有的修改都在源代码之外，用 C#语言写的原有的每一个类都原封不动，秋毫未犯。

为了加深印象，把本小节的编程思想换个方式回顾一下。我们的目标是要编写一个便于维护、便于扩充，可以方便地进行任一种二元运算的应用程序，鉴于二元运算的多样性，这个目标本身是多态的，怎么描写?我们想到利用接口的多态特性，把二元运算定义为接口：把各种具体的二元运算定义为继承接口的各子类，从而把创建二元运算实体的工作推迟到子类，为此又专门设置了一个二元运算工厂类，负责根据用户的选择，创建一个子类的对象，执行该子类规定的二元运算。请注意从最初的对二元运算、加法、减法等概念不加细辨，一上来就选择一种运算，到后来的用接口和类来封装梳理概念，深刻地贯彻体现了面向对象的程序设计思想，带来了巨大的好处。

6.2.3　面积计算——接口多态特性的应用之二

在第 5 章中讲过一个面积计算实例。我们曾定义了一个名为"平面图形"的类，把应有尽有的各种面积计算用参数作为字段收集，另外加了一个求面积的虚方法（从而使这个类可兼有相当于接口的作用）。接着定义了矩形、三角形、平行四边形、圆等许多类，每一个类都继承平面图形类，并覆盖改写了求面积方法，而且每类都对应创建了一个用来求面积的窗体类。主窗体 Form1 负责根据用户的选择打开相应的求面积窗体，提供面积计算服务。

下面对面积计算程序进行重构，使它能符合"封闭—开放"原则。本例和 6.2.2 节的"二元运算"相比，有一个显著的不同点："二元运算"中的各运算共用一个窗体，而"面积计算"中，不同的图形对应有不同的面积计算窗体；进入某种面积计算的关键，就是制造该种面积计算窗体的实例。为此，和 6.2.2 节中一样，借助于.NET 平台的配置文件和反射来营造制造面积计算窗体实例的工厂。

主控窗体界面设计和图 6-12 类似，如图 6-13 所示。

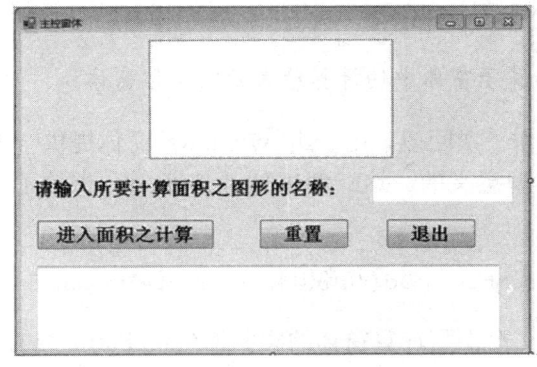

图 6-13　面积计算主控界面设计

配置文件 App.config 如下，目的是简单地输入图形名称，就能打开对应的面积计算窗体。

```xml
<?xml version="1.0" encoding="utf-8" ?>
<configuration>
  <appSettings>
    <add key="圆" value="圆类面积计算窗体"/>
    <add key="三角形" value="三角形类面积计算窗体"/>
    <add key="矩形" value="矩形类面积计算窗体"/>
    <add key="平行四边形" value="平行四边形类面积计算窗体"/>
  </appSettings>
</configuration>
```

"面积计算工厂"类的代码是：

```csharp
class 面积计算工厂
{
    public static Form 制造面积计算窗体实例(string s)
    {
        string 窗体类名 = ConfigurationManager.AppSettings[s];
        Form f = (Form)Assembly.Load("面积计算").CreateInstance("面积计算." +
        窗体类名);
        return f;
    }
}
```

主控窗体中按钮"进入面积之计算"单击事件处理代码为：

```csharp
string 图形名 = textBox1.Text.Trim();
面积计算工厂.制造面积计算窗体实例(图形名).ShowDialog();
 if (str != "")
  {
  textBox2.Text += str + "\r\n\r\n";
  str = "";
  }
```

注意：str 把面积计算子窗体中的计算结果带回主控窗体。

最后，对本案例再作一次回望。用一组 Windows 窗体提供一组服务，这种 Windows 窗体应用程序是具有典型意义的。这一组窗体都是 Form 类的子类，请注意所用的一个语句：

```csharp
Form f = (Form)Assembly.Load("面积计算").CreateInstance("面积计算." + 窗体类名);
```

这个语句表明，任一个面积计算窗体的实例都当作 Form 类的实例来看待了。换句话说，在本例中是把 Form 类的实例化延迟到其子类，这和接口技术的精神是完全一致的。因此虽然本例形式上没有出现接口，也引申为接口技术应用的一例。

6.2.4　购车咨询平台——接口多态特性的应用之三

某轿车销售公司销售多种品牌的轿车,并规定:对每种品牌的轿车应准备好一个简明的文本,介绍这种轿车的主要特点。营销部门要及时对每种品牌的轿车制定销售政策(价格、优惠办法等)。当购车客户前来咨询时,就把准备好的轿车特点和销售政策两项内容合起来向客户宣传。设目前公司经销的轿车只有"标致"和"别克"两种品牌各一款,试设计一个能提供购车咨询的 Windows 窗体应用程序。

因为每种品牌要对应一个介绍特点的文本,为便于各自的修改,定义每种品牌为一个类,继承同一接口:

```
interface I轿车
{
  string 介绍轿车特性();
}
class 标致轿车 : I轿车
{
    public string 介绍轿车特性()
    {
    return "东风标致408 2015款  1.2T 自动豪华版\n" + "价格:同级别车最低。\n" +
    "配置:同级别车中最高。\n" + "空间:同级别车中绝对最大。";
    }
}


class 别克轿车 : I轿车
{
  public string 介绍轿车特性()
  {
    return "全新英朗 2015款 15N 自动豪华型\n" + "百年老牌别克,推陈出新\n" +
    "安全,配置,操控,舒适,油耗都格外出色。";
  }
}
```

又因为每种品牌的轿车都要对应有一个营销政策,也为了便于修改,为每种品牌定义一个营销类,并继承同一接口:

```
interface I轿车营销
{
    string 轿车营销政策();
}

class 标致营销 : I轿车营销
    {
      public string 轿车营销政策()
```

```
    {
        return "\n报价15万元。\n" + "凡购408 标致新款，报价送8600元装饰，另加100%
抽大奖。";
    }
}

class 别克营销：I轿车营销
    {
     public string 轿车营销政策()
    {
        return " \n报价13.69万 ， 优惠1.7万    首付4万免息按揭。";
    }
    }
```

为了应对购车客户的咨询，必须实现两点：①制造一个轿车实体（以便取得轿车特点
信息）；②制造一个轿车营销实体（以便取得营销政策信息）。为此，定义两个购车咨询类，
也继承同一接口：

```
Interface  I购车咨询
    {
        I轿车   制造一个轿车实体();
        I轿车营销   制造一个轿车营销实体();
    }

class 购标致咨询：I购车咨询
    {
        public I轿车 制造一个轿车实体()
        {
            return new 标致轿车();
        }
        public I轿车营销 制造一个轿车营销实体()
        {
            return new 标致营销();
        }
    }

class 购别克咨询 ：I购车咨询
    {
        public I轿车 制造一个轿车实体()
        {
            return new 别克轿车();
        }
        public I轿车营销 制造一个轿车营销实体()
        {
            return new 别克营销();
```

```
        }
    }
```

最后，利用.NET 平台的配置文件和反射来构建"咨询工厂"。配置文件 App.config 的内容是：

```
<?xml version="1.0" encoding="utf-8" ?>
<configuration>
  <appSettings>
    <add key="标致" value="购标致咨询"/>
    <add key="别克" value="购别克咨询"/>
  </appSettings>
</configuration>
```

"咨询工厂"类的内容是：

```
class 咨询工厂
{
 public static string 制造咨询答词(string s)
 {
  string 咨询类名 = ConfigurationManager.AppSettings[s];
  I购车咨询 购车咨询 = (I购车咨询)Assembly.Load("购车咨询平台"). CreateInstance("购车
  咨询平台." + 咨询类名);
  I轿车 轿车 = 购车咨询.制造一个轿车实例();
  I轿车营销 轿车营销 = 购车咨询.制造一个轿车营销实例();
  return  轿车.介绍轿车特性() + 轿车营销.轿车营销政策();
 }
}
```

可见，在"咨询工厂"中，把接口"I 购车咨询"的实例化延迟到了其子类；然后利用此名为"购车咨询"的实例，导出了内含的轿车实例和轿车营销实例，最终导出咨询答词。

本例的界面设计和图 6-12、图 6-13 是类似的，如图 6-14 所示。

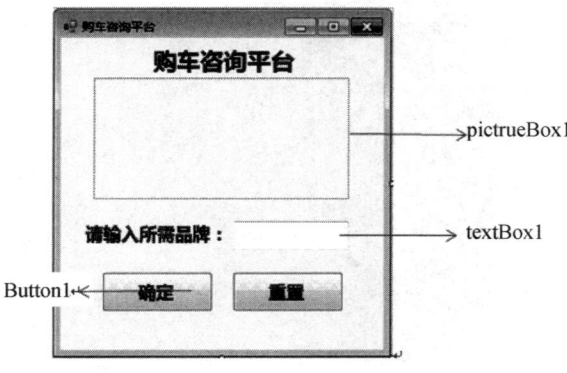

图 6-14　"购车咨询平台"界面

其中按钮 Button1 单击事件处理程序的代码是：

```
string 车名 = textBox1.Text;
string s=咨询工厂.制造咨询答词(车名);
MessageBox.Show(s);
```

本例的运行效果如图 6-15 所示。

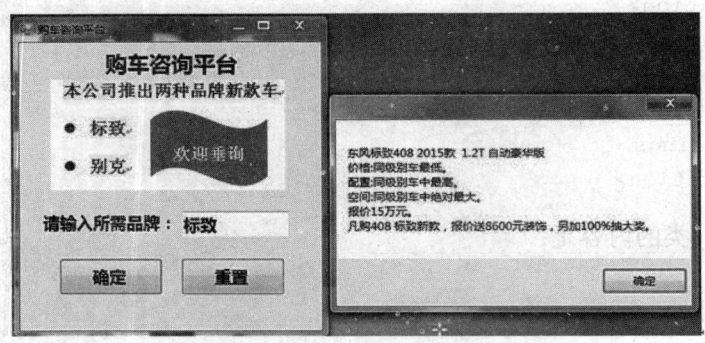

图 6-15 "购车咨询平台"运行效果

本节所讲的二元运算、面积计算、购车咨询平台三个案例，实际上介绍了一种称为工厂方法模式的设计模式。

第 7 章　委托和事件——程序设计的神来之笔

我们已经看到，引入"接口"的概念提升了 C#应用程序设计技术的魅力。程序设计语言的设计者总是致力于不断增强语言的功能。下面再介绍一个新概念——委托，这个概念将引领我们"曲径通幽"，到达编程技术的"柳暗花明"又一村。

7.1　"委托"的概念是怎样孕育出来的

程序归根到底是对数据的操作，一种程序设计语言的基本功能来源于这种语言所含的数据类型——包括数据的结构以及对数据可以进行哪些操作。类和接口其实都是数据类型。为了进一步提高 C#的编程威力，仍然在扩充数据类型上下工夫。

首先，观念上的一个突破是"把方法（函数）也看成数据"。这个观念其实很合情合理：一个方法，作为一个包装好的整体，本来就可以像一个整数、一个字符串一样，当成构筑程序的零件来使用。

然而方法千变万化，无穷无尽；既然把方法看成数据，就有必要对方法进行分类。怎么分类？最可行的分类方法是从方法定义的形式入手。我们把方法定义中的参数列表和返回值类型合起来，称为方法的签名，把方法签名相同的方法划为同一类。这样，C#中就有了通过关键字 delegate，根据方法签名来定义方法类的语法，不过不把定义出来的东西称为方法类，而是赋予一个特别的称呼，叫做"委托类型"，例如，语句：

```
public delegate bool 比较大小的委托类型(int x,int y);
```

定义了一个委托类型，类型名就是"比较大小的委托类型"，今后，它和 int、string 等一样，都是合法的数据类型名。接着，就可以定义这种类型的字段（变量）：

```
比较大小的委托类型  wt;
```

显然，这个变量 wt 可以实例化为任一个参数列表含两个整型变量，返回值为 bool 型的方法。这种新类型的第一个应用就是可以拿来做方法的参数，使得方法的参数也可以是方法，从而提高了方法的通用性和可扩展性。再接着看：

```
比较大小的委托类型  wt;
```

和其他类型的变量不同的是，委托类型的变量只要已被实例化，就代表的是方法，而方法是可以执行的，执行一个非空的委托型变量就是执行它所绑定的方法。而其他类型的变量就谈不上执行。

例如，定义一个比较大小的方法：

```
private bool 大于(int a, int b)
{
    Return a>b;
}
```

可以把这个方法赋给委托型变量 wt：

wt=大于;

于是，执行 wt(4,5)，就是调用执行"大于(4,5)"，结果为 false。

然后，我们发现委托概念实际上给出了一种方法调用的新途径——你想调用某个方法吗？我可以为你提供委托服务，只需把要执行的方法委托给签名匹配的某个委托类型的变量，委托型变量就会代理执行你交给它的方法。委托类型是接受委托、代理执行方法的类型，这就是为什么把这种新数据类型称做委托类型的原因。笔者认为，委托类型的称呼是从应用上强调了此种数据类型的用途。

你自然会发问，也应该问一下：不就是调用方法吗？直接调用就是了，何必要经过委托这个中间环节绕道走？委托到底有什么好处？这正是下面要细心探讨的。

7.2　委托用作方法的参数

用一个对象型数组的最值问题作为实例来阐明委托的这一用法。

例 7-1　对象型数组的最值问题

考虑编制这样一个 Windows 窗体应用程序，程序中定义了一个"学生"类：

```
public class 学生
    {
        public static 学生[] arr = new 学生[6];

        public string 学号;
        public string 姓名;
        public int 语文;
        public int 数学;
        public int 英语;
        public int 总分;

        public 学生(string xh, string xm, int yw, int sx, int yy, int zf)
        {
            学号 = xh;
            姓名 = xm;
            语文 = yw;
```

```
        数学 = sx;
        英语 = yy;
        zf = yw + sx + yy;
        总分 = zf;
    }
}
```

在窗体 Form1.cs 中，针对学生类对象所组成的一维数组 arr，求总分及各科成绩的最大值和最小值。窗体打开时执行了一个 Form1_Load 程序：

```
学生.arr[0] = new 学生("2014A01", "赵同俊", 78, 86, 80, 0);
学生.arr[1] = new 学生("2014A06", "胡相定", 83, 84, 76, 0);
学生.arr[2] = new 学生("2014A08", "李文荣", 93, 94, 96, 0);
学生.arr[3] = new 学生("2014A12", "钱中一", 75, 88, 92, 0);
学生.arr[4] = new 学生("2014A23", "余久久", 67, 75, 63, 0);
学生.arr[5] = new 学生("2014B01", "张玉珠", 79, 82, 78, 0);
```

```
textBox1.Text = " 学号     姓名  语文  数学  英语   总分\r\n";
string str = "";
for (int i = 0; i < 6; i++)
  {
    str += 学生.arr[i].学号 + "  " + 学生.arr[i].姓名 + "  " + 学生.arr[i].语
    文 + "   " + 学生.arr[i].数学 + "   " + 学生.arr[i].英语 + "   " + 学生.
    arr[i].总分 + "  " + "\r\n";
  }
textBox1.Text += str;
```

呈现的界面如图 7-1 和图 7-2 所示。

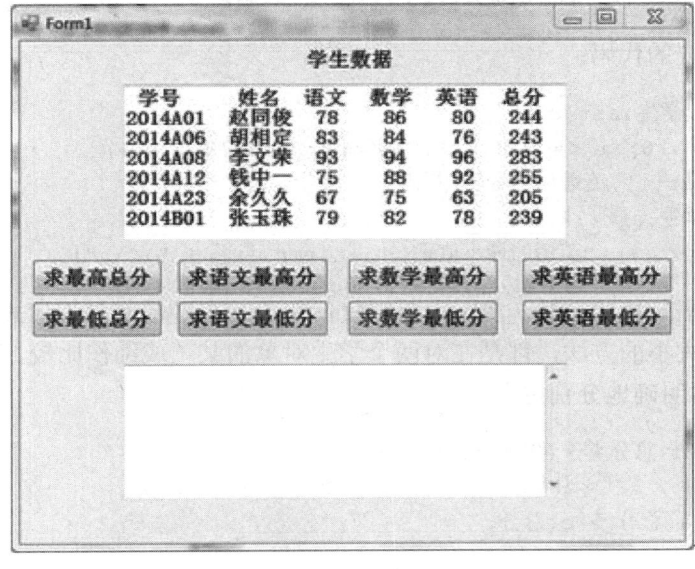

图 7-1　求学生数据的最值

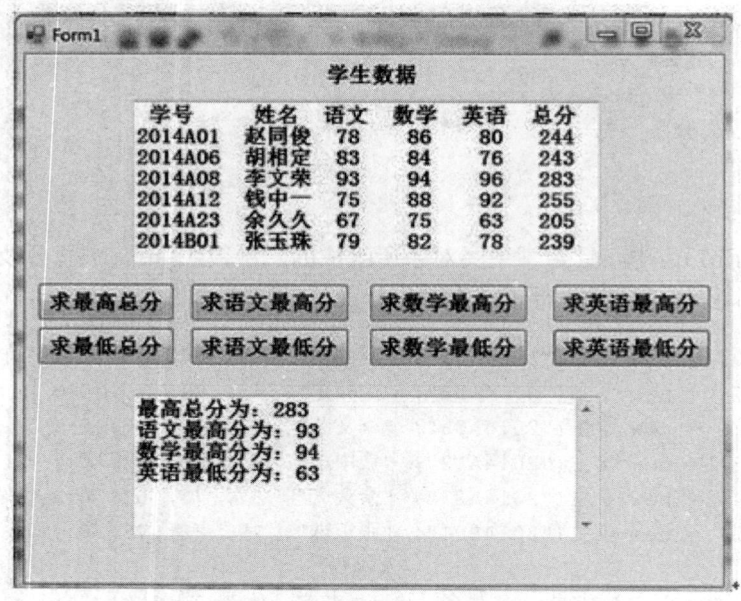

图 7-2　例 7-1 运行结果一瞥

下面的问题是编制 8 个按钮的单击事件处理程序。容易发现，这些处理程序是大同小异的，彼此之间只有两句话的差别，例如：

求最高总分的代码：

```
学生 temp = 学生.arr[0];
for (int i = 0; i <= 学生.arr.GetUpperBound(0); i++)
    if (学生.arr[i].总分> temp.总分)
        temp =学生.arr[i];
textBox2.Text += "总分的最大值是: " + temp.总分 + "\r\n";
```

求英语最低分的代码：

```
学生 temp = 学生.arr[0];
for (int i = 0; i <= 学生.arr.GetUpperBound(0); i++)
 if (学生.arr[i].英语 < temp.英语)
   temp = 学生.arr[i];
textBox2.Text += "英语的最小值是: " + temp.英语 + "\r\n";
```

如果把输出语句排除在外，实际上差别仅仅在于 if 后随的布尔表达式。求各种最值中所用的 8 个比较大小的方法，都是在对两个学生对象的某项成绩作比较，看前者是否大于（小于）后者，可明确地分别定义如下：

```
private bool 总分大于(学生 a, 学生 b)
{
    return a.总分 > b.总分;
}
```

```
private bool 总分小于(学生 a, 学生 b)
{
    return a.总分 < b.总分;
}

private bool 语文大于(学生 a, 学生 b)
{
    return a.语文 > b.语文;
}

private bool 语文小于(学生 a, 学生 b)
{
    return a.语文 < b.语文;
}

private bool 数学大于(学生 a, 学生 b)
{
    return a.数学 > b.数学;
}

private bool 数学小于(学生 a, 学生 b)
{
    return a.数学 < b.数学;
}
```

可对上述方法作抽象，定义出一种委托类型：

```
public delegate bool 比较大小的委托类型(学生 a, 学生 b);
```

再用这种委托类型的变量作参数，定义出抽象的但具有普遍意义的求最值方法：

```
private 学生 求最值(学生[] arr, 比较大小的委托类型 wt)
{
    学生 temp = 学生.arr[0];
    for (int i = 0; i <= arr.GetUpperBound(0); i++)
        if (wt(arr[i], temp))
            temp = arr[i];
    return temp;
}
```

在这个求最值的通法中，参数 arr 取在学生类中定义并已实例化的那个数组，调用时只需把委托类型的形参 wt 代之以某个实在的比较大小方法，就可以求出相应的最值，例如，求语文最高分的代码可为：

```
private void button3_Click(object sender, EventArgs e)
{
```

```
textBox2.Text += "语文最高分为: " + 求最值(学生.arr, 语文大于).语文 + "\r\n";
}
```

这里，形参 wt 代之以实参语文大于，相当于执行了一个委托变量 wt 的实例化语句：

```
wt=语文大于;
```

因此，程序中就不必专门写出这样的实例化语句。

也可先列出委托变量的实例化语句，随后原样调用带委托型参数的求最值通法。

对本例可小结如下：如果编程中发现有多个雷同的方法，这些方法的差异仅仅在于方法内部所含有的某个子方法各不相同，但这些互异的子方法却有着共同的签名，于是可从这些子方法抽象出一个委托类型，将原来的多个雷同的方法统一为一个供共享的带有委托型变量参数的方法，其中的子方法借用委托型变量作抽象描述。通俗一点讲就是，多个雷同的方法差别仅在于内部的一个具有相同签名的子方法，则可以把这些互异的子方法一个个独立地抽出来，而被抽空了子方法的多个主方法则只留下一个公用，在抽空的地方填上用委托型变量表达的抽象方法，并且主方法的参数列表中加进这个委托型的变量参数，即方法参数。通过动态地为方法参数赋值（即调用子方法）来调用所需的方法。这样，不但避免了编程中代码的大量重复，还具有较好的扩展性（如很容易从 3 门课扩展到 4 至 5 门课）。

7.3　多播委托提升了委托的实用性

如果一个委托类型的变量每次只绑定一个方法，确实在很多情况下是多此一举，直接调用这个方法的效果也一样。可贵的是委托变量可以是多播的，即可以依序调用多个方法，这些方法的序列称为调用列表。委托变量可通过运算符 "+=" "-=" 右连方法名，向调用列表添加、移除方法。

例 7-2　利用委托编制整数四则运算应用程序

程序界面设计如图 7-3 所示。

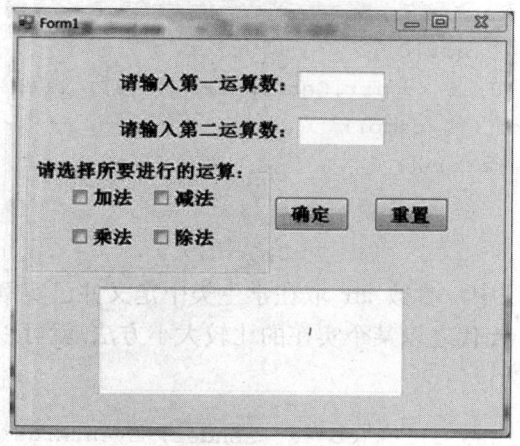

图 7-3　例 7-2 的界面设计

运行效果如图 7-4 所示。

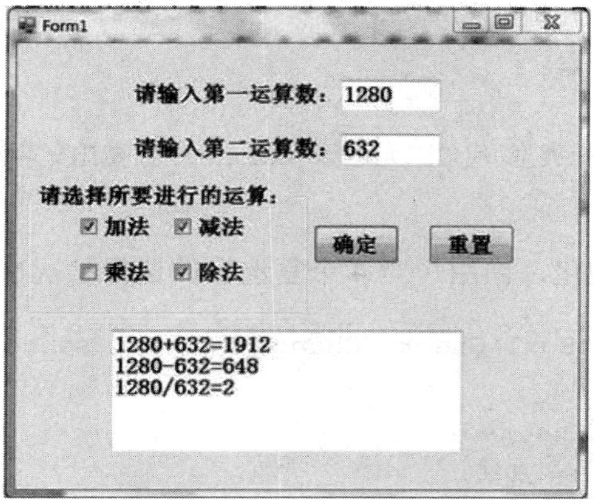

图 7-4　例 7-2 运行结果

这个程序涉及到加、减、乘、除 4 种整数运算方法，为了便于应用，在编写这 4 种计算方法时，把运算结果的输出也包含在内。

```
private void 加法(int x, int y)
{
    textBox3.Text +=x+"+"+y+"="+ (x + y) + "\r\n";
}

private void 减法(int x, int y)
{
    textBox3.Text += x + "-" + y + "=" + (x - y) + "\r\n";
}

private void 乘法(int x, int y)
{
    textBox3.Text += x + "*" + y + "=" + (x * y) + "\r\n";
}

private void 除法(int x, int y)
{
    textBox3.Text += x + "/" + y + "=" + (x / y) + "\r\n";
}
```

先考虑按传统的方法编程，不用委托，则显然剩下的代码集中在"确定"按钮的单击事件处理程序，那将是一段 4 重的 if 语句。要说缺点，就是不便于扩展。如果要增加一种求最大公因数的方法，4 重的 if 语句就必须修改为 5 重。怎么才叫便于扩展呢？那就是为了添加新的功能，只需添加关于新功能的代码，而原有的代码都原封不动。本例改用委托来编程便于扩展。

根据 4 种运算方法定义委托类型：

```
public delegate void 二元运算的委托类型(int x,int y);
```

定义该委托类型的变量：

```
public 二元运算的委托类型 代理二元运算=null; //置委托变量初值为空引用
                                   //为+=操作奠基
```

委托类型变量的实例化，由用户对 4 个复选框的选择状况决定：

```
private void checkBox1_CheckedChanged(object sender, EventArgs e)
{
    if (checkBox1.Checked)
        代理二元运算 += 加法;
    else
        代理二元运算 -= 加法;
}


private void checkBox2_CheckedChanged(object sender, EventArgs e)
{
    if (checkBox2.Checked)
        代理二元运算 += 减法;
    else
        代理二元运算 -= 减法;
}


private void checkBox3_CheckedChanged(object sender, EventArgs e)
{
    if (checkBox3.Checked)
        代理二元运算 += 乘法;
    else
        代理二元运算 -= 乘法;
}


private void checkBox4_CheckedChanged(object sender, EventArgs e)
{
    if (checkBox4.Checked)
        代理二元运算 += 除法;
    else
        代理二元运算 -= 除法;
}
```

"确定"按钮相应的代码为：

```
private void button1_Click(object sender, EventArgs e)
{
    int x = int.Parse(textBox1.Text);
```

```
    int y = int.Parse(textBox2.Text);
    代理二元运算(x, y);
}
```

"重置"按钮对应的代码为：

```
private void button2_Click(object sender, EventArgs e)
{
    代理二元运算 = null;
    textBox1.Text = "";
    textBox2.Text = "";
    textBox3.Text = "";
    checkBox1.Checked = false;
    checkBox2.Checked = false;
    checkBox3.Checked = false;
    checkBox4.Checked = false;
}
```

在此基础上，要想添加一种新运算——求最大公因数，只需添加一个新运算的算法：

```
private void 最大公因数(int x, int y)
{
    int GCD = x;
    while (x % GCD != 0 || y % GCD != 0)
        GCD--;
    textBox3.Text += "GCD("+x+","+y+")" + "=" +GCD + "\r\n";
}
```

窗体上添加一个用于选择求最大公因数的复选框，并添加如下代码：

```
private void checkBox5_ CheckedChanged (object sender, EventArgs e)
{
    if (checkBox5.Checked)
        代理二元运算 += 最大公因数;
    else
        代理二元运算 -= 最大公因数;
}
```

"重置"按钮的代码中也添加一句：

```
checkBox5.Checked = false;
```

便大功告成了。

写到这里，应该交代一个问题，就是定义委托类型的 delegate 语句放在什么地方？我们已经习惯了在 VS 2012 环境下如何添加一个新的窗体，如何添加一个非窗体的类，以及如何添加一个接口，这些工作都是利用系统提供的菜单进行的，系统为新建项的创建提供了专门的页面。但系统的新建项菜单中找不到"委托"，可能是因为委托的声明仅一句话而已，不值得为它单辟一个领地；那么应该怎么办？其实，系统既然把委托类型的定义放任给用户自由处理，意味着做这件事有很大的自由度，可以任意为之。不过笔者认为，委托类型所定义的是一个类，可以和其他的类并立定义，并用 public 修饰，以便在其他各类中调用。例如：

```
public delegate void 传递文本的委托类型(string s);

public partial class Form2 : Form
{
    public 传递文本的委托类型 代传文本;

    public Form2()
    {
        InitializeComponent();
    }
    …
}
```

就是在 Form2 类的代码页中，把委托类型的声明写在 Form2 类的外面，与 Form2 类的定义并立。

7.4　委托用于窗体之间的数据传递

怎样进行不同窗体之间的数据传递，是 Windows 窗体应用程序设计中的一个重要课题。首先思想上要明确的是，外界对某窗体的数据传递是通过对该窗体 public 成员的访问展开的，而且访问时需要实例名引用或类名引用，其中较难驾驭的是实例名引用：那个指引着某窗体的实例名是什么？从哪里来？怎么保存下来？下面用实例来阐明窗体间数据传递的主要方法和技巧；通过比较，搞清楚利用委托进行窗体间的数据传递有什么长处。

例 7-3　在一个窗体中下令改变另一个窗体的颜色

程序一开始运行便弹出两个窗体，如图 7-5 所示。

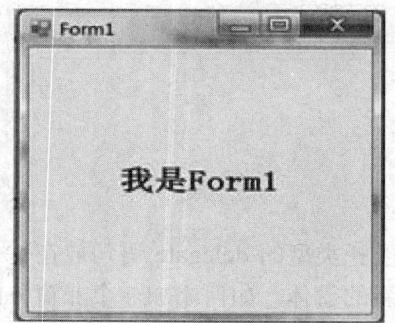
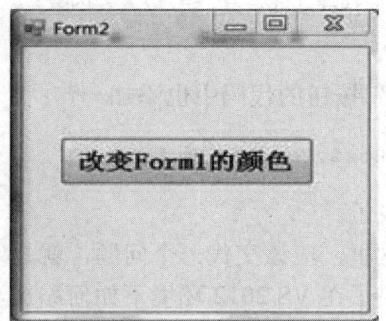

图 7-5　两个窗体

单击 Form2 的按钮"改变 Form1 的颜色"后，Form2 立即变色，如图 7-6 所示。

 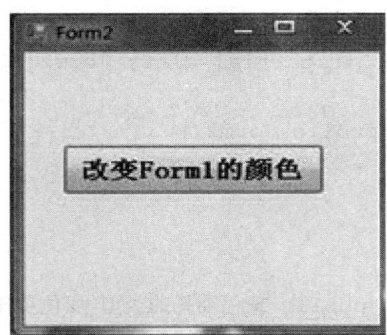

图 7-6　Form1 听命变色

对代码的编制，应该如何去想呢？首先，改变 Form1 的颜色，本属 Form1 内部的方法，因此，在 Form1.cs 中添加代码：

```
public void 窗体变色()
 {
    this.BackColor = Color.Red;
    this.ForeColor = Color.White;
 }
```

而在 Form2.cs 中，主要任务是调用 Form1 的窗体变色方法。由于需要实例引用，在 Form2.cs 中做了 3 件事：

（1）把 Form1 类的变量 f1 定义为 Form2 的成员变量：

```
private  Form1  f1;
```

（2）在 Form2 中，利用 f1 来构建 Form1 的实例，把 Form2 的构造函数改写为：

```
public Form2()
 {
    InitializeComponent();
    f1 = new Form1();
    f1.Show();
 }
```

同时在 Program 类中，把启动窗体改为 Form2。这样，窗体 Form2 和 Form1 同时启动，而且启动后 Form2 的成员变量 f1 就是指向窗体 Form1 的实例名。

（3）按钮"改变 Form1 的颜色"单击事件处理程序的代码如下：

```
f1.窗体变色();
```

这个程序有一个明显的缺点，就是 Form2 中包含着 Form1，两个窗体紧密耦合，这在大型应用程序的编制中是非常忌讳的。编程中应尽可能地做到类与类之间松耦合，便于各个类独立地编制、调试。下面改用委托来做这道题。Form1.cs 的代码照旧，Form2 中并不直接去调用 Form1 中的窗体变色方法，而是改用委托，Form2.cs 代码改编如下：

```
public delegate void 变色委托的类型();
    public partial class Form2: Form
    {
        public Form2()
        {

        }

        public 变色委托的类型 变色委托;

        private void button1_Click(object sender, EventArgs e)
        {
            变色委托();
        }
    }
```

要点是定义了一个变色委托类型的变量——变色委托，并且当单击按钮 Button1 时，执行这个委托型变量所绑定的方法。

最后，改写 Program 类的代码为：

```
static class Program
{
    /// <summary>
    /// 应用程序的主入口点
    /// </summary>
    [STAThread]
    static void Main()
    {
        Application.EnableVisualStyles();
        Application.SetCompatibleTextRenderingDefault(false);
        Form1 f1 = new Form1();
        Form2 f2 = new Form2();
        f2.变色委托 = f1.窗体变色;
        f2.Show();
        Application.Run(f1);

    }
}
```

即由主函数 Main 来担负创建 Form1 和 Form2 窗体的任务，并在创建过程中建立二者的关联：Form1 的窗体变色方法被委托给 Form2 的委托型变量变色委托，由变色委托来代理执行。

现在可以看出委托的好处了，委托作为执行方法的中介，对方法的调用方和被调用方之间可以起到"解耦"作用。在上面改写的 Form2.cs 中，就看不出和 Form1 有任何具体的联系。

例 7-4　乘法器和它的粉丝们

本例程序一开始运行，便弹出 3 个窗体，如图 7-7 所示。

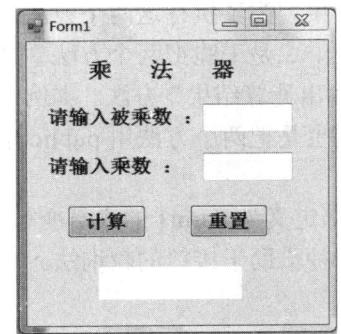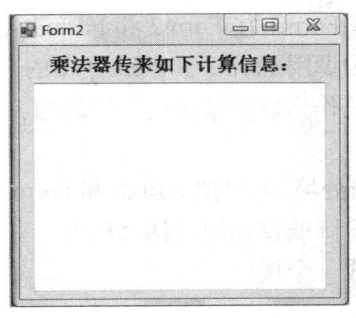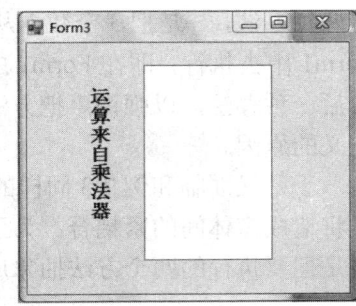

图 7-7　乘法器和它的粉丝出场亮相

其中，Form1 是乘法器，可对用户输入的两个整数计算出乘积，并可重置进入下一轮计算。Form2 和 Form3 都是 Form1 的粉丝，它们时刻关注着 Form1 的乘法活动，Form1 每进行一轮乘法运算，运算结果都会传到 Form2 的文本框和 Form3 的列表框中，效果如图 7-8 所示。

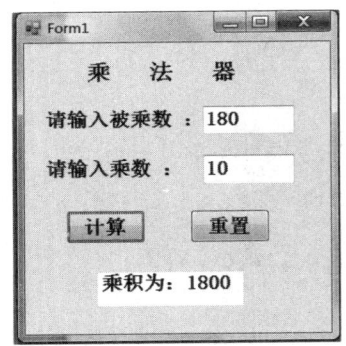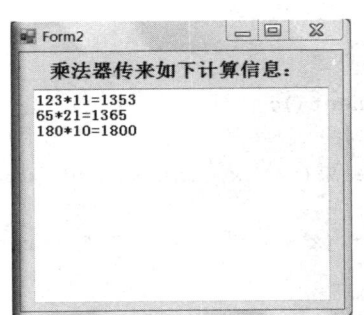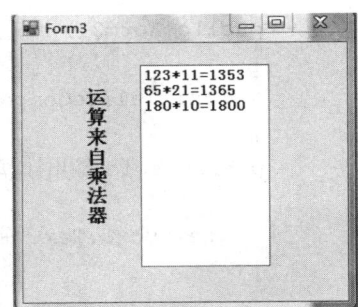

图 7-8　三个窗体联动的效果

本例中，Form2 和 Form3 的功能都是输出 Form1 的计算结果，可归结为同一名称并具有同一签名的方法。

在 Form2 中：

```
public void 输出计算结果(int x, int y, int result)
 {
     textBox1.Text += (x + "*" + y + "=" + result + "\r\n");
 }
```

在 Form3 中：

```
public void 输出计算结果(int x, int y, int result)
```

```
    {
        listBox1.Items.Add(x + "*" + y + "=" + result);
    }
```

　　请充分注意本例中上面两个方法的特殊性：这两个方法所需的参数 x，y 及 result 都是 Form1 中进行计算时用户所输入的原始数据及所产生的计算结果。为了执行这两个方法，有两种办法，一是把 3 个数据从 Form1 往 Form2 和 Form3 传送，二是干脆把两个方法拿到 Form1 中去执行，即在 Form1 中调用 Form2 和 Form3 中的"输出计算结果"方法。本例中取后一种办法，以强调"把方法作为数据来传送"的思想。这也是把两个方法用 public 来定义的原因。

　　于是又面临和例 7-3 同样的处境。如果把 Form2 和 Form3 都定义为 Form1 的成员变量，又将造成窗体间的紧耦合；为了降低窗体间的耦合程度，有一种借助于接口的轮询法。首先是把要执行的两个方法抽象成一个接口：

```
public interface 粉丝接口
{
    void 输出计算结果(int x, int y, int result);
}
```

而把 Form2 和 Form3 都看成是继承了该接口：

```
public partial class Form2: Form,粉丝接口
{
    public Form2()
    {
        InitializeComponent();
    }
    public void 输出计算结果(int x, int y, int result)
    {
        textBox1.Text += (x + "*" + y + "=" + result + "\r\n");
    }
}


public partial class Form3: Form,粉丝接口
{
    public Form3()
    {
        InitializeComponent();
    }
    public void 输出计算结果(int x, int y, int result)
    {
        listBox1.Items.Add(x + "*" + y + "=" + result);
    }
}
```

在此基础上，对 **Form1** 作如下定义：

```
public partial class Form1 : Form
{
    private ArrayList 粉丝列表;
    public  Form1()
    {
        InitializeComponent();
        粉丝列表 = new ArrayList();
    }

    public void 注册(粉丝接口f)
    {
        粉丝列表.Add(f);
    }

    private  int 乘法(int num1, int num2)
    {
        // 执行计算
        int result = num1 * num2;

        // 向监视者发送计算结果
        for (int i = 0; i < 粉丝列表.Count; i++)
        {
            粉丝接口 f = (粉丝接口)粉丝列表[i];
            f.输出计算结果(num1, num2, result);
        }


        // 返回结果
        label3.Text = "乘积为: " + result;
        return result;
    }

    private void button1_Click(object sender, EventArgs e)
    {
        int x = int.Parse(textBox1.Text);
        int y = int.Parse(textBox2.Text);
        乘法(x, y);
    }
        …
}
```

将 **program.cs** 中的主函数作如下改写：

```
static void Main()
```

```
{
    Application.EnableVisualStyles();
    Application.SetCompatibleTextRenderingDefault(false);
    Form1 f1 = new Form1();
    Form2 f2 = new Form2();
    Form3 f3 = new Form3();
    f1.注册(f2);
    f1.注册(f3);
    f2.Show();
    f3.Show();
    Application.Run(f1);
}
```

对上列 Form1.cs 和 program.cs 的代码摘要说明如下：

（1）凡继承了“粉丝接口”的类，称为 Form1 的粉丝。Form1 中创建了一个粉丝列表。

```
private ArrayList 粉丝列表;
```

目的是收集 Form1 的全体粉丝。

（2）Form1 中还创建了一个“注册”方法。

```
public void 注册(粉丝接口f)
    {
        粉丝列表.Add(f);
    }
```

一个继承了粉丝接口的类，必须通过执行 Form1 的“注册”方法，以纳入 Form1 的粉丝列表。

（3）program.cs 中，在创建 Form1、Form2、Form3 的同时，Form2 和 Form3 也都加入了 Form1 的粉丝列表。

```
f1.注册(f2);
f1.注册(f3);
```

（4）Form1 中，每执行了一次乘法计算：

```
int result = num1 * num2;
```

都会立即对粉丝列表中的成员展开一轮遍历，用 num1、num2 和 result 为参数，调用每个粉丝的“输出计算结果”方法，这就是轮询。

```
for (int i = 0; i < 粉丝列表.Count; i++)
    {
        粉丝接口 f = (粉丝接口)粉丝列表[i];
        f.输出计算结果(num1, num2, result);
    }
```

（5）从以上代码的分析可见，轮询法的实质是把 Form1 本来强烈依赖于 Form2 和

Form3 的强耦合关系，淡化为 Form1 对接口对象的依赖关系。

　　但是，从降低窗体间的耦合程度来看，轮询法还是不如委托法。我们再用委托法来做一遍本例。

　　Form2.cs 和 Form3.cs 的代码基本不变（只需取消对接口的继承）。自编部分仅仅是两个"输出计算结果"方法。

　　Form2 中：

```
public void 输出计算结果(int x, int y, int result)
    {
        textBox1.Text += (x + "*" + y + "=" + result + "\r\n");
    }
```

　　Form3 中：

```
public void 输出计算结果(int x, int y, int result)
{
    listBox1.Items.Add(x + "*" + y + "=" + result);
}
```

　　在 Form1 中，主要任务就是在乘法计算的过程中调用这两个方法。不过不是直接调用，而是通过委托间接地调用。在 Form1 中只能看到委托的定义及对委托型变量的调用执行，并不关心委托型变量究竟绑定了哪些窗体的哪些方法。

```
public delegate void 输出计算结果的委托类型(int num1, int num2, int result);
    public partial class Form1 : Form
    {
        public 输出计算结果的委托类型 代理输出计算结果;
        public Form1()
        {
            InitializeComponent();
        }
        private int 乘法(int num1, int num2)
        {
            int result = num1 * num2;
            代理输出计算结果(num1, num2,result);
            label3.Text = "乘积为：" + result;
            return result;
        }
        //"计算"按钮
        private void button1_Click(object sender, EventArgs e)
        {
            int x = int.Parse(textBox1.Text);
            int y = int.Parse(textBox2.Text);
            乘法(x, y);
        }
        // "重置"按钮
        private void button2_Click(object sender, EventArgs e)
```

```
    {
        textBox1.Text = "";
        textBox2.Text = "";
        label3.Text = "";
    }
}
```

program.cs 类的主函数中，在创建 Form1、Form2、Form3 三个窗体实例的同时，为 Form1 中的委托型变量绑定了需要执行的方法。

```
static void Main()
  {
      Application.EnableVisualStyles();
      Application.SetCompatibleTextRenderingDefault(false);
      Form1 f1 = new Form1();
      Form2 f2 = new Form2();
      Form3 f3 = new Form3();
      f1.代理输出计算结果=f2.输出计算结果;
      f1.代理输出计算结果 += f3.输出计算结果;
      f2.Show();
      f3.Show();
      Application.Run(f1);
  }
```

至此，读者对委托的作用应该有一个比较明晰的认识了。

7.5　委托最重要的应用——事件

上面已经讲述了很多委托的用场，然而，委托最重要的应用当属事件。

什么是事件？事件是指程序运行中某个类的对象所遭遇的一些特定的事情，诸如某窗体中的某个控件被单击，某项计算中的某个数据超出了既定的范围，等等，而且这些特定的事情可能受到本类中另一些对象或一些其他类的对象的关注。事件发生后，关注它的各个类的对象将群起响应，执行各自的事件处理程序，开创程序的新局面，这就是所谓的事件驱动程序。

众所周知，Windows 应用程序是事件驱动的，系统内置了很多事件，但是这些事件发生后究竟是否需要做什么处理，需要具体执行怎样的事件处理程序，系统不做任何安排，听凭用户自由处置。那么，这样的事件应该设置成什么数据类型呢？显然，委托正好能适应事件的需要。

事件被定义为委托类型的变量（对象），为了定义事件，先要定义事件的委托类型，例如，要编制一个包含几项运算的程序，每完成一项计算，看成发生了一次"计算已完成事件"，要求弹出一个消息框，显示信息"XX 计算已圆满完成"，其中"XX"为所完成之计算的名称。也就是说，事件所要绑定的处理程序无返回值，带有一个表达计算名称的字符串参数。据此，定义事件的委托类型为：

```
public delegate void 计算已完成事件的委托类型(string  msg);
```

然后定义此种委托类型的事件变量：

```
public event 计算已完成事件的委托类型 计算已完成事件;
```

和定义普通的委托型变量相比，事件的定义多用了一个关键词 event，但事件依然是委托，是一种经过特殊封装的委托。委托被封装成事件后，最重要的特点就是：在定义事件的类的外面，事件变量只能出现在+=号或-=号的左边。这个特点含义深刻，解析如下：

（1）定义事件的类称为事件的发布者，发布者只负责定义事件变量，并不关心事件变量是否绑定了事件处理程序，绑定了怎样的事件处理程序。因而为事件变量绑定事件处理程序的工作通常在发布者类外面去做。在发布者以外的各类中，只能用+=把一个事件处理程序追加到事件的处理程序队列中，或用-=把一个事件处理程序从事件的处理程序队列中解除；禁止用=来绑定事件处理程序，因为赋值运算=是去旧存新的，会抹去此前已形成的事件处理程序队列，禁用=使得各个类对事件变量的操作相互独立，不会相互干扰。

（2）在发布者以外的各类中，由于事件变量只能出现在+=号或-=号的左边，直接执行非空的事件变量就必然是非法的。换言之，调用事件变量的语句只能出现在作为事件发布者的类中。在一个类中，调用事件变量的语句不可能独立存在，这不合语法；该语句只能被包含在某个方法中。定义事件的目的就是以事件为中介，代理执行被委托的各事件处理程序，最终必须有一个调用事件变量的语句；发布者类中包含调用事件变量语句的方法，称为"事件的触发程序"。如此看来，发布者类有两个基本要素，一是定义事件变量，二是定义事件的触发程序。

（3）事件是通过调用事件触发程序而投入运行的（这和普通的委托不一样。普通的委托可用直接被调用运行），调用事件触发程序意味着事件的发生。

另外，我们把定义有事件处理程序，等待着当事件发生时付诸执行的类称为事件的订阅者。事件发布者和事件订阅者组成了事件的两个基本角色。

在上述基本理念的基础上，来看一组事件编程的案例。首先接着把"计算已完成事件"这一案例讲完。

例 7-5　计算已完成事件

本例的主界面如图 7-9 所示。

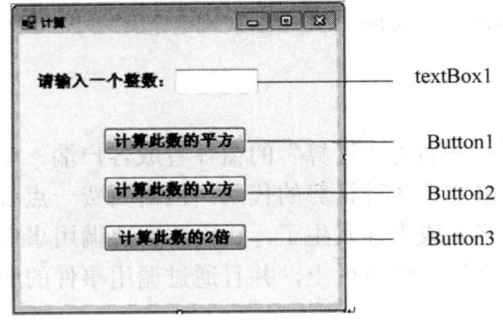

图 7-9　例 7-5 主界面

　　要求任意输入一个整数后，单击任一个按钮，立即进行指定的计算，然后弹出显示计算结果的消息框，接着再弹出宣布该项计算已圆满完成的消息框，如图 7-10 所示。

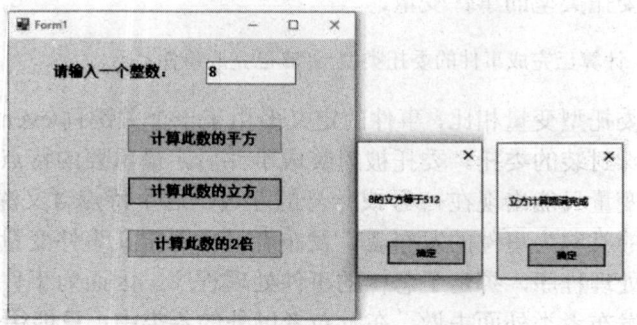

图 7-10　例 7-5 运行结果

　　按事件编程的思路，先添加一个"事件发布者"类，其内容是定义事件变量，并定义事件的触发程序，也就是调用事件变量运行的方法，代码为：

```
public delegate void 计算已完成事件的委托类型(string  msg);
    class 事件发布者
    {
        public event 计算已完成事件的委托类型 计算已完成事件;
        public void 计算已完成事件的触发程序(string msg)
        {
            if (计算已完成事件 != null)
            {
                计算已完成事件(msg);
            }
        }
    }
```

　　接着添加一个"事件订阅者"类，其内容是定义事件的处理程序，代码为：

```
    class 事件订阅者
    {
        public  static  void 事件处理程序(string msg)
        {
            MessageBox.Show(msg + "计算圆满完成");
        }
    }
```

　　最后，我们把主界面——名为"计算"的窗体看成客户端。单纯从客户端本身来看，它要能完成 3 种计算，所以要有 3 种计算的代码。但需要费一点心思的是，每项计算的结果输出后，正意味着计算已完成事件发生了，所以立即要调用事件处理程序，也就是要立即订阅事件——把处理程序绑定到事件上，并且通过调用事件的触发程序来执行相应的事件处理程序。代码如下：

```
public partial class 计算 : Form
```

```csharp
{
    public 计算()
    {
        InitializeComponent();
    }

    private  void 平方(float x)
    {
        float result = x * x;
        MessageBox.Show(x+"的平方等于"+ result);
        事件发布者 s = new 事件发送者();
        s.计算已完成事件 += 事件订阅者.事件处理程序;
        s.计算已完成事件的触发程序("平方");
    }

    private void 立方(float x)
    {
        float result = x * x * x;
        MessageBox.Show(x + "的立方等于" + result);
        事件发布者 s = new 事件发送者();
        s.计算已完成事件 += 事件订阅者.事件处理程序;
        s.计算已完成事件的触发程序("立方");
    }

    private void 加倍(float x)
    {
        float result = 2 * x;
        MessageBox.Show(x + "的2倍等于" + result);
        事件发布者 s = new 事件发送者();
        s.计算已完成事件 += 事件订阅者.事件处理程序;
        s.计算已完成事件的触发程序("加倍");
    }

    private void button1_Click(object sender, EventArgs e)
    {
        int n = int.Parse(textBox1.Text);
        平方(n);
    }

    private void button2_Click(object sender, EventArgs e)
    {
        int n = int.Parse(textBox1.Text);
        立方(n);
    }
```

```
private void button3_Click(object sender, EventArgs e)
{
    int n = int.Parse(textBox1.Text);
    加倍(n);
}
}
```

例 7-6　工资赋值出错事件

每到月末，会计要为每个职工的工资重新赋值，界面如图 7-11 所示。

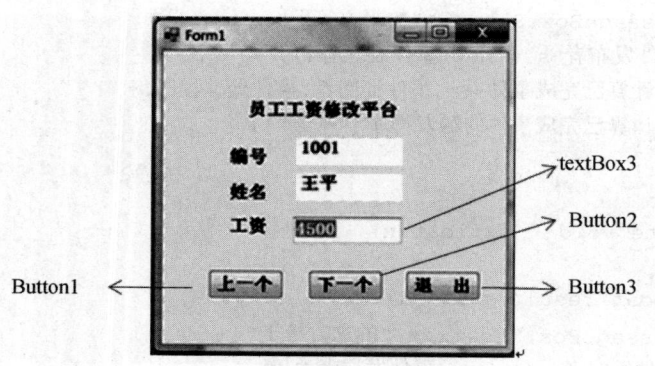

图 7-11　修改员工工资的界面

工资有一定的下限（如 3000）和上限（如 12000），操作不慎超越了界限，就造成工资设置错误，我们称发生了工资设置错误事件，要求一旦发生工资设置错误事件，立即弹出消息框警告之，并且必须把错误的设置纠正过来，才能转入下一步操作，如图 7-12 所示。

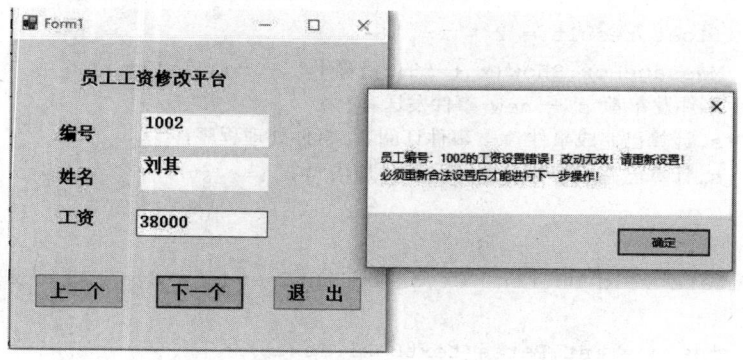

图 7-12　发生了工资设置错误事件

下面考虑怎么编码。界面上显示的数据来自公司员工，出于封装的目的，除了作为界面的窗体类 Form1.cs 外，至少还要有一个"公司员工"类，这个类应有员工编号、姓名、工资等字段；为了私密性，工资字段应用 private 修饰，为接受访问，开放工资的属性字段 gz。因此，在界面上修改员工的工资，实际上是在调用属性 gz 的 set 方法。正是在 set 方法的执行中，可能导致"工资设置错误"事件。这样看来，公司员工类充当着事件发布者的角色，应在其中定义事件，触发事件，代码如下：

```
public delegate void 工资设置错误事件委托类型(int 员工编号);
    public class 公司员工
    {
        public static event 工资设置错误事件委托类型 工资设置错误事件;
        public int 员工编号;
        public string 姓名;
        private int 工资;
        public int gz    //事件触发程序
        {
            get { return 工资; }
            set
            {
                if ((value >= 3000) && (value <= 12000))
                    工资 = value;
                else
                {
                    /*在通过属性gz修改员工工资时，若改后工资超出一定范围，则引发事件*/
                    工资设置错误事件(员工编号);
                }
            }
        }

        public static 公司员工[] yg = new 公司员工[3];
    }
```

而作为界面的 Form1 类，它要能展示员工记录供修改工资，但它的各项操作与事件是否已发生休戚相关，当事件发生时，它需要能看到警告消息框。因此，Form1 类是典型的事件订阅者，应具备事件处理程序。编码如下：

```
public partial class Form1 : Form
    {
        public static bool 事件发生 ;
        public static int k = -1;
        public Form1()
        {
            InitializeComponent();
        }

        private void Form1_Load(object sender, EventArgs e)
        {
            公司员工.yg[0] = new 公司员工();
            公司员工.yg[0].员工编号 = 1001;
            公司员工.yg[0].姓名 = "王平";
            公司员工.yg[0].gz = 4500;
            公司员工.yg[1] = new 公司员工();
```

```
        公司员工.yg[1].员工编号 = 1002;
        公司员工.yg[1].姓名 = "刘其";
        公司员工.yg[1].gz = 3800;
        公司员工.yg[2] = new 公司员工();
        公司员工.yg[2].员工编号 = 1003;
        公司员工.yg[2].姓名 = "汤伟";
        公司员工.yg[2].gz = 6500;
        展示员工记录();
    }


    public void 展示员工记录()
    {
        k = (k + 1) % 3;
        label5.Text = 公司员工.yg[k].员工编号.ToString();
        label6.Text = 公司员工.yg[k].姓名;
        textBox1.Text = 公司员工.yg[k].gz.ToString();
    }


    private void button1_Click(object sender, EventArgs e)
    {
        事件发生 = false;
        //此句记录对当前所显示的员工工资的修改，可能引发事件
        公司员工.yg[k].gz = int.Parse(textBox1.Text);

        if (!事件发生 && k >= 1)
        {
            k = (k - 2) % 3;
            展示员工记录();
        }

    }


    private void button2_Click(object sender, EventArgs e)
    {
        事件发生 = false;
        公司员工.yg[k].gz = int.Parse(textBox1.Text);
        if (!事件发生 && k < 2)
            展示员工记录();
    }

    private void button3_Click(object sender, EventArgs e)
    {
        事件发生 = false;
        公司员工.yg[k].gz = int.Parse(textBox1.Text);
```

```
        if (!事件发生)
            Application.Exit();
    }

    public void 工资错误事件处理程序(int 员工编号)
    {
        MessageBox.Show("员工编号: " + 员工编号 + "的工资设置错误! 改动无效!
        请重新设置! \n必须重新合法设置后才能进行下一步操作! ");
        事件发生 = true;
    }
}
```

最后,把发送者和订阅者之间的牵手工作放在 program 类的主函数中:

```
static void Main()
{
    Application.EnableVisualStyles();
    Application.SetCompatibleTextRenderingDefault(false);
    Form1 f = new Form1();
    公司员工.工资设置错误事件 += f.工资错误事件处理程序;
    Application.Run(f);
}
```

例 7-7 上班违纪事件

职工小王经常上班时玩电脑游戏,为此对他的上班表现实行监控,每发现他玩游戏一次,处以罚款 50 元。编程模拟此事时,在 MDI 父窗体 Form1 内平铺两个子窗体 Form2 和 Form3。Form2 用来监控小王的上班表现,在 30 次监控中,小王是否在玩游戏由随机数来确定,每当发现小王在玩游戏,便触发一次上班违纪事件,Form3 的文本框中便记上一笔 "罚款 50 元";30 次监控完毕,Form3 的文本框中还累计出罚款总数,如图 7-13 所示。

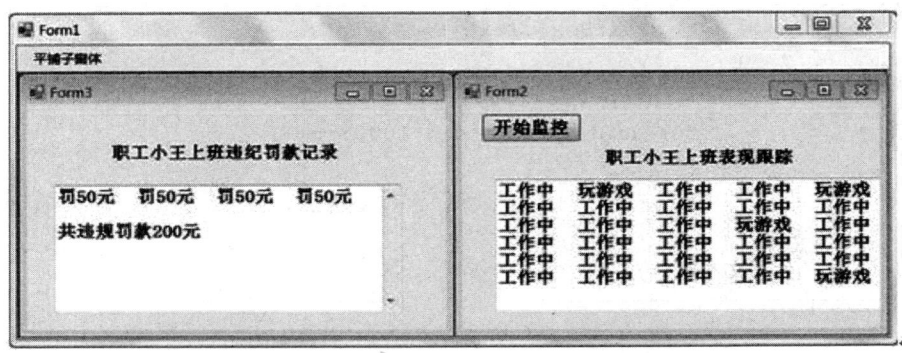

图 7-13 例 7-7 运行效果

本例中很显然 Form2 是事件发送者,应在其中定义事件和事件触发程序。另一方面,监控结束发生在 Form2,这时需要在 Form3 的文本框中写上罚款总数,这里也需要用一个委托做中介,在模拟监控的循环结束时调用委托变量。代码如下:

```
public delegate void 小王违规事件的委托类型();
public delegate void 代写文本框的委托类型();
public partial class Form2: Form
  {
      public event 小王违规事件的委托类型 小王玩游戏事件;
      public 代写文本框的委托类型 代写文本框;
      public Form2()
      {
          InitializeComponent();
      }
      //违规事件触发程序
      private void button1_Click(object sender, EventArgs e)
      {
          int k = 0;
          for (int i = 0; i < 30; i++)
          {
              {
                  Random n = new Random();
                  int x = n.Next(4);
                  k++;
                  if (x == 0)
                  {
                      textBox1.Text += "玩游戏\r\t";
                      小王玩游戏事件();
                  }
                  else
                      textBox1.Text += "工作中\r\t";
                  if (k % 5 == 0)
                      textBox1.Text += "\r\n";
              }
              for (int p=0;p<10000;p++)
                  for (int q = 0; q < 1000; q++)
                  {
                  }
          }
          代写文本框();
      }
  }
```

Form3 是事件的订阅者，也是"代写文本框"委托的请求者，其内容应包含事件处理程序及委托所要绑定的方法。代码如下：

```
public partial class Form3: Form
  {
```

```
public  static int k = 0;
public Form3()
{
    InitializeComponent();
}
public void 小王玩游戏事件处理程序()
{
    textBox1.Text += "罚50元\r\t";
    k++;
    if (k % 4 == 0)
        textBox1.Text += "\r\n";
}

public void 代写文本框程序()
{
    if (k != 0)
        textBox1.Text += "\r\n共违规罚款"+(50 * k).ToString()+"元";
    else
        textBox1.Text += "无违规罚款";
}
}
```

最后，把 Form1、Form2 和 Form3 的牵手工作放在 Program 类的主函数中：

```
static class Program
{
    /// <summary>
    /// 应用程序的主入口点
    /// </summary>
    [STAThread]
    static void Main()
    {
        Application.EnableVisualStyles();
        Application.SetCompatibleTextRenderingDefault(false);
        Form1 f1 = new Form1();
        Form2 f2 = new Form2();
        Form3 f3 = new Form3();
        f2.MdiParent = f1;
        f3.MdiParent = f1;
        f2.小王玩游戏事件 += f3.小王玩游戏事件处理程序;
        f2.代写文本框 = f3.代写文本框程序;
        f2.Show();
        f3.Show();
        Application.Run(f1);
    }
```

最后，Form1 中菜单项"平铺子窗体"的单击事件处理程序为：

```
private void 平铺子窗体ToolStripMenuItem_Click(object sender, EventArgs e)
{
    this.LayoutMdi(MdiLayout.TileVertical);
}
```

7.6   .NET 框架中的事件

在学习本章以前，我们已经多次地应用窗体和控件的事件来编程了，但认识是很肤浅的，往往只是在前台代码页编制一个事件处理程序，其实系统还在后台补充了很多代码，我们全然没有顾及。例如，在窗体 Form1 中引进一个按钮 button1，如图 7-14 所示。

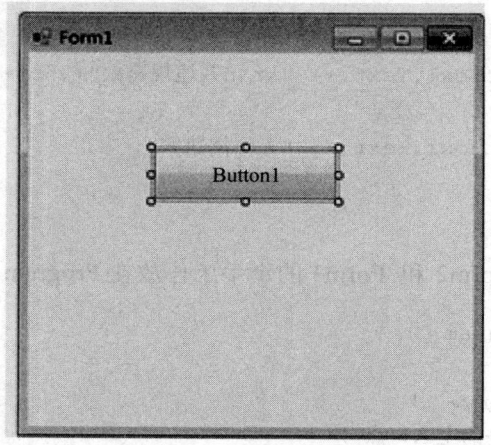

图 7-14   Form1 中引进了 Button1

要想编一个程序，使每单击 Button1 一次，它就循环右移一步。双击 Button1，转入代码页，呈现如下代码：

```
private void button1_Click(object sender, EventArgs e)
{
    此处填入处理方法代码
}
```

要求编制名为 button1_Click 的按钮 Button1 的单击事件处理程序。若单击"解决方案资源管理器"窗口 Form1.cs 下方的 Form1.Designer.cs，则在展开的后台设计代码页中可以找到这样一条语句：

```
this.button1.Click += new System.EventHandler(this.button1_Click);
```

右击此句中的 EventHandler，在弹出的快捷菜单中单击"转到定义"命令，又会出现一条语句：

```
public delegate void EventHandler(object sender, EventArgs e);
```

同样，右击上一句中的 Click，在弹出的快捷菜单中单击"转到定义"命令，也会呈现出一条语句：

```
public event EventHandler Click;
```

由此可以看出，.NET 类库中预定义有一个名为 EventHandler 的事件的委托类型，又针对控件 Button1 定义了具有此委托类型的事件 Click，规定了事件处理程序的签名必须是返回值为 void，并带有两个参数，第一个参数 sender 给出事件的发送者，即触发该事件的类对象；第二个参数 e 给出在事件处理程序中可以被应用的一些数据，并且这些数据被封装在名为 EventArgs 的类的对象中。

还可看出的一点是，按钮 Button1 之单击事件的代码表述是 button1.Click，它被事件处理程序 button1_Click 订阅。

窗体及其他控件的各种内置事件都采用和 EventHandler 同样的签名。

EventHandler 是.NET 框架推出并建议尽量使用的事件之委托类型，我们有必要推敲一下，这个 EventHandler 和此前我们自定义的各种委托类型比较，有什么长处和特色呢？

很明显的一点是，EventHandler 期望在借助于委托调用事件处理程序的同时，向事件处理程序传送一定的信息。靠什么来传送信息呢？当然是靠方法的参数。它把要传送的信息归结为两项，第一项是事件的发送者，也就是定义事件的那个类的对象 sender，因为在不同的问题中，定义事件的类各不相同，但都是 object 类的子类，所以形参可统一表述为 object sender。需要注意的是，具体调用时这个形参怎样代之以正确的实参？请回忆一下，包含运行事件对象之语句的事件触发程序只能出现在定义该事件的那个类中，因此在运行事件对象的语句中用 this——当前类的当前对象做实参，正好符合 object sender 的原意。对事件处理程序来说，并非因为有了名为 sender 的参数，才接收到引发事件者是谁，传送发送者的功臣是 this。实际上利用形参 object sender（sender 可以另换一个名字），可以传送一项任意的信息。

EventHandler 要传送的第二项信息表为 EventArgs e，其中 EventArgs 是一个预定义的意在封装数据的类，e 是该类的对象。在此笔者不禁惊叹.NET 设计者立意的高超，试想，要传送给事件处理程序的数据可能是多种多样的，怎样给出一个一般性的描述呢？于是想到，不管具体的数据如何，总可以把它们封装在一个类的对象中，既统一，又安全，于是就有了 EventArgs e。但 EventArgs e 仅仅给出了一个统一的模式，并不能包办一切。预定义的 EventArgs 类实际上只含有一个名为 Empty 的 public 的 string 型字段，相当于空字符串""或空引用 null，因此，参数 EventArgs e 只适用于不含任何数据信息的场合。如果事件确实有数据需要传送，并且不想继承 EventArgs 类的任何方法，那么可以自行定义一个事件数据类，用来取代 EventArgs。

下面举例说明事件参数 object sender 和 Event Args e 的应用，如所周知，EventArgs e 暗示不传送任何事件数据，因此这一项形同虚设，重点考虑 object sender 的应用。

例 7-8　加法计算器的设计

要求设计一个计算器，界面如图 7-15 所示。界面由用作计算器显示窗口的一个文本框和用作数字键、加法运算键、等号键和重置键的 13 个 Button 按钮组成。要求可以进行多个整数的累加，例如，输入 12+65+121+8 后，再输入=，计算器窗口应显示累加和 206；也可先求出前一阶段的累加和，再继续累加，例如，上面在显示了累加和 206 以后，再输入+32+285+78+5，最后输入=，计算器窗口立显 606。

图 7-15 "加法计算器"界面

计算器的操作，归结为对 13 个 Button 按钮的单击操作，这样就涉及到 13 个单击事件，为了简化编程，把 13 个按钮编为一个 Button 型的一维数组，并把 13 个按钮的单击事件绑定到同一个名为 bt_Click 的处理程序。这两项准备工作，放在界面窗体的装入事件中完成。

```
private void Form1_Load(object sender, EventArgs e)
{
    Button[] NBT = new Button[13];
    NBT[0] = button10;
    NBT[1] = button1;
    NBT[2] = button2;
    NBT[3] = button3;
    NBT[4] = button4;
    NBT[5] = button5;
    NBT[6] = button6;
    NBT[7] = button7;
    NBT[8] = button8;
    NBT[9] = button9;
    NBT[10] = button11;
    NBT[11] = button12;
    NBT[12] = button13;
    int i;
    for (i= 0; i < 13; i++)
        NBT[i].Click += bt_Click;
}
```

然后就是自编 13 个按钮公用的事件处理程序。本例运行时任意单击一个按钮，都会执行这个程序，但必须知道事件究竟是由于单击了哪一个按钮引起的，以便针对不同的情况进行不同的处理。这就需要用到由参数 sender 传来的信息了。因此，在 bt_Click 程序的代码中，用了这样两条语句：

```
Button b = (Button)sender;  //从参数sender获取刚被单击的按钮b
string s = b.Text;//获取所单击之按钮b的键面字符s
```

参数 sender 的内容是事件发生者的名称，但发送时被看作 object 类的对象，所以接收时应强制转换为 Button 类的对象。下面讨论当输入不同的字符 s 时，各应作何种处理。

数字键 s 的作用是每次连续输入若干个，以构成一个需要投入累加的数，显示在计时器的窗口，因此其基本处理是：

```
textBox1.Text += s;  //从高位到低位一个一个接龙式地显示一个加数的各位数字
```

为了计算的需要，程序中设置了 3 个变量：

```
private int 累加和 = 0;
private bool 刚输入过等号 = false;
private bool 刚连击等号和加号 = false;
```

加号键+可能紧随着一个数字键而输入，作用是宣布一个加数的输入已经结束，将输入下一个加数；也可能紧随着等号键=而输入，作用是在前一阶段累加和的基础上，继续输入新的加数投入累加。输入+号后该做的事统一描述为：

```
if (刚输入过等号)
  刚连击等号和加号=true;
累加和 += int.Parse(textBox1.Text);  //当前计算器窗口中的数纳入累加和
textBox1.Text = "";//计算器窗口清空，准备接收新的加数
textBox1.Focus();//计算器窗口显示打字光标
break;
```

但这样做会产生一个问题，即每次按过某数字键再按+号前，窗口显示的是此前所输入的一个加数。而输入等号后接着再输入+号前，窗口显示的是此前的累加和；两种情况下按下+号后，都把窗口数累加到累加器中，因此前一种情况下累加器中存储的是此前的累加和，而后一种情况下累加器中存储的却是累加和的 2 倍，所以应除以 2 还原。我们把这个还原工作留到输入新加数的第一个数字时去做，在数字输入处理代码前面加上一段：

```
/*如果按下等号键，显示了此前的累加和后，再继续累加，按下加号后，接着输入新的加数，应及时把累加和正确还原。*/
if (刚连击等号和加号)
{
  累加和 /= 2;
  刚连击等号和加号 = false;
  刚输入过等号 = false;
}
```

"+"号输入处理代码的前两行：

```
if (刚输入过等号)
    刚连击等号和加号=true;
```

就是为正确还原累加和做准备的。

最后，等号键=的作用是把当前计算器窗口显示的加数投入累加，并把此前的整个累加和显示出来，代码为：

```
刚输入过等号 = true;    //为正确还原累加和做准备
累加和+= int.Parse(textBox1.Text);;
textBox1.Text = 累加和.ToString();
break;
```

本例事件处理程序的完整代码为：

```
private void bt_Click(object sender, EventArgs e)
    {
        Button b = (Button)sender;
        string s = b.Text;
        switch (s)
        {
            case "0":
            case "1":
            case "2":
            case "3":
            case "4":
            case "5":
            case "6":
            case "7":
            case "8":
            case "9":
                if (刚连击等号和加号)
                {
                    累加和 /= 2;                //看最后的注解
                    刚连击等号和加号 = false;
                    刚输入过等号 = false;
                }
                textBox1.Text += s;          //显示刚输入的数字字符
                break;
            case "+" :
                if (刚输入过等号)
                    刚连击等号和加号=true;
                累加和 += int.Parse(textBox1.Text);
                textBox1.Text = "";
                textBox1.Focus();
```

```
            break;
    case "=":
        刚输入过等号 = true;
        累加和+= int.Parse(textBox1.Text);;
        textBox1.Text = 累加和.ToString();
        break;
    case "重置":
        textBox1.Text = "";
        累加和 = 0;
        刚输入过等号 = false;
        textBox1.Focus();
        break;
    }
}
```

例 7-9　开关事件

本例的启动界面和运行效果如图 7-16 和图 7-17 所示。

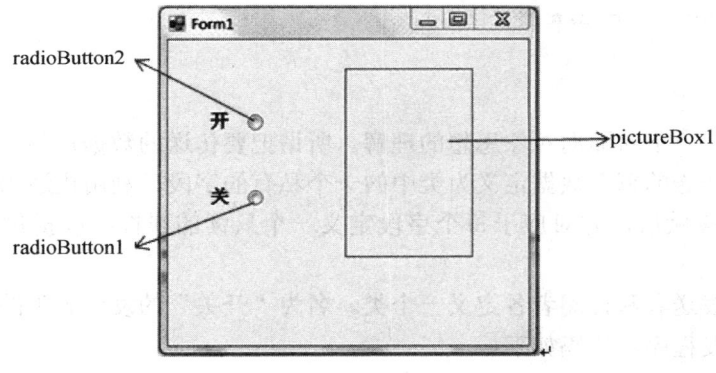

图 7-16　启动界面

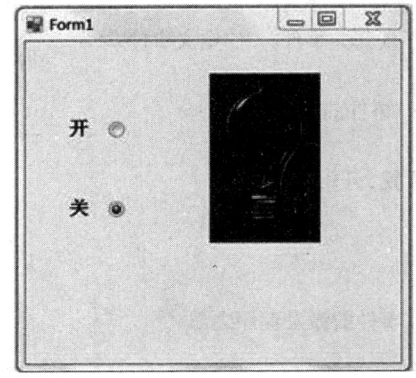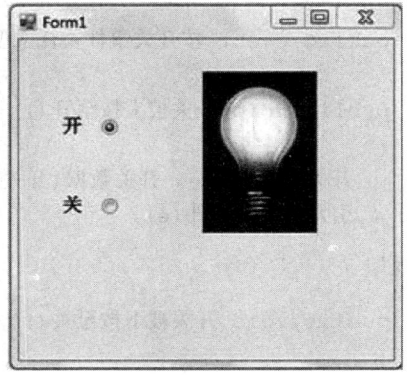

图 7-17　按开关事件的运行效果

本例用电灯的开关控制来诠释 .NET 所倡导的事件机制。电源开关有"开"和"关"两个位置，扳动开关到某个位置，便引发了一个"按开关事件"，这个开关便是事件的发送者。连在电路上的电灯是开关事件的订阅者，它准备好了可以和事件绑定的事件处理程序。当事件发生时，会把事件的发送者以及开关所处的位置信息通知给事件处理程序并启动事件处理程序，所传送的开关位置数据是事件处理程序中必须用到的，为此我们把事件的参数列表改为(object sender, 开关数据 e)，其中"开关数据"是取代 EventArgs 而自定义的类：

```
public enum 开关位置 {开,关};//枚举类型定义可和类的定义并列
    public class 开关数据
    {
        private  开关位置 开关位;
        //构造函数
        public 开关数据(开关位置 kgw)
        {
            this.开关位 = kgw;
        }
        public 开关位置 开关定位
        {
            get { return 开关位; }
        }
    }
```

在此，应强化一下对面向对象思想的理解。所谓把要传送的数据包装在类中，就是定义一个类，把要传送的每个数据定义为类中的一个私有的字段，利用构造函数，在创建类的对象时为各字段赋值，并对应于每个字段定义一个只读的属性，以提供外界对数据的访问。

针对事件的发送者和订阅者各定义一个类。名为"开关"的发送者类的主要内容是定义事件和事件触发程序，代码如下：

```
public delegate void 按开关事件委托类型(object sender,开关数据 e);
    public class 开关
    {
        public event 按开关事件委托类型 按开关事件; //定义事件

        public void 开关被上按至开()  //事件的激发程序之一
        {
            开关数据 e=new 开关数据(开关位置.开);
            引发按开关事件(e);
        }

        public void 开关被下按至关()  //事件的激发程序之二
        {
            开关数据 e = new 开关数据(开关位置.关);
            引发按开关事件(e);
        }
```

```
public void 引发按开关事件(开关数据 e)
{
   if (按开关事件!=null)
    {
    按开关事件(this,e);
    }
}
}
```

名为"电灯"的订阅者类的主要任务是提供事件处理程序，但本例中事件处理程序需要操纵界面窗体上的图片框，因此又添加了一层委托，代码如下：

```
public delegate void 控制图片显示的委托类型(string 图片名);
   public class 电灯
   {
      public 控制图片显示的委托类型 代控图片显示;
      public void 按开关事件处理程序(object sender, 开关数据 e)
      {
         if (e.开关定位 == 开关位置.开)
            代控图片显示("d2.jpg");
         else
             代控图片显示("d1.jpg");
      }
   }
```

最后，界面窗体代码页 Form1.cs 作为客户端，主要功能应是提供图片框的"显示图片"方法，供电灯类的对象通过委托调用。还要提供两个单选按钮的单击事件处理程序，在这两个程序中，将按开关事件处理程序绑定到按开关事件，将名为"显示图片"的方法绑定到名为"代控图片显示"的委托，并调用按开关事件的激发程序。完整的代码如下：

```
public partial class Form1 : Form
{
    //构造函数
    public Form1()
    {
      InitializeComponent();
    }
    private void Form1_Load(object sender, EventArgs e)
    {
      radioButton1.Checked = false;
      radioButton2.Checked = false;
    }
    public void 显示图片(string 图片名)
    {
      pictureBox1.Load(图片名);
    }
```

```
private void radioButton1_CheckedChanged(object sender, EventArgs e)
{
    if (radioButton1.Checked)
    {
        开关 x = new 开关();
        电灯 y = new 电灯();
        x.按开关事件 += y.按开关事件处理程序;
        y.代控图片显示 = 显示图片;
        x.开关被下按至关();
    }
}
private void radioButton2_CheckedChanged(object sender, EventArgs e)
{
    if (radioButton2.Checked)
    {
        开关 x = new 开关();
        电灯 y = new 电灯();
        x.按开关事件 += y.按开关事件处理程序;
        y.代控图片显示 = 显示图片;
        x.开关被上按至开();
    }
}
```

7.7　观察者模式

　　在多窗体的 Windows 应用程序设计中，有一种常见的应用模式，称为观察者模式。这多个窗体间存在一种一对多的依赖关系，居于一方的窗体主导着数据的变化，称之为目标，其余各窗体都称之为观察者。观察者们都是目标的粉丝，它们时刻关注着目标数据的变化；目标窗体的数据状态每发生一次变化，都会传送到各观察者窗体，各观察者窗体将以各自的方式刷新自己的界面、反映出数据的变化。

　　在程序设计技术上，观察者模式要求目标和观察者之间必须是松耦合，即确保目标和各观察者之间划清界线，使得当需求发生变化，需要扩充一个新的界面，从另一个新角度来描述数据的变化时，只需添加一个新的观察者窗体，不必惊动原有各窗体。

　　显然，7.4 节的例 7-4 就属于观察者模式。从例 7-4 已明确了一点，就是利用委托来实现观察者模式是一种上策，当然，所利用的委托也可以改用事件。下面就讲一个用.NET框架所倡导的事件来构筑的观察者模式的案例。

　　从 7.5 和 7.6 两节易知，观察者模式中的目标，因为要把数据的变化通知给各观察者，引起各观察者相应的变化，所以目标相当于事件的发布者，而各观察者相当于事件的订阅者，这样就把编程的思路打通了。

例 7-10　投票选举

本例中包含一个"投票站"窗体，一个"票箱"和一个"选票统计表"窗体，这三个窗体必须同时呈现在桌面上工作，为了整齐美观，把这三个窗体放进同一个父窗体中，做成 MDI 应用程序。运行情况如图 7-18 所示。

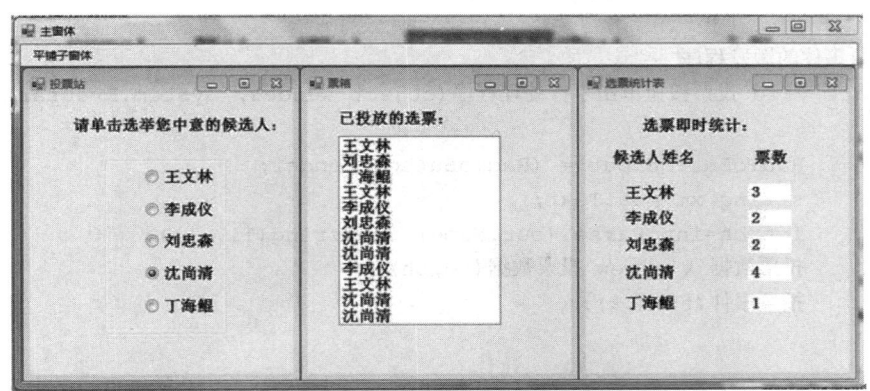

图 7-18　投票选举应用程序在运行中

只要单击投票站窗体中所列某候选人的姓名 1 次，该候选人便获得 1 票，同时，票箱窗体的列表框中便追加一个该候选人的姓名，选票统计表窗体也为该候选人的票数增加 1。很明显，投票站窗体是目标窗体，票箱窗体和选票统计表窗体都是观察者窗体。

1. 投票站窗体的设计——它是目标窗体，也是事件的发布者

投票站窗口有 5 个单选按钮（名称 radioButton1～adioButton5），每个单选按钮的文本（Text）设置为一个候选人的姓名，而每个单选按钮名称的末尾数字用作所对应候选人的编号，此编号可用来确定每个候选人在候选人序列中的位置。这样做，只要创建一个单选按钮数组，其中就包含了候选人数组。

投票站窗口每有一个单选按钮被单击，便引发了该单选按钮的单击事件，让 5 个单选按钮的单击事件绑定同一个名为"投票按钮单击事件处理程序"的事件处理程序，这个程序将把有关投票的数据传送给两个观察者，激发了"投票事件"，启动了两个观察者的"投票事件"处理程序。

投票站窗体完整的代码如下：

```
public delegate void 投票事件的委托类型(object sender, 投票数据 k);
public partial class 投票站 : Form
{
  public event 投票事件的委托类型 投票事件;
  public RadioButton[] B = new RadioButton[5];
  public 投票站()
  {
  InitializeComponent();
  B[0] = radioButton1;
  B[1] = radioButton2;
```

```
        B[2] = radioButton3;
        B[3] = radioButton4;
        B[4] = radioButton5;
        for (int i = 0; i < 5; i++)
            B[i].Click += 投票按钮单击事件处理程序;
    }
//投票事件的激发程序
private void 投票按钮单击事件处理程序(object sender, System.EventArgs e)
    {
        RadioButton but = (RadioButton)sender;
        string xm=but.Text;
        int bh=int.Parse((but.Name).Substring(11, 1));
        投票数据 k = new 投票数据(xm,bh);
        投票事件(this,k);
    }
 }
```

其中，"投票数据"类的定义如下：

```
public class 投票数据
    {
        private string 姓名;
        private int 编号;
        public 投票数据(string xm,int bh)
        {
            姓名 = xm;
            编号 = bh;
        }
        public string xm
        {
            get { return 姓名; }
        }
        public int bh
        {
            get { return 编号; }
        }
    }
```

2. 票箱窗体的设计——它是观察者，也是事件的订阅者

票箱的主要任务是接收选票，即接收目标窗体所传来数据的姓名部分，把它追加为列表框的列表项显示出来，这也就是作为订阅者所要准备的投票事件处理程序应有的内容，我们把这个处理程序命名为"添加新投选票"。

```
public partial class 票箱: Form
    {
```

```
public 票箱()
{
    InitializeComponent();
}
//投票事件处理程序之一
public void 添加新投选票(object sender, 投票数据 k)
{
    listBox1.Items.Add(k.xm);
}
}
```

3. 选票统计表窗体的设计——它也是一个观察者暨事件的订阅者

选票统计表窗体上用一列 5 个标签（label9～label13）分别显示各候选人所得的票数。我们把这一组标签编为一个 Label 型的一维数组 p，数组元素的下标恰为对应候选人的编号减 1。当接收到目标窗体传来的投票数据后，根据其中的编号信息找到该候选人对应的标签，把该标签中的数据加 1。完整的代码如下：

```
public partial class 选票统计表: Form
{
    Label[] p = new Label[5];

    public 选票统计表()
    {
        InitializeComponent();
        p[0] = label9;
        p[1] = label10;
        p[2] = label11;
        p[3] = label12;
        p[4] = label13;
    }
    //投票事件处理程序之二
    public void 写票(object sender, 投票数据 k)
    {
        int n = k.bh;
        int x = int.Parse(p[n - 1].Text);
        x++;
        p[n - 1].Text = x + "";
    }
}
```

4. MDI 主窗体的设计

主窗体是启动窗体，也是 MDI 父窗体，我们要利用它确立其和票箱窗体及选票统计表窗体的父子关系，使在主窗体打开时也把各子窗体打开，并可趁便使投票事件和它的处理程序牵手。代码如下：

```
public partial class 主窗体: Form
{
public 主窗体()
 {
    InitializeComponent();
    投票站 f1 = new 投票站();
    票箱 f2 = new 票箱();
    选票统计表 f3 = new 选票统计表();
    f3.MdiParent = this;
    f2.MdiParent = this;
    f1.MdiParent = this;
    f1.投票事件 += f2.添加新投选票;
    f1.投票事件 += f3.写票;
    f1.Show();
    f2.Show();
    f3.Show();
  }

 private void 平铺子窗体ToolStripMenuItem_Click(object sender, EventArgs e)
  {
    this.LayoutMdi(MdiLayout.TileVertical);
  }
 }
```

第8章　访问数据库

计算机被广泛地用于各行各业、各项事务的管理。现代化的管理是定量的管理，即对各种数据的管理，通常都是把要管理的数据归纳整理成一个数据库，再通过应用程序访问（查询、修改、添加、删除⋯⋯）数据库来实现各种管理。

回顾在第4章我们讲过一个项目——银行储蓄管理，当时用一个一维数组来存储储户的存、取、余额等信息，只要一关机，这些信息就消失了。为了走向实用，应该用数据库来取代一维数组。

目前，普遍使用的数据库是一类称为"关系型"的数据库，它主要由一系列的二维表格组成。这很容易理解，传统账务等管理所用的账本，其内容不就是一张张的表格吗?现在只不过是把纸上的二维表电子化，使其可长期存储在磁盘等存储器上，并接受计算机程序的处理罢了。本书采用 Access 数据库进行讲解。

数据库是独立于应用程序的文件。那么，应用程序怎样才能访问数据库? Windows 应用程序怎样访问 Access 数据库?

8.1　ADO.NET 简介

8.1.1　什么是 ADO.NET

计算机是靠程序来实现各种功能的。应用程序要访问数据库，首先要有相应的程序来支持。ADO.NET 就是.NET Framework 中用以支持访问数据库的那些程序的集合。根据面向对象的原则，ADO.NET 被编辑成一个个类，存放在.NET 类库中。从结构上来说，ADO.NET 包括 DataProvider（数据提供程序）和 DataSet（数据集）两个核心组件。

8.1.2　数据提供程序

所谓数据提供程序，就是为应用程序访问数据库创造条件，实现访问，并传回访问结果的程序，主要包括以下4类。

1. Connection（连接）类

利用 Connection 类的对象，可以建立应用程序和指定数据库之间的连接，通俗地说，就是建立一个沟通应用程序和数据库的渠道，这是访问的前提。

2. Command（命令）类

利用 Command 类的对象,应用程序可以通过已建立的连接,向数据库下达指定的 SQL

访问命令，这是访问的核心。

3．DataReader（数据阅读器）类

利用 DataReader 类的对象，可以通过已建立的连接，向应用程序以只读、向前的数据流的形式返回访问数据库的结果。

4．DataAdapter（数据适配器）类

DataAdapte 类的对象兼有向数据库下达 SQL 访问命令的功能，并能在数据库和 DataSet 之间传递数据，即可以从数据库采集数据存储到 DataSet 中接受处理，并可把处理结果反馈回数据库。

即使同为关系型数据库，也还有组织、结构等方面的不同，相应的数据提供程序也各不相同，分别存放在不同的命名空间下。例如，访问 Access 数据库所对应的数据提供程序存放在名为 OleDb 的命名空间下，其中的四个对象类名也一概前冠以 OleDb，即分别名为 OleDbConnection、OleDbCommand、OleDbDataReader 和 OleDbDataAdapter，为了在程序中引用这四个类，必须在代码页的首部加上语句：

```
using System. Data.OleDb;
```

8.1.3　数据集

为了更灵活、方便地访问数据库，ADO.NET 设计了一种名为 DataSet 的类，创建一个该类的对象，也就是在应用程序所在计算机的内存中创建了一个缓存区，专门用来存放从数据库引渡过来的需要访问的数据。此后就可以摆脱连接对象，用访问 DataSet 对象来代替对数据库的访问，且不受只读、向前的限制。

下面介绍运用 ADO.NET 访问数据库的两种基本方式。设要访问的 Access 数据库文件是"学生.mdb"，把它放在本项目的 bin 文件夹的 Debug 文件夹中，库中有一个名为"学生成绩表"的二维表，是我们的访问目标。

8.2　在线访问数据库

用 ADO.NET 访问数据库有两种基本方式，第一种基本方式是利用 Connection 对象、Command 对象和 DataReader 对象作只读向前的在线访问，按下述步骤进行。

8.2.1　创建 Connection 对象，建立和数据库的连接

为了建立连接，需要明确交代两件事，一是所用数据提供程序的类型版本号；二是作为数据源的数据库文件所在的目录路径和文件名，把这两件事写在一个字符串里，称为"连接字符串"。因此，定义连接字符串是创建 Connection 对象的前提，语句如下：

```
string ConnStr = "Provider=Microsoft.Jet.OLEDB.4.0;Data source=学生.mdb";
```

这个语句中，只有数据库名是机动的，其余部分都固定不变。对机器运行来说，所给数据库名的文件处在当前目录下。

接着，创建 Connection 对象实例的语句如下：

```
OleDbConnection conn = new OleDbConnection(ConnStr);
```

有了 Connection 对象，就可以调用它的 open 方法来打开和数据库的连接，语句如下：

```
conn.Open();
```

最后是调用 Connection 对象的 close 方法来关闭数据库连接，语句如下：

```
conn.Close();
```

在数据库连接的打开和关闭之间进行数据库访问操作就是所谓的"在线访问"。

8.2.2　创建 Command 对象，携带并执行 SQL 命令

Command 对象是负责通过连接，向数据库下达 SQL 命令的，对所要创建的 Command 对象，应明确交代它所利用的 Connection 对象是谁，它所要下达的 SQL 命令字符串是什么。设 Connection 对象 conn 已创建就绪，于是只要准备好一个 SQL 命令字符串，例如：

```
string Sqlstr = "select *  from 学生成绩表";
```

在此基础上创建 Command 对象实例的语句是：

```
OleDbCommand comm=new OleDbCommand(Sqlstr, conn);
```

8.2.3　Command 对象如何执行其所携带的 SQL 命令

上面创建了 Command 对象的实例 comm，但尚未向数据库下达所携带的 SQL 命令，那么它所携带的访问命令是怎样被执行的呢？

这和 SQL 命令的类型有关，我们把 SQL 命令分为三类。第一类是由 insert、delete、update 等语句构成的命令，统称为非查询（NonQuery）命令，命令的执行结果是对原有的数据库表作某种修改。第二类是由 select 语句构成的对聚合函数值的查询命令，或更一般地说，要查询的只是一个单一的值。第三类是一般的 select 查询命令，查询的结果是从数据库表中取出某些数据组成的一个表格。Command 对象针对不同类型的 SQL 命令，采用不同的方法来执行。

（1）针对非查询命令，采用 ExecuteNonQuery()方法，该方法对数据库表执行了既定的增、删、改后，返回受影响的行数。例如：

```
string ConnStr = "Provider=Microsoft.Jet.OLEDB.4.0;Data source=学生.mdb";
    OleDbConnection conn = new OleDbConnection(ConnStr);
```

```
conn.Open();
string Sqlstr = "insert into 学生成绩表 values('A014','孔介平','男',75,83,80)";
OleDbCommand comm = new OleDbCommand(Sqlstr,conn);
comm.ExecuteNonQuery();
conn.Close();
```

注意： 如果要见证 ExecuteNonQuery 方法的返回值，可将上面倒数第二行代码改为：

```
int k=(int)comm.ExecuteNonQuery();
MessageBox.Show("插入成功！"+k+"行数据发生了变化！");
```

（2）针对只查询一个单一值的 select 命令，采用 ExecuteScalar()方法，该方法实质上是执行查询，返回结果集中的第 1 行第 1 列的值，可用对应类型的变量来接收此返回值。如下：

```
string ConnStr = "Provider=Microsoft.Jet.OLEDB.4.0;Data source=学生.mdb";
OleDbConnection conn = new OleDbConnection(ConnStr);
conn.Open();
string Sqlstr = "select count(*) from 学生成绩表";
OleDbCommand comm = new OleDbCommand(Sqlstr, conn);
int num = (int)comm.ExecuteScalar();
label1.Text = "学生人数为"+num;
conn.Close();
```

（3）针对一般的 select 查询命令，采用 ExecuteReader()方法，其功能是执行查询，并返回一个 datareader 对象，以便把访问结果利用该 datareader 对象一行一行地顺序读出来。注意，datareader 对象实例的创建和一般类的对象不同，它不是用构造函数 new 出来，而是通过 Command 对象执行 ExecuteReader()方法而创建出来，如下：

```
OleDbDataReader dr = comm.ExecuteReader();
```

DataReader 类对象 dr 有一个 Read()方法用来读取数据。每执行一次 dr.Read()语句，dr 就从访问结果集中向前读取一条记录，如果这下一条记录存在，就返回 true，否则，就返回 false。

应用举例如下：

```
string ConnStr = "Provider=Microsoft.Jet.OLEDB.4.0;Data source=学生.mdb";
OleDbConnection conn = new OleDbConnection(ConnStr);
string strsql = "select * from 学生成绩表";
OleDbCommand comm=new OleDbCommand(strsql, conn);
conn.Open();
OleDbDataReader dr = comm.ExecuteReader();
textBox1.Text = "学号\r\t姓名\r\t性别\r\t语文\r\t数学\r\t英语\r\n";
if (dr.HasRows)//判断dr中是否还有数据行
{
  while (dr.Read())//循环读取dr中的数据，每个dr数据行包括"学号"，"姓名"等
```

```
//8个字段的数据
{
//显示读取的详细信息
textBox1.Text += "" + dr["学号"] + "\r\t" + dr["姓名"] + "\r\t" + dr["
性别"] + "\r\t" + dr["语文"] + "\r\t" + dr["数学"] + "\r\t" + dr["英语"] + "\r\n";
}
}

dr.Close();           //关闭dr对象
conn.Close();         //关闭数据库连接
```

例 8-1　简单登录

一般在进入一个应用软件系统之前，先要经过登录。即要求用户输入经过注册登记的合法的用户名和密码，不过这一关就不让进入系统。登录验证的过程是一个典型的访问数据库的过程，数据库里有一张合法用户表，登记有全体合法用户的用户名和密码，用户登录时，系统就去遍历合法用户表，查找是否有哪一条记录的用户名和密码与用户的输入一致，如果有，则登录成功，允许进入系统。

本例的窗体如图 8-1 所示。

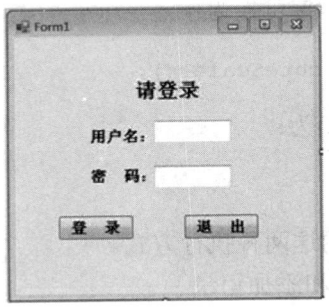

图 8-1　登录窗体

其中"登录"按钮的单击事件处理程序的代码是：

```
string xm = textBox1.Text; //接收用户输入的用户名
string mm = textBox2.Text; //接收用户输入的密码
string ConnStr = "Provider=Microsoft.Jet.OLEDB.4.0;Data source=登录.mdb";
//构造连接字符串
OleDbConnection conn = new OleDbConnection(ConnStr);//创建连接对象
//构造访问数据库的SQL命令字符串
string strsql = "select * from 合法用户表 where 用户名='" + xm + "' and 密码
='" + mm + "'";
OleDbCommand comm=new OleDbCommand(strsql, conn);//创建命令对象

conn.Open();
OleDbDataReader dr = comm.ExecuteReader();/*执行访问命令,用数据阅读器读取访问结果*/
if (dr.HasRows)  //登录成功的标志是访问结果非空
{
```

```
   MessageBox.Show("登录成功！");
   Form2 f = new Form2();   //Form2是系统界面
   f.Show();
   this.Hide();
   }
else
   {
   MessageBox.Show("用户名或密码错误！请重新登录！");
   textBox1.Text = "";
   textBox1.Focus();
   textBox2.Text = "";
   }
dr.Close();
conn.Close();
```

上面这段程序中，访问数据库的 SQL 命令字符串可以换为：

```
string strsql = "select count(*) from 合法用户表 where 用户名='" + xm + "' and
密码='" + mm + "'";
```

而命令对象 comm 的执行语句可换为：

```
int num = (int)comm.ExecuteScalar();
```

而其后 if 语句的条件可以换为：

```
if (num==1)
```

请读者用心体会命令对象的这两种执行方式。

例 8-2　用文本框显示全体和添加记录

设有一 Access 数据库"通讯录.mdb"，内有一张表"无为中学 64 届同学录"，各字段均为文本型，内容如图 8-2 所示。

现要编制一个 Windows 应用程序，其功能一是显示该表的全体记录，二是为该表添加新记录。启动时界面如图 8-3 所示。

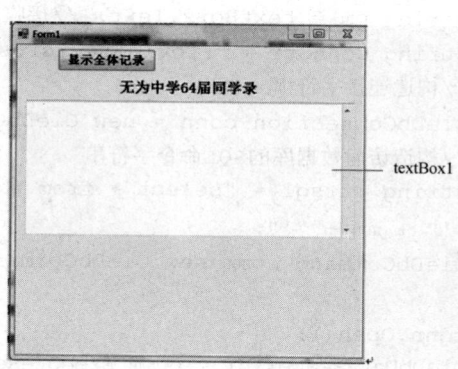

姓名	工作单位	电话号码
胡先长	合工大地质系	12877656654
谢杨源	合肥学院数学系	13543683321
吴大器	芜湖市文联	13566176533
郑养法	华师大中文系	13622776732
陈玉岚	巢湖市一中	13876123412
季一文	中科大生物系	13988654766
范正平	苏州核电站	15056903678
包遵信	商务印书馆	18010867885

图 8-2　同学录

图 8-3　显示全体和添加记录启动界面

窗体右上方有一个按钮，下方有一组控件处于隐蔽状态。

单击"显示全体记录"按钮后，界面变化如图 8-4 所示。

单击"添加新记录"按钮，界面变化如图 8-5 所示。

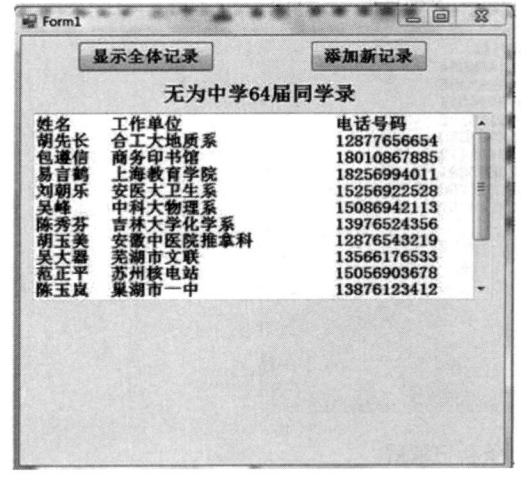

图 8-4　显示全体记录

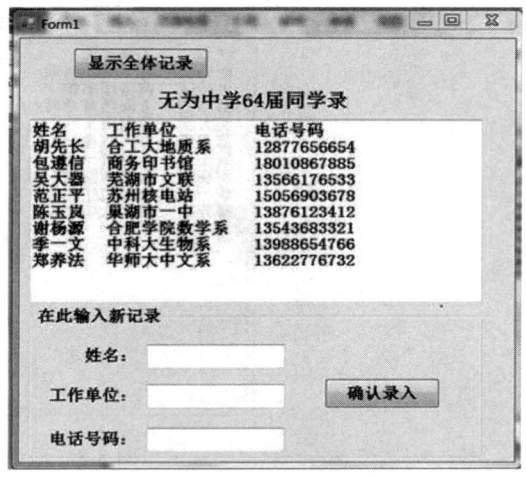

图 8-5　输入新记录界面

输入一条新记录，如图 8-6 所示。

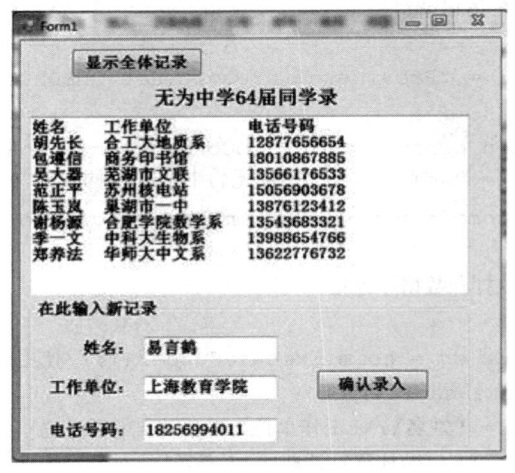

图 8-6　输入了一条新记录

单击"确认录入"按钮后，将弹出如图 8-7 所示的对话框。

图 8-7　提示对话框

单击"确定"按钮，对话框消失，程序界面变为如图 8-8 所示。

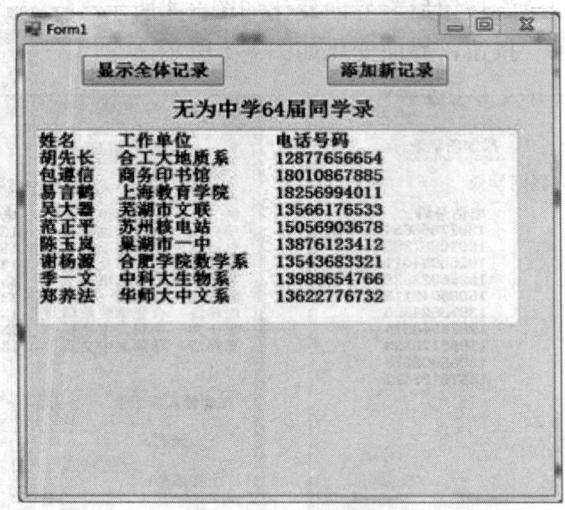

图 8-8　添加了一条新记录后

本例的编码采用了对数据库的在线访问技术，首先是编制了一个用来显示全体记录的方法：

```
private void 显示全体记录()
{
    string ConnStr = "Provider=Microsoft.Jet.OLEDB.4.0;Data source=通讯
    录.mdb";
    OleDbConnection conn = new OleDbConnection(ConnStr);
    string strsql = "select * from 无为中学64届同学录";
    OleDbCommand comm = new OleDbCommand(strsql, conn);

    conn.Open();//打开数据库连接

    OleDbDataReader dr = comm.ExecuteReader();//使用ExecuteReader方法的返回
    值实例化OleDbDataReader对象
    textBox1.Text = "姓名\r\t工作单位\r\t\r\t电话号码\r\n";//为文本框表头值
    while (dr.Read())//循环逐行读取DataReader对象中的数据
    {
        //显示读取的详细信息
        textBox1.Text += dr["姓名"] + "\r\t" + dr["工作单位"] + "\r\t" + dr["
        电话号码"] + "\r\n";
    }
    dr.Close();//关闭DataReader对象
    conn.Close();//关闭数据库连接
}
```

按钮"显示全体记录"（Button1）的单击事件处理程序就直接调用了这个方法。

本例窗口下方各具体用来插入新记录的控件全都放在一个分组框 GroupBox1 中,最初设置为不可见。按钮"添加新记录"(Button2)的功能仅仅是使 GroupBox1 变为可见而自己变得不可见。

```
private void button2_Click(object sender, EventArgs e)
{
    groupBox1.Visible = true;
    button2.Visible = false;
}
```

而按钮"确认录入"(Button3)的单击事件处理程序的代码是:

```
private void button3_Click_1(object sender, EventArgs e)
{
    string ConnStr = "Provider=Microsoft.Jet.OLEDB.4.0;Data source=通讯录.mdb";
    OleDbConnection conn = new OleDbConnection(ConnStr);
    string strsql = "insert into 无为中学64届同学录 values ('" + textBox2.Text
    +"','" + textBox3.Text + "','" + textBox4.Text + "')";
    OleDbCommand comm = new OleDbCommand(strsql, conn);
    conn.Open();
    comm.ExecuteNonQuery();
    MessageBox.Show("一条记录已插入! ");
    conn.Close();
    groupBox1.Visible = false;
    button2.Visible = true;
    显示全体记录();
}
```

注意,共有两处调用了方法"显示全体记录",体现了代码的重用。但代码中显然还存在重复,这正是今后在较复杂的数据库编程中需要认真处理的问题,稍后将专题讨论。

例 8-3　用 DataReader 对象读取全体记录载入列表框

在例 8-2 中,用 DataReader 对象读取数据表的全体记录,显示在一个文本框中。现在仍然用 DataReader 对象读取数据表的全体记录,但要显示在一个列表框 listBox1 中,效果如图 8-9 所示。

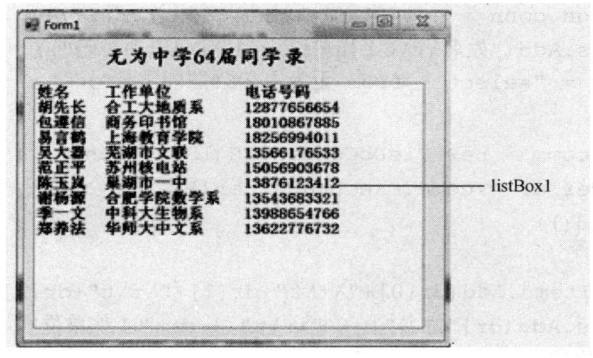

图 8-9　列表框中显示全体记录

做法上有什么不同呢？关键在于透彻掌握在列表框中添加列表项的方法。程序语句

```
listBox1.Items.Add("某字符串");
```

的功能是把"某字符串"追加为列表框 listBox1 的一个列表项，因此，只要把"某字符串"构造为包含一条记录中的全体字段。有两种办法，一是在访问数据库的 SQL 命令上做文章，把数据表每条记录的多个字段合并成一个字段，然后把这个字段追加进列表框；二是让 DataReader 对象按序号或按字段名逐一索引出一行数据中的各字段，合并成一个字符串追加为列表框的一个列表项。请看下面的代码。

代码一：

```
private void Form1_Load(object sender, EventArgs e)
{
    string ConnStr = "Provider=Microsoft.Jet.OLEDB.4.0;Data source=通讯录.mdb";
    OleDbConnection conn = new OleDbConnection(ConnStr);
    listBox1.Items.Add("姓名\r\t工作单位\r\t\r\t电话号码");
    string SqlStr = "select (姓名+'\r\t'+工作单位+'\r\t'+电话号码)as 同学 from
无为中学64届同学录";
    conn.Open();
    OleDbCommand comm = new OleDbCommand(SqlStr, conn);
    OleDbDataReader dr=comm.ExecuteReader();
    while (dr.Read())
    {
        listBox1.Items.Add(dr[0]);
    }
    dr.Close();
    conn.Close();
}
```

代码二：

```
private void Form1_Load(object sender, EventArgs e)
{
    string ConnStr = "Provider=Microsoft.Jet.OLEDB.4.0;Data source=通讯录.mdb";
    OleDbConnection conn = new OleDbConnection(ConnStr);
    listBox1.Items.Add("姓名\r\t工作单位\r\t\r\t电话号码");
    string SqlStr = "select * from 无为中学64届同学录";
    conn.Open();
    OleDbCommand comm = new OleDbCommand(SqlStr, conn);
    OleDbDataReader dr = comm.ExecuteReader();
    while (dr.Read())
    {
    // listBox1.Items.Add(dr[0]+"\r\t"+dr[1]+"\r\t"+dr[2]);//也可按序号索引
    listBox1.Items.Add(dr["姓名"] + "\r\t" + dr["工作单位"] + "\r\t" + dr["电
话号码"]);//按字段名索引
    }
```

```
dr.Close();
 conn.Close();
}
```

8.3　离线访问数据库

利用 ADO.NET 访问数据库的第二种基本方式是利用 Connection 对象、DataAdapter 对象和 DataSet 对象离线访问数据库。为了直观地以表格形式显示数据操作的实况，通常还从工具箱引进一个名为 dataGridView 的数据控件。

下面介绍离线访问数据库的具体步骤。

8.3.1　创建 Connection 对象

做法同第一种基本方式，建立和数据库的连接。

8.3.2　创建 DataAdapter 对象

创建方式和创建 Command 对象一样，也是用一个 SQL 命令字符串和一个 Connection 对象的两个参数，如下：

```
OledbDataAdapter da=new OledbDataAdapter (Sqlstr, conn);
```

其中所含的 SQL 命令通常是一般的 select 查询命令。

8.3.3　创建 DataSet 对象

```
DataSet ds = new DataSet();
```

8.3.4　调用 DataAdapter 对象的 Fill 方法

```
da.Fill(ds);
```

这是一个关键的步骤，其功能是 DataAdapter 对象 da 首先通过所建立的数据库连接，向数据库下达所携带的 SQL 查询命令，然后把作为查询结果的数据表填充到数据集对象 ds 中。此后，就可以用对 ds 的访问来取代对数据库的访问。数据适配器对象 da 还有自动按照需要打开和关闭数据库连接的功能，例如在执行语句 da.Fill(ds)前，会自动执行 conn.Open();，而语句 da.Fill(ds)执行后，又会自动执行 conn.Close()。

为了操作 ds 中的数据，需要掌握 ds 的结构。ds 由若干个数据表（DataTable 类的对象）组成，每一个表都可以是数据适配器对象执行 Fill 方法的结果，最初 Fill 所得到的表记为 ds.Tables[0]，还可以再 Fill，得到 ds.Tables[1]，ds.Tables[2]……。每一个 Tables[i]表都是一

个数据行（DataRow）对象的集合，记为 ds.Tables[i].Rows，其中的每一个数据行对象 row
又是一个数据列的集合，其元素可依序记为 row[0]，row[1]，……，或用字段名代替索引
号记为如 row["学号"]，row["姓名"]，……。例如，欲读出 ds.Tables[0]的各行记录，显示于
文本框 textBox1 中，可用语句：

```
foreach (DataRow row in ds.Tables[0].Rows)
{
    textBox1.Text += (row[0] + "\r\t" + row[1]+
        "\r\t"+row[2] + "\r\t"+row[3] + "\r\t"+
        row[4] + "\r\t"+row[5] )+ "\r\n";
}
```

但请注意，DataSet 对象中的数据表未必要从数据库中来，也可以遵从表的构造自定义
出来。

8.3.5　控件 DataGridView

更为方便的是引进数据控件 DataGridView，配合 DataSet 对象使用，把 DataSet 对象中
的表设置为 DataGridView 对象的数据源。语句如下：

```
dataGridView1.DataSource = ds.Tables[0];
```

这样，数据表 Tables[0]就以表格的形式直观地显示在 DataGridView1 中了。

数据控件 DataGridView 功能强大，不仅能以表格形式展示数据，而且还是一个编辑环
境，可以用通常打字的方法直接在表末追加新记录，或选择了某行后按 Delete 键删除一条
记录，或改写某些单元格以更新记录，从而把访问数据库的操作归结为通俗直观的表上作
业法。此外，DataGridView 控件还可以按任一字段（列）的升序或降序排列全体记录。

例 8-4　自定义 DataSet 数据表
本例的界面窗体设计如图 8-10 所示。运行效果如图 8-11 所示。

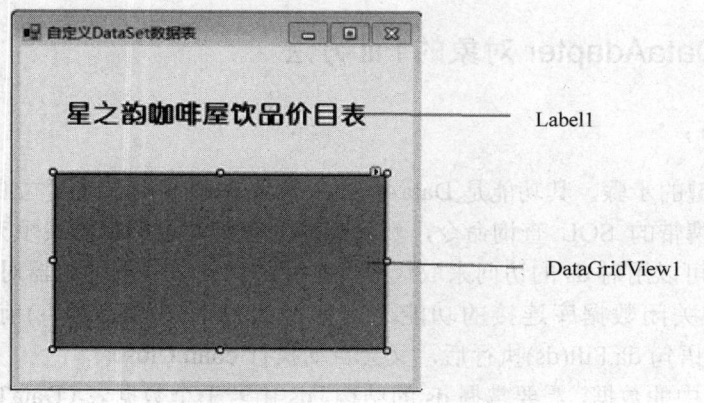

图 8-10　界面设计

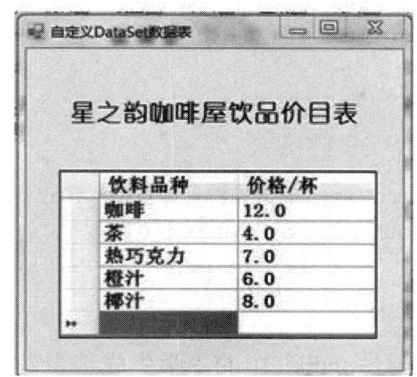

图 8-11 运行效果

主要代码如下：

```
private void Form1_Load(object sender, EventArgs e)
 {
DataSet ds = new DataSet();//创建一个数据集对象ds
ds.Tables.Add("饮料价格一览表");//ds的表集合中添加一个"饮料价格一览表"
DataTable dt = new DataTable(); //创建数据表对象dt
dt = ds.Tables[0];//令dt指向ds中的0号表，即"饮料价格一览表"
//为数据表dt创建"饮料品种"和"价格"两个数据列，分别为String和Decimal类型
dt.Columns.Add("饮料品种", Type.GetType("System.String"));
dt.Columns.Add("价格/杯", Type.GetType("System.Decimal"));
DataRow dr = dt.NewRow(); //创建数据表对象dt的数据行对象dr
//为新建行的两个列元素赋值
dr["饮料品种"] = "咖啡";
dr["价格/杯"] = "12.0";
dt.Rows.Add(dr);//将新建行纳入dt的行集合

 dr = dt.NewRow();
 dr["饮料品种"] = "茶";
 dr["价格/杯"] = "4.0";
dt.Rows.Add(dr);

 dr = dt.NewRow();
 dr["饮料品种"] = "热巧克力";
 dr["价格/杯"] = "7.0";
 dt.Rows.Add(dr);

 dr = dt.NewRow();
 dr["饮料品种"] = "橙汁";
 dr["价格/杯"] = "6.0";
 dt.Rows.Add(dr);
```

```
dr = dt.NewRow();
dr["饮料品种"] = "椰汁";
dr["价格/杯"] = "8.0";
dt.Rows.Add(dr);

//用数据集表作为dataGridView1的数据源，即在dataGridView1中显示数据集的表
dataGridView1.DataSource = ds.Tables[0];
}
```

例 8-5 填充数据集

本例要求访问数据库"学生.mdb"中的"学生成绩表"，用这个表填充数据集，并通过控件 DataGridView1 显示出来，效果如图 8-12 所示。

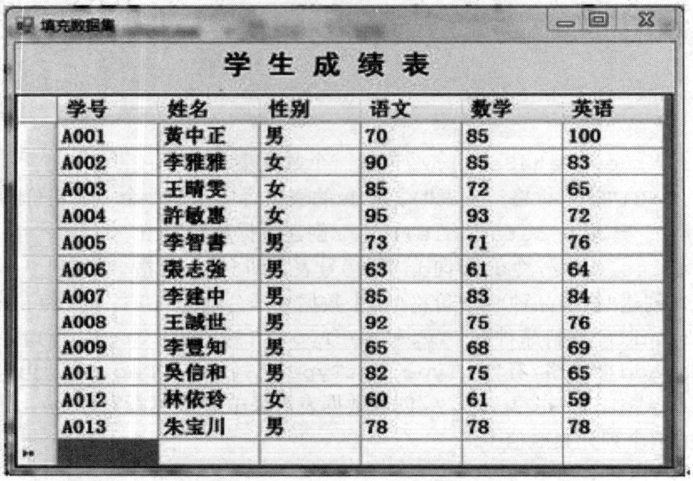

学号	姓名	性别	语文	数学	英语
A001	黄中正	男	70	85	100
A002	李雅雅	女	90	85	83
A003	王晴雯	女	85	72	65
A004	許敏惠	女	95	93	72
A005	李智睿	男	73	71	76
A006	張志強	男	63	61	64
A007	李建中	男	85	83	84
A008	王誠世	男	92	75	76
A009	李豐知	男	65	68	69
A011	吳信和	男	82	75	65
A012	林依玲	女	60	61	59
A013	朱宝川	男	78	78	78

图 8-12   用 DataGridView 控件显示数据集表

主要代码如下：

```
private void Form1_Load(object sender, EventArgs e)
{
    string ConnStr = "Provider=Microsoft.Jet.OLEDB.4.0;Data source=学生.mdb";
    OleDbConnection conn = new OleDbConnection(ConnStr);
    string strsql = "select *  from 学生成绩表";
    OleDbDataAdapter da = new OleDbDataAdapter(strsql,conn);

    DataSet ds = new DataSet();//实例化数据集对象
    da.Fill(ds);//填充数据集
    dataGridView1.DataSource = ds.Tables[0];//为dataGridView1指定数据源
}
```

例 8-6 职工工资查询

数据库"职工.mdb"中的两张表，如图 8-13 和图 8-14 所示。

职工工资表

编号	基本工资	职务工资	补贴	奖金	扣税
1	¥4,500.00	¥3,500.00	¥520.00	¥3,000.00	¥780.00
2	¥3,800.00	¥2,700.00	¥450.00	¥2,600.00	¥720.00
3	¥3,200.00	¥2,400.00	¥400.00	¥2,100.00	¥650.00
4	¥3,200.00	¥2,200.00	¥380.00	¥2,000.00	¥600.00

图 8-13　职工工资表

职工基本情况表

编号	姓名	性别	出生年月	部门	职务
1	李王来	男	1986/4/1	办公室	主任
2	宋新宇	男	1990/8/1	办公室	主办会计
3	袁妙慧	女	1992/7/1	营销部	经理
4	张亚蘋	女	1995/6/1	物流部	主任

图 8-14　职工基本情况表

现要根据这两张表组织查询，显示出全体职工的编号、姓名、部门、基本工资、职务工资、补贴、奖金、应发工资、扣税、实发工资共 10 项数据；并能够在选择了某个部门名称，再单击“开始查询”按钮后，显示出该部门全体职工的 10 项数据。效果如图 8-15 和图 8-16 所示。

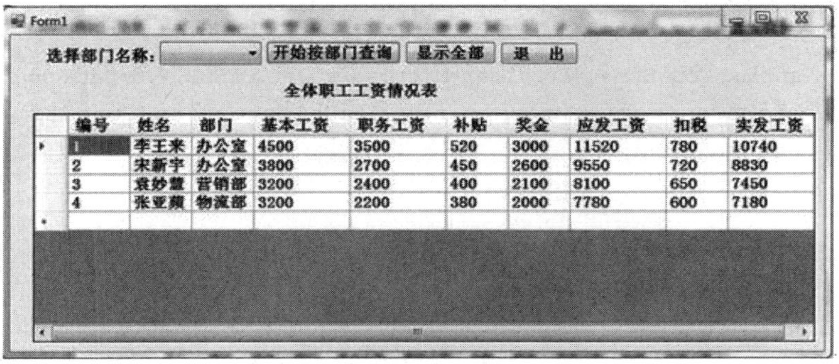

编号	姓名	部门	基本工资	职务工资	补贴	奖金	应发工资	扣税	实发工资
1	李王来	办公室	4500	3500	520	3000	11520	780	10740
2	宋新宇	办公室	3800	2700	450	2600	9550	720	8830
3	袁妙慧	营销部	3200	2400	400	2100	8100	650	7450
4	张亚蘋	物流部	3200	2200	380	2000	7780	600	7180

图 8-15　对全体职工的工资查询

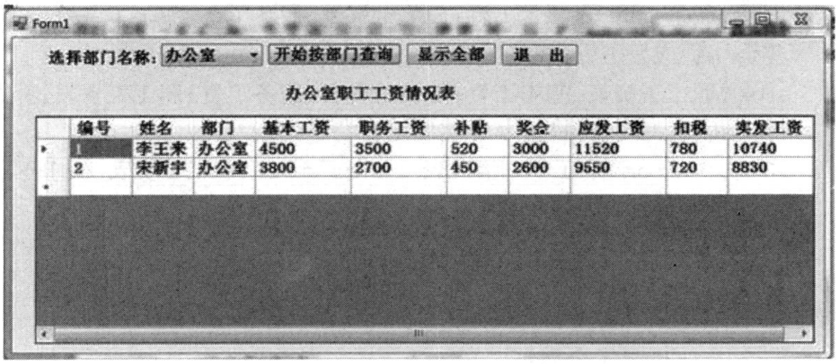

编号	姓名	部门	基本工资	职务工资	补贴	奖金	应发工资	扣税	实发工资
1	李王来	办公室	4500	3500	520	3000	11520	780	10740
2	宋新宇	办公室	3800	2700	450	2600	9550	720	8830

图 8-16　对办公室人员的工资查询

代码如下：

```csharp
namespace 职工工资查询
{
    public partial class Form1: Form
    {
        private OleDbConnection conn;
        private DataSet ds;
        private OleDbDataAdapter da;

        public Form1()
        {
            InitializeComponent();
        }

        private void Form1_Load(object sender, EventArgs e)
        {
            label2.Text = "全体职工工资情况表";
            显示全部();
        }

        private OleDbConnection 创建数据库连接()
        {
            string ConnStr = "Provider=Microsoft.Jet.OLEDB.4.0;Data source=职工.mdb";
            OleDbConnection conn = new OleDbConnection(ConnStr);
            return conn;
        }


        private string 构造查询字符串()
        {
            string s = "select 职工基本情况表.编号,职工基本情况表.姓名,职工基本情
                况表.部门,职工工资表.基本工资,";
            s += "职工工资表.职务工资,职工工资表.补贴,职工工资表.奖金,";
            s += "职工工资表.基本工资+职工工资表.职务工资+职工工资表.补贴+职工工资表.
                奖金 AS 应发工资,职工工资表.扣税,";
            s += "职工工资表.基本工资+职工工资表.职务工资+职工工资表.补贴+职工工资表.
                奖金-职工工资表.扣税 AS 实发工资";
            s += " from(职工基本情况表 inner join 职工工资表 on 职工基本情况表.编
                号=职工工资表.编号)";
            return s;
        }

        private void 显示全部()
        {
            conn = 创建数据库连接();
            string Sqlstr = 构造查询字符串();
```

```
        da = new OleDbDataAdapter(Sqlstr, conn);
        填充绑定();
    }

private void 填充绑定()  /*访问结果填充数据集，置数据集表为dataGridView1
的数据源*/
    {
        ds = new DataSet();
        da.Fill(ds);
        dataGridView1.DataSource = ds.Tables[0];
    }


private void button1_Click(object sender, EventArgs e)//针对按钮"开始查询"
    {
        string 部门名 = comboBox1.Text;
        label2.Text = 部门名 + "职工工资情况表";
        conn = 创建数据库连接();
        string Sqlstr = 构造查询字符串() + "where 职工基本情况表.部门='"+
        comboBox1.Text+"'";
        da = new OleDbDataAdapter(Sqlstr, conn);
        填充绑定();
    }

private void button3_Click(object sender, EventArgs e)
    {
        this.Close();
    }


private void button2_Click(object sender, EventArgs e)//针对按钮"显示全部"
    {
        label2.Text = "全体职工工资情况表";
        显示全部();
    }
    }
}
```

　　本例的特点在于构造查询字符串时需要连接两个表，再就是在功能方面既有全体查询也有局部查询。请注意，为了减免编程语句的重复，我们已经采取了一定的措施，这个问题今后还将深入讨论。

8.4　数 据 绑 定

　　在访问数据库的 Windows 应用程序设计中，大多采用离线访问的方式，即先通过连接、利用 DataAdapter 对象把要访问的数据从数据库中取出,填充到内存数据集 DataSet 对象中;然后摆脱连接,把 DataSet 对象作为数据源开展访问工作。但为了便于用户直观地进行操作,通常把 DataSet 对象中的有关数据通过若干个窗体控件(TextBox、ListBox、DataGridView 等)显示出来。

当用窗体控件来显示数据集中数据表的数据信息时,有一种很重要的技术,称为数据绑定。什么是数据绑定呢?笼统地说,就是使窗体控件固定显示数据集中确定部分的数据,而且确保双方数据的一致性及变化的同步性。具体需要分简单数据绑定和复杂数据绑定两种情况来细述。

8.4.1　简单数据绑定

简单数据绑定是针对诸如文本框、标签这一类控件的,此类控件的特点是其用于显示的属性(通常就是 Text 属性)只能赋值为一个单一的字符串,于是我们就将此显示属性值和数据集表中当前记录的某个字段值实行数据绑定。例如,数据集表 ds.Tabel[0]中有学号、姓名、总分 3 个字段,引进 textBox1、textBox2、textBox3 三个文本框,将它们的 Text 属性值分别和数据表当前记录的上述 3 个字段值实行数据绑定,所用语句是:

```
textBox1.DataBindings.Add("Text", ds.Tables[0],"学号");
textBox2.DataBindings.Add("Text", ds.Tables[0], "姓名");
textBox3.DataBindings.Add("Text", ds.Tables[0], "总分");
```

上述语句的原理是:诸如文本框、标签等控件都具有一种名为 DataBindings 的属性,即可与数据源进行简单数据绑定,绑定的方法是调用 DataBindings 的 Add 方法。Add 方法就是添加一个简单数据绑定的方法,它包含 3 个参数。第 1 个参数是控件要绑定的属性的名称,写在字符串括号内;第 2 个参数是数据源的名称;第 3 个参数是所要绑定到的数据源的字段名(列名),也写在字符串括号内。例如上面第一个语句解释为:调用文本框 textBox1 之 DataBindings 属性的 Add 方法,对 textBox1 的 Text 属性值和数据源 ds.Tables[0] 之当前记录的学号字段值实行简单数据绑定。在此,简单数据绑定的含义是:

(1)文本框 textBox1 专用来显示数据源当前记录之学号字段的值。

(2)当数据源的记录指针变化时,textBox1 的显示也随之变化。

(3)当修改了文本框中的数据,例如将学号值由 A013 改成 A015,则数据源中所对应记录的学号字段值也随之由 A013 变成 A015。

(4)当有其他控件或程序语句修改了数据源表当前记录学号字段的值时,文本框 textBox1 的显示值也会发生同样的变化。

尚须解决的一个问题是,当控件和数据源实行简单数据绑定后,怎样去拨动数据源的记录指针呢?情况是这样的,窗体有一种名为 BindingContext(绑定上下文/绑定环境)的属性,专门用来管理窗体上的各个数据绑定,基本的数据绑定管理分两个方面,一是"属性"方面的管理,负责控件属性和数据源字段之间的关联,二是"当前"状态的管理,如负责调整数据源的当前记录指针。特别有用的是,短语

```
BindingContext[数据源名].Position
```

可用于表示指定数据源当前记录指针的位置（一个非负整数值），可通过对它重新赋值达到拨动记录指针的目的。例如，设 tb 是一个作为数据源的数据表，则：

语句　BindingContext[tb].Position = 0; 可让记录指针指向首记录。

语句　BindingContext[tb].Position = tb.Rows.Count - 1; 可让记录指针指向末记录。

8.4.2　复杂数据绑定

复杂数据绑定是针对诸如 listBox、comboBox、DataGridView 之类的控件的，此类控件的特点是每次可显示一个集合。如 listBox 和 comboBox 控件可显示数据表的一个列（字段），DataGridView 控件可显示整个数据表。总之，一个控件的显示要和数据源表中的多个数据项建立关联，故称之为复杂数据绑定。

为了实现复杂数据绑定，像 listBox 和 comboBox 类的控件，只要执行如下格式的两个语句：

```
控件名.DataSource=作为数据源的数据表名;
控件名.DisplayMember="数据表的某字段名";
```

为了实现数据绑定，凡可进行复杂数据绑定的控件都设置有一种数据源属性 DataSource，用来设置数据源；又设置有显示成员属性 DisplayMember，用来设置该控件专用来显示数据源表中的哪一列（字段——也可以是根据数据表中已有字段构造出来的自定义字段）数据。把这两个属性设置好，数据绑定就完成了。

而对 DataGridView 控件，要实现数据绑定只需执行一个语句：

```
DataGridView. DataSource=作为数据源的数据表名;
```

这是因为控件要显示的内容和数据表完全一致。

复杂数据绑定的含义为：

（1）控件中始终显示数据源表中与之相连接的内容。

（2）当用户通过手工操作或程序语句改变了控件中所显示的数据时，所关联的数据源表中的对应数据也会发生同样的改变。

（3）当有其他控件或程序语句修改了数据源表中与控件相关联的数据时，被绑定的控件的显示也会发生同样的变化。

综上所述，可见访问数据库的 Windows 窗体应用程序中，用户对数据库的访问操作可转化为通过控件对内存数据集的操作。但内存数据集毕竟不等于数据库，必须把数据集在用户操作下所发生的增、删、改种种信息全部反馈到数据库，使数据库照样更新。这又怎样来实现呢？

8.4.3　离线访问下数据库的更新

ADO.NET 设计得很周到，其每一种数据提供程序除包含 Connection、Command、DataReader、DataAdapter 4 个主要类以外，还包含一个 CommandBuilder 类，这个类的对象称为"命令生成器"，它能够根据用户在数据集上对数据源表的增、删、改操作，自动生成对应的 SQL 命令，交付当初填充该数据集的那个 DataAdapter 对象，由这个 DataAdapter 对象提交给数据库，使数据库按照数据集中数据源表的模样完成更新。设数据集对象为 ds，数据适配器对象为 da，则访问数据库后，最后用来更新数据库的语句为：

```
//创建一个OleDbCommandBuilder类对象的实例，和当初填充数据集ds的数据适配器对象da绑定
OleDbCommandBuilder sb = new OleDbCommandBuilder(da)
/*数据适配器对象da执行Update方法，为ds中每个已插入、已删除、已更新的记录，调用对应的
由sb所生成的INSERT、DELETE、UPDATE语句来更新数据库*/
da.Update(ds);
```

为了实现用 Update 方法更新数据库，受访的数据库表必须设置主键，而且 select 语句的选择项中必须包含主键字段。

例 8-7　利用数据绑定连接数据源和窗体控件

本例项目文件夹中 bin 文件夹下 Debug 文件夹中存有数据库"学生.mdb"，其中有一个名为"学生成绩表"的二维表，其每一条记录包含学号、姓名、性别、语文、数学、英语 6 个字段。现要求用一个 DataGridView 控件展示学生成绩表的全体记录，并用 6 个文本框绑定当前记录的各个字段，运行效果如图 8-17 所示。

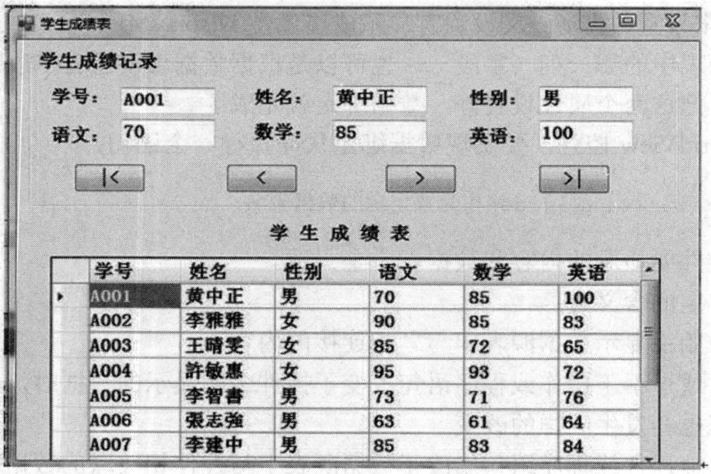

图 8-17　显示全体和当前记录

在图 8-17 中，只要单击下方 DataGridView 表格中某行的任一单元格，该行便成为当前行，该单元格也便呈现蓝色；可用这个办法来拨动记录指针，如图 8-18 所示。由图 8-17 和图 8-18 可见，上方各文本框中的数据始终指向当前记录。

用户也可以通过单击窗体中部的 4 个按钮来拨动记录指针，功能分别是"首记录""下一条""上一条""末记录"。

本例只提供查询、浏览功能，因此，文本框是只读的，在 DataGridView 控件的任务设置菜单中，

取消了对添加、编辑、删除和排序功能的启用，如图 8-19 所示。

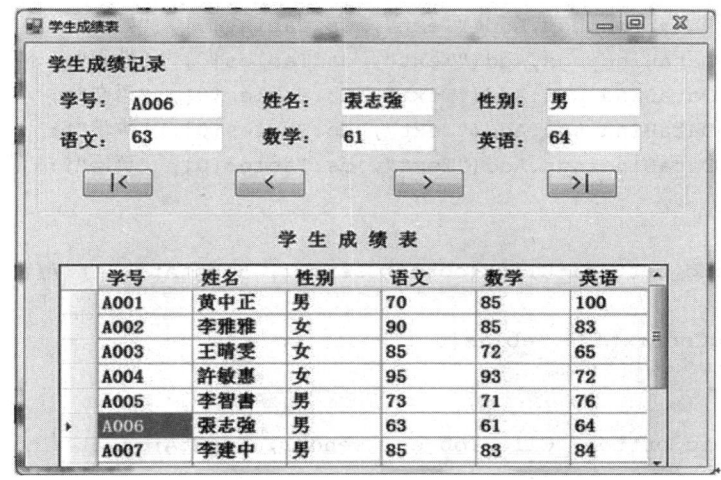

图 8-18 拨动了记录指针

图 8-19 DataGradview 任务设置

本例的主要代码如下：

```
private DataSet ds;
private void Form1_Load(object sender, EventArgs e)
{
 string ConnStr = "Provider=Microsoft.Jet.OLEDB.4.0;Data source=学生.mdb";
 OleDbConnection conn = new OleDbConnection(ConnStr);
 string strsql = "select * from 学生成绩表";
 OleDbDataAdapter da = new OleDbDataAdapter(strsql, conn);

 ds = new DataSet();//实例化数据集对象
 da.Fill(ds);//填充数据集中的指定表
 dataGridView1.DataSource = ds.Tables[0];//为dataGridView1指定数据源

 textBox1.DataBindings.Add("Text", ds.Tables[0],"学号");//文本框的数据绑定
```

```
textBox2.DataBindings.Add("Text", ds.Tables[0], "姓名");
textBox3.DataBindings.Add("Text", ds.Tables[0], "性别");
textBox4.DataBindings.Add("Text", ds.Tables[0], "语文");
textBox5.DataBindings.Add("Text", ds.Tables[0], "数学");
textBox6.DataBindings.Add("Text", ds.Tables[0], "英语");
}

private void button1_Click(object sender, EventArgs e)  //首记录
  {
    BindingContext[ds.Tables[0]].Position = 0;
  }

private void button2_Click(object sender, EventArgs e)//上一条
  {
    if (BindingContext[ds.Tables[0]].Position > 0)
      BindingContext[ds.Tables[0]].Position--;
  }

private void button3_Click(object sender, EventArgs e)//下一条
  {
    if (BindingContext[ds.Tables[0]].Position < ds.Tables[0].Rows.Count - 1) ;
    BindingContext[ds.Tables[0]].Position++;
  }

private void button4_Click(object sender, EventArgs e)//末记录
  {
   BindingContext[ds.Tables[0]].Position=ds.Tables[0].Rows.Count-1;
  }
```

例 8-8　用一个文本框绑定当前记录

例 8-7 中为了绑定当前记录的 6 个字段，用了 6 个文本框，还外加 6 个标签。本例继承例 8-7 用文本框浏览学生成绩记录的功能，但只用一个文本框、一个标签，界面和运行效果如图 8-20 所示。

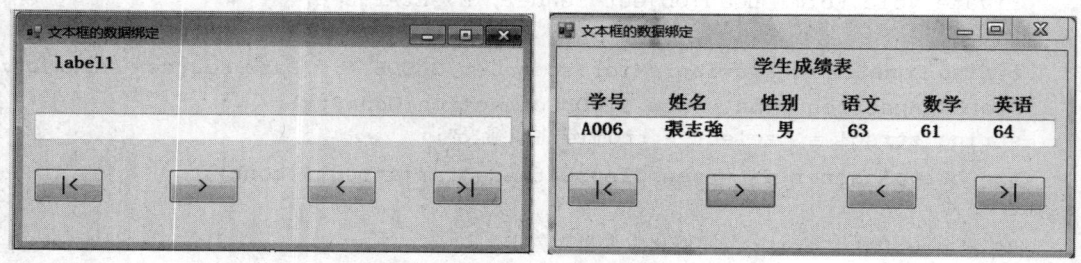

图 8-20　例 8-8 的界面设计和运行效果

按文本框的绑定法则，一个文本框的属性只能和数据源的一个字段绑定，现要把文本框的 Text 属性与数据源表当前记录的全部内容绑定，方法是在构造 SQL 语句时，把原来

一条记录的全部内容自定义为一个字段。

```
string strsql = "select (' '+学号+'     '+姓名+'     '+性别+'     '+语文+'     '+
数学+'     '+英语)as 综合 from 学生成绩表";
```

相应地，文本框和数据源的数据绑定语句改为：

```
textBox1.DataBindings.Add("Text", tb, "综合");
```

另外，为了用一个标签既显示数据表的名称，又显示各字段名，还要加上空格、空行，只有改用程序语句为标签的 Text 属性赋值：

```
string s = "                    学生成绩表\r\n\r\n";
s += "学号     姓名     性别     语文     数学     英语";
label1.Text = s;
```

本例编程中还有一个特点，就是考虑到程序只访问一个表，用可容纳多个表的数据集来存储未免大材小用，于是，代替数据集，只创建了一个数据表对象，然后用数据适配器对象来填充该数据表。

```
//Form1类中先定义成员变量
private DataTable tb;
//在类的成员方法中
    tb = new DataTable();
    da.Fill(tb);
```

效果和使用数据集是一样的。

例 8-9 列表框的数据绑定

本例的界面设计和运行效果如图 8-21 所示。

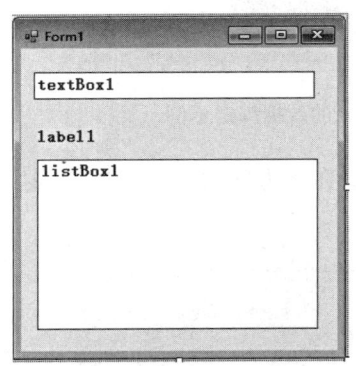

图 8-21 本例的界面设计和运行效果

易见，本例和例 8-7 的功能基本相同，不同在于省略了拨动记录指针的按钮，文本框的数据绑定采用了例 8-8 的办法，再就是数据表的显示用列表框代替了 DataGridView，本例的重点是列表框的数据绑定。为了在列表框中列出每一条记录，采用了和例 8-8 同样的策略，主要代码如下：

```
string ConnStr = "Provider=Microsoft.Jet.OLEDB.4.0;Data source=学生.mdb";
 OleDbConnection conn = new OleDbConnection(ConnStr);
     string strsql = "select (' '+学号+'     '+姓名+'      '+语文+'      '+数学
    +'     '+英语)as 综合 from 学生成绩表";
 OleDbDataAdapter da = new OleDbDataAdapter(strsql, conn);
 ds = new DataSet();//实例化数据集对象
    da.Fill(ds);//填充数据集中的指定表

    listBox1.DataSource = ds.Tables[0];
    listBox1.DisplayMember = "综合";
    textBox1.DataBindings.Add("Text", ds.Tables[0], "综合");

    string s = "                 学生成绩表\r\n";
    s += "学号      姓名      语文      数学   英语";
    label1.Text = s;
```

例 8-10　控件 DataGridView 的数据绑定

项目文件夹\bin\Debug\存放有数据库"通讯录.mdb"，其中包含"一中同学"和"清华同学"两个二维表。欲设计一个 Windows 窗体应用程序，界面如图 8-22 所示。

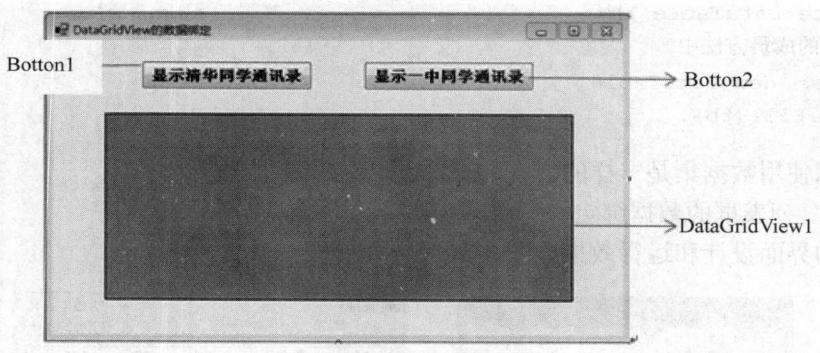

图 8-22　控件 DataGridView 的数据绑定示例

要求单击任一按钮，便执行按钮的键面文本，在下方的 DataGridView 窗口显示出所要求的通讯录，如图 8-23 所示。

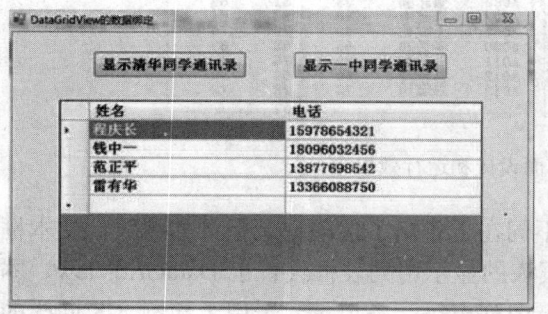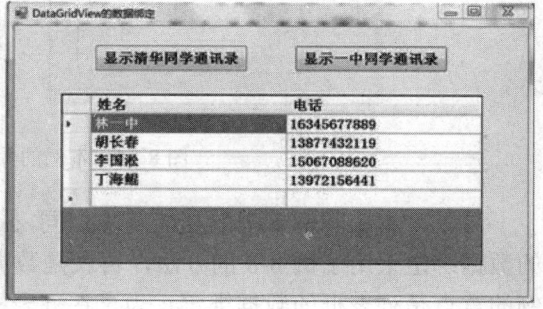

图 8-23　本例的运行效果

　　对本例的解法可做两种考虑。第一种是一个数据集，每次只装进所需的那个表，绑定显示之；第二种是一个数据集，依次装进两个表，按需择表绑定显示之。主要代码分列如下。

代码一：

```
DataSet ds;
OleDbConnection conn;

private void 连接数据库()
 {
   string ConnStr = "Provider=Microsoft.Jet.OLEDB.4.0;Data source=通讯录.mdb";
   conn = new OleDbConnection(ConnStr);
 }

private void 填充绑定(string tj)
 {
   string strsql = "select * from  " + tj;
   OleDbDataAdapter da = new OleDbDataAdapter(strsql, conn);
   ds = new DataSet();//实例化数据集对象
   da.Fill(ds);//填充数据集中的指定表
   dataGridView1.DataSource = ds.Tables[0];
 }

     private void button1_Click(object sender, EventArgs e)
      {
         连接数据库();
         string tj = "清华同学";
         填充绑定(tj);
      }

     private void button2_Click(object sender, EventArgs e)
      {
         连接数据库();
         string tj = "一中同学";
         填充绑定(tj);
      }
```

代码二：

```
private void 连接数据库()
     {
         string ConnStr = "Provider=Microsoft.Jet.OLEDB.4.0;Data source=
         通讯录.mdb";
         conn = new OleDbConnection(ConnStr);
     }

     private void 填充()
     {
         string strsql1 = "select * from 清华同学";
```

```
    string strsql2 = "select * from 一中同学";
    ds = new DataSet();
    OleDbDataAdapter da = new OleDbDataAdapter(strsql1, conn);
    da.Fill(ds, "清华同学");
    da = new OleDbDataAdapter(strsql2, conn);
    da.Fill(ds, "一中同学");
}

private void button1_Click(object sender, EventArgs e)
{
    连接数据库();
    填充();
    dataGridView1.DataSource = ds.Tables[0];
}

private void button2_Click(object sender, EventArgs e)
{
    连接数据库();
    填充();
    dataGridView1.DataSource = ds.Tables[1];
}
```

例 8-11　利用 **DataGridView** 更新数据库

设数据库"学生.mdb"|中有一张订购教材用的"教材表"，已填写了一部分，如图 8-24 所示。

编号	教材名称	教材单价	单击以添加
1	人教版初一上语文	12	
2	人教版初一上数学	16	
3	人教版初一上英语	14	
*	(新建)		

图 8-24　待修订的教材表

设计一个程序，用 DataGridView 控件显示这张表，并供续填和修订。本例旨在体验控件 DataGridView 的编辑功能及运用数据适配器的 update 方法更新数据库。界面设计如图 8-25 所示。

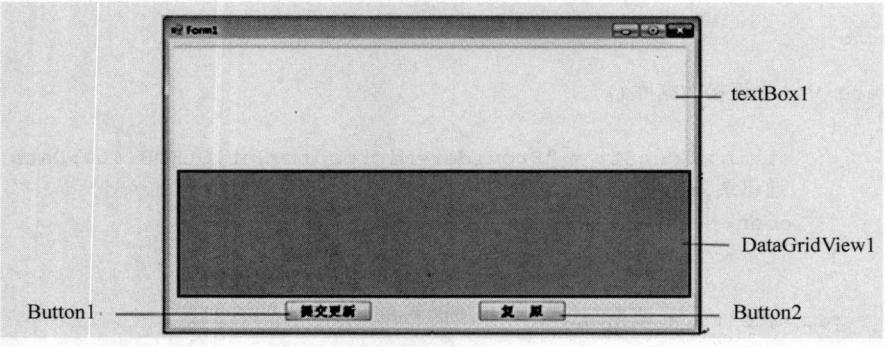

图 8-25　例 8-11 的界面设计

启动后初始界面如图 8-26 所示。

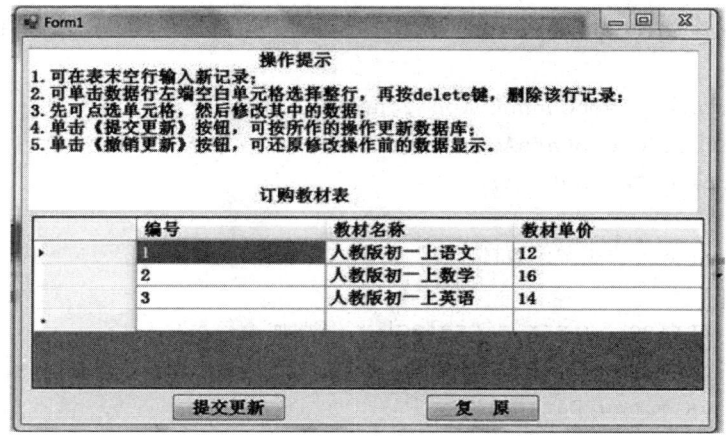

图 8-26　例 8-11 运行初始界面

用户只需按操作提示进行增、删、改操作，例如新增一条 4 号记录，删除 3 号记录，1 号记录的单价改为 18 元，界面显示如图 8-27 所示。

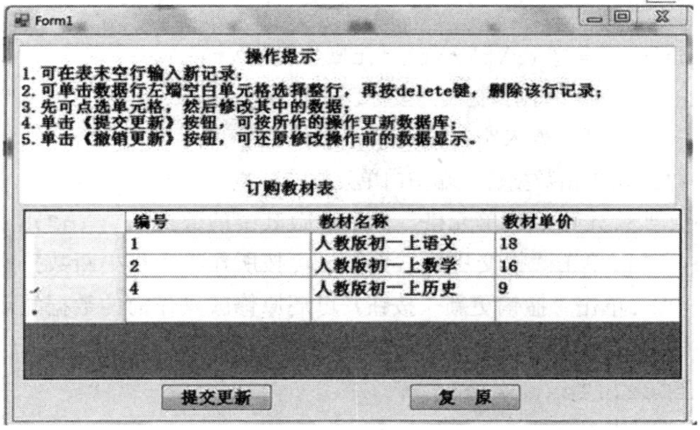

图 8-27　经历了增、删、改操作

单击"提交更新"按钮，然后把数据库打开看看，可见"教材表"已如愿更新，如图 8-28 所示。

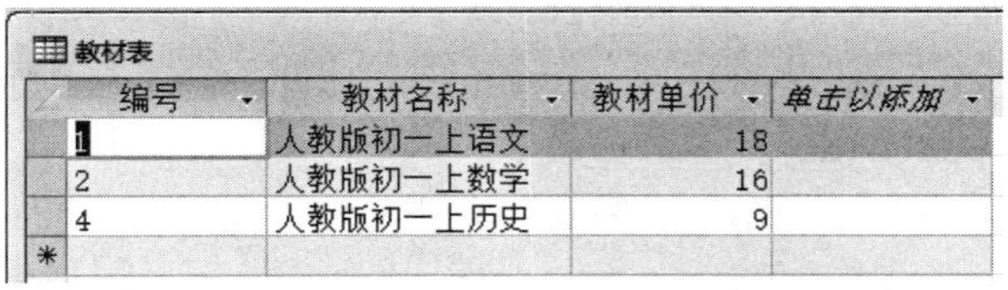

图 8-28　更新后的教材表

如果想将本次所作的增、删、改操作作废，恢复到原有状态，可单击"复原"按钮（千万不要单击"提交更新"按钮）。

本例的主要代码如下：

```
private string ConnStr = "Provider=Microsoft.Jet.OLEDB.4.0;Data source=
学生.mdb";
    private OleDbConnection conn;
    private OleDbDataAdapter da;
    private DataSet ds;

    private void 显示教材表()
    {
        string Sqlstr = "select *  from 教材表";
        da = new OleDbDataAdapter(Sqlstr, conn);
        ds = new DataSet();
        da.Fill(ds);
        dataGridView1.DataSource = ds.Tables[0];
    }

    private void Form1_Load(object sender, EventArgs e)
    {
        string s = "\r\t\r\t\r\t操作提示\r\n";
        conn = new OleDbConnection(ConnStr);
        s += "1.可在表末空行输入新记录；\r\n";
        s += "2.可单击数据行左端空白单元格选择整行，再按Delete键，删除该行记录；\r\n";
        s += "3.先可点选单元格，然后修改其中的数据；\r\n";
        s += "4.单击"提交更新"按钮，可按所作的操作更新数据库；\r\n";
        s += "5.单击"撤销更新"按钮，可还原修改操作前的数据显示。\r\n\r\n\r\n";
        s += "\r\t\r\t\r\t订购教材表\r\n";
        textBox1.Text = s;
        显示教材表();
    }

    private void button1_Click(object sender, EventArgs e)//"提交更新"
按钮的事件处理
    {
        OleDbCommandBuilder sb = new OleDbCommandBuilder(da);
        da.Update(ds);
    }

    private void button2_Click(object sender, EventArgs e)//"复原"按钮
的事件处理
    {
        显示教材表();
    }
```

8.5　三　层　架　构

8.5.1　三层架构的基本概念

本章以上各节所举案例的编程有一个共同点，就是编写的全部代码都挤在同一个类 Form1.cs 中，这样的做法使得代码从整体上看缺乏条理，各种在逻辑上、功能上无关的代码裹扎在一起紧密耦合，使程序的调试、维护和扩充都感到困难。另外，就是当包含多种数据库操作时，会出现多处局部代码雷同的现象，曾在例 8-2 和例 8-6 中提及这个问题。下面从程序的架构入手展开讨论。

正如在计算机网络的发展历程中，为了使复杂的网络变得有条理，变得容易理解，也容易实现，提出了网络层次结构的理论，有效地推动了网络实践的飞速进步。为了推动数据库应用程序的编制，微软公司提出了一个三层架构的层次模型。把全部要做的事情划分为从上到下有序的三个层次：表示层（UI）、业务逻辑层（BLL）和数据访问层（DAL）；层次之间的关系是上层调用下层的指令，下层为上层提供服务，如图 8-29 所示。

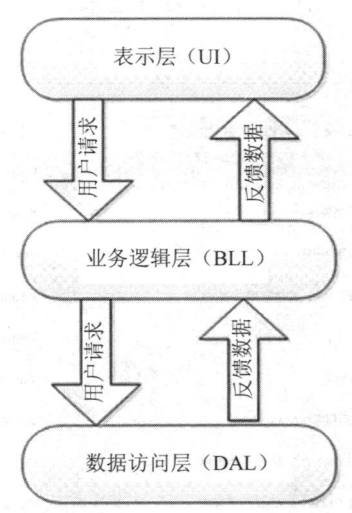

图 8-29　三层架构

表示层就是用户界面层，为用户提供一种交互式的操作界面，用户通过表示层输入数据、获取数据。表示层为了实现所需的功能，获取所需的数据，完全不去考虑具体的数据库操作，而是仅仅站在用户的角度向业务逻辑层提出要想达到什么目的的请求。

数据访问层直接面对数据库的具体操作。其中罗列了本应用程序所要用到的，经过分解和提炼的一个个基本操作。

而业务逻辑层的任务，就是针对来自表示层的每一个用户请求，考虑怎样组合数据访问层的哪些基本操作来实现这个请求。

可见，由于在表示层和数据访问层之间加了业务逻辑层这样一个中间层，数据访问层的同一个基本操作，自然地会被用在多个业务逻辑层的用户请求处理中，提高了代码的利用率。

　　由于层与层之间的依赖是向下的，下层对上层是"无知"的，只要接口的定义（下层中定义为 public 的字段、属性和方法）维持不变，改变上层的设计对其所调用的下层而言没有任何影响。因此，三层结构具有解耦的作用。

　　总之，三层架构使让程序的结构清晰，减少了程序的耦合性，提高了代码的利用率。

　　在 VS 2012 环境下，把表示层设置为 Windows 窗体应用程序，除初始系统所给的一个 Form1.cs 类外，可根据需要再添加新的窗体类。而业务逻辑层和数据访问层的设置，都是通过在原有的解决方案下添加类库来实现，类库中初始只有一个类，可根据需要添加新的类。还要设置在表示层中引用业务逻辑层，在业务逻辑层中引用数据访问层。三层架构是数据库编程的一种策略和技巧，必须在编程实践中逐渐加深认识。

8.5.2　三层架构例说

　　例 8-12　重构例 8-2

　　用三层框架来重构例 8-2，先把三层框架搭起来。在 VS 2012 起始页新建项目，如图 8-30 所示。

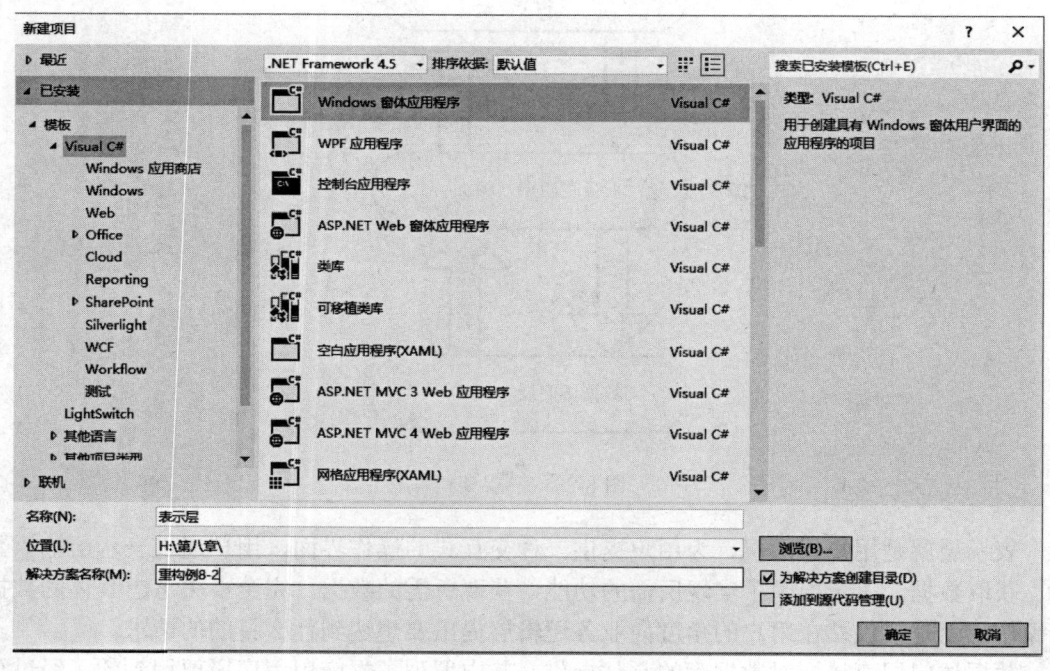

图 8-30　起步创建表示层

　　单击"确定"按钮后，表示层窗体 Form1 的界面设计和例 8-2 完全一样，如图 8-31 所示。

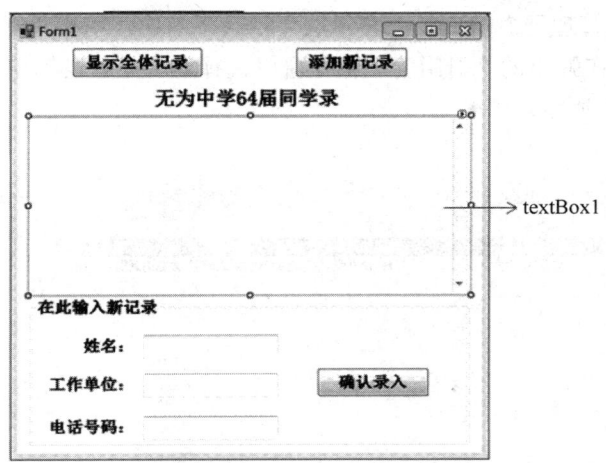

图 8-31　表示层窗体界面

在"解决方案资源管理器"窗口右击解决方案标题，在弹出的快捷菜单中单击"添加"→"新建项目"命令，在弹出的"添加新项目"窗口中的操作如图 8-32 所示。

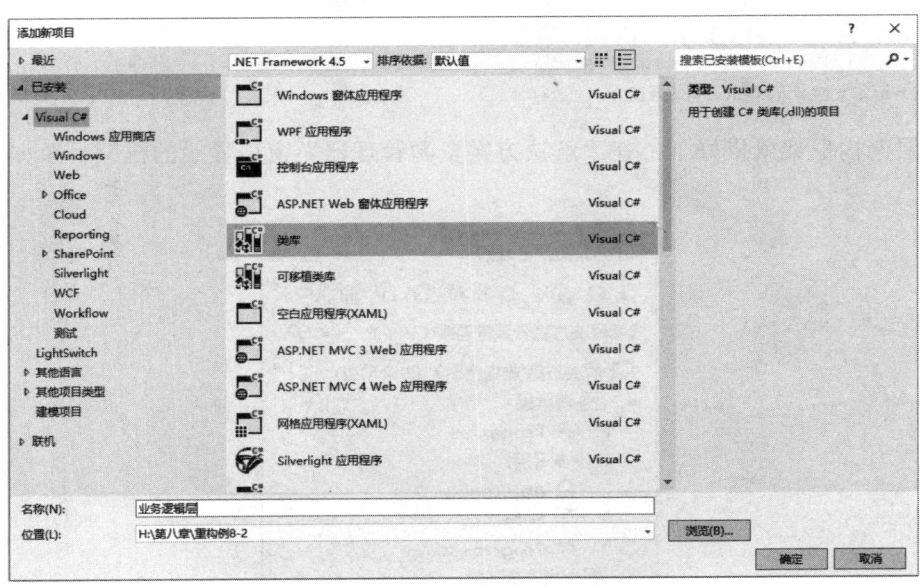

图 8-32　添加名为"业务逻辑层"的类库

单击"确定"按钮后，把类库"业务逻辑层"中第一个类的类名由"Class1"改为"同学录表管理"。

类似地，再添加一个名为"数据访问层"的类库，把所给第一个类的类名改为"数据访问操作"。

接着，在代码页 Form1.cs 中，引用区添加语句：

```
using 业务逻辑层;
```

并在"解决方案资源管理器"窗口的"表示层"目录下右击"引用",弹出菜单中单击"添加引用"命令,然后在弹出的"引用管理器"窗口选择对"业务逻辑层"的引用,单击"确定"按钮,如图 8-33 所示。

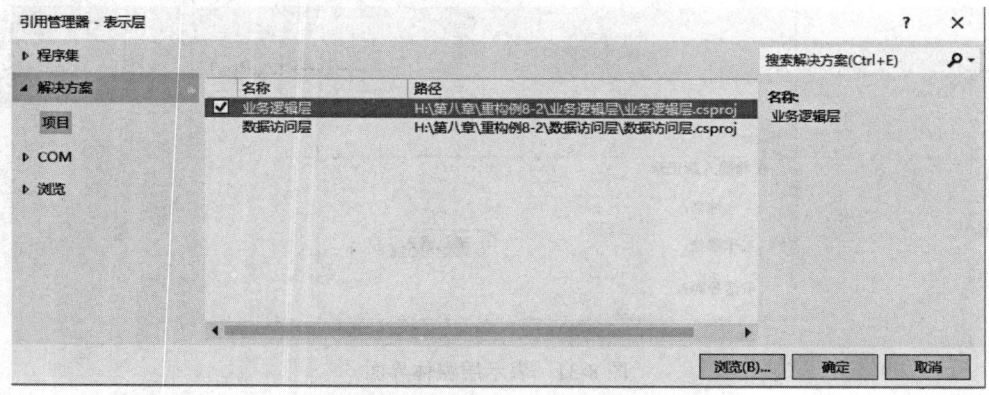

图 8-33　在表示层添加对业务逻辑层的引用

类似地,再在业务逻辑层添加对数据访问层的引用。另外,在数据访问层的代码页"数据访问操作.cs"还要添加引用语句:

```
using Ssteym.Data.OleDb;
```

三层架构框架就搭好了,在"解决方案资源管理器"窗口显示的框架目录如图 8-34 所示。

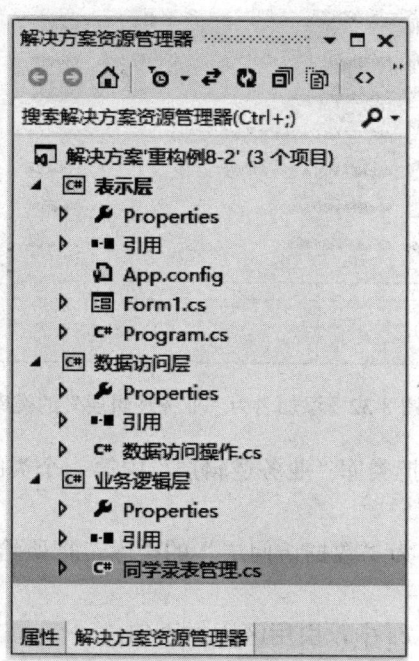

图 8-34　三层架构的组成

下面着手编写各层的代码。

1）表示层 Form1.cs 中代码的编写

表示层窗体的主要功能要求是，当单击"显示全体记录"按钮时，文本框 textBox1 中能显示全体同学记录；当单击"确认录入"按钮时，能按照左边所输入的数据在同学录表中插入一条新记录，并且在文本框 textBox1 中显示添加了新记录后的全体同学记录。两个按钮的要求可归结为两点。

（1）显示同学录表的全体记录。

因为要避开 ADO.NET 和 SQL，从非专业的用户角度来说话，又因为直观上是要在文本框 textBox1 中显示全体记录，所以把这项功能表示为：

```
textBox1.Text=表述同学录表全体记录的字符串；
```

但是表示层本身没有构造上述字符串的功能，需要调用业务逻辑层来完成，设想业务逻辑层的"同学录表管理"类中有一个静态方法：

```
public static string 给出表述同学录表全体记录的字符串()
{
…;
}
```

于是，在表示层中可以这样写：

```
private void 显示全体记录()
{
    textBox1.Text = 同学录表管理. 给出表述同学录表全体记录的字符串();
}
```

而按钮"显示全体记录"的单击事件处理程序代码为：

```
private void button1_Click(object sender, EventArgs e)
 {
    显示全体记录();
    button2.Visible = true ;
 }
```

（2）根据界面上的输入数据向同学录表插入一条新记录。

表示层只能担负输入数据的任务，据此插入新记录则只能拜托业务逻辑层了。因此按钮"确认录入"的单击事件处理程序的代码为：

```
private void button3_Click(object sender, EventArgs e)
{
    string 姓名 = textBox2.Text;
    string 工作单位 = textBox3.Text;
    string 电话号码 = textBox4.Text;
    同学录表管理.向同学录表插入一条新记录(姓名, 工作单位, 电话号码);
    groupBox1.Visible = false;
```

```
    button2.Visible = true;
    显示全体记录();
}
```

这里，设想业务逻辑层的"同学录表管理"类中有一个静态方法：

```
public static void 向同学录表插入一条新记录(string 姓名, string 工作单位, string
电话号码)
{
...;
}
```

至于业务逻辑层的两个方法具体怎么编，要看数据访问层提供哪些原材料了。

2）数据访问层代码的编写

在数据访问层的数据访问操作类中，罗列完成本解决方案必需的各种数据访问操作，编制为静态方法。

```
public class 数据访问操作
 {
    public static OleDbConnection conn;
    public static OleDbCommand comm;
    public static void 创建数据库连接()
      {
        string connstr = "Provider=Microsoft.Jet.OLEDB.4.0;Data source=通讯录.mdb";
        conn = new OleDbConnection(connstr);
        conn.Open();
      }

    public static OleDbCommand 创建命令对象(string  strsql)  //strsql为SQL语句
    {
      comm = new OleDbCommand(strsql, conn);
      return comm;
    }

public static OleDbCommand 创建查看同学录表全体记录的命令对象()
    {
        string strsql="select * from 无为中学64届同学录";
        comm = 创建命令对象(strsql);
        return comm;
    }


  public static string 用数据阅读器读取查询结果存放于字符串()
    {
        OleDbDataReader dr = comm.ExecuteReader();
```

```
        string s = "姓名\r\t工作单位\r\t\r\t\r\t电话号码\r\n";//表头
        while (dr.Read())//循环逐行读取DataReader对象中的数据
        {
         //以表格形式读取查询所得各行信息
         s += dr["姓名"] + "\r\t" + dr["工作单位"] + "\r\t\r\t" + dr["电话号码"] + "\r\n";
        }
        dr.Close();//关闭DataReader对象
        conn.Close();//关闭数据库连接
        return s;
    }
```

```
public static string 用数据阅读器读取查询结果存放于字符串()
    {
      OleDbDataReader dr = comm.ExecuteReader();
      string s = "姓名\r\t工作单位\r\t\r\t\r\t电话号码\r\n";//表头
      while (dr.Read())//循环逐行读取DataReader对象中的数据
       {
          //以表格形式读取查询所得各行信息
          s += dr["姓名"] + "\r\t" + dr["工作单位"] + "\r\t\r\t" + dr["电话号码"] + "\r\n";
       }
      dr.Close();//关闭DataReader对象
      conn.Close();//关闭数据库连接
      return s;
    }
```

```
  public static void 向同学录表插入新记录(string 姓名, string 工作单位, string 电话号码)
{
string strsql = "insert into 无为中学64届同学录 values ('" + 姓名 + "','" + 工
作单位 + "','" + 电话号码 + "')";
comm = 创建命令对象(strsql);
comm.ExecuteNonQuery();
conn.Close();
}
```

3）业务逻辑层代码的编写

现在可以为业务逻辑层同学录管理类中两个预定的方法填写代码了。

```
public static string 给出表述同学录表全体记录的字符串()
 {
     数据访问操作.创建数据库连接();
     数据访问操作.comm = 数据访问操作.创建查看同学录表全体记录的命令对象();
     string s = 数据访问操作.用数据阅读器读取查询结果存放于字符串();
     return s;
 }
```

```
public static void 向同学录表插入一条新记录(string 姓名, string 工作单位, string
```

电话号码)
{
数据访问操作.创建数据库连接();
数据访问操作.向同学录表插入新记录(姓名，工作单位，电话号码);
}

例 8-13   重构例 8-6

按三层架构的思想重构例 8-6，解决方案的目录如图 8-35 所示。

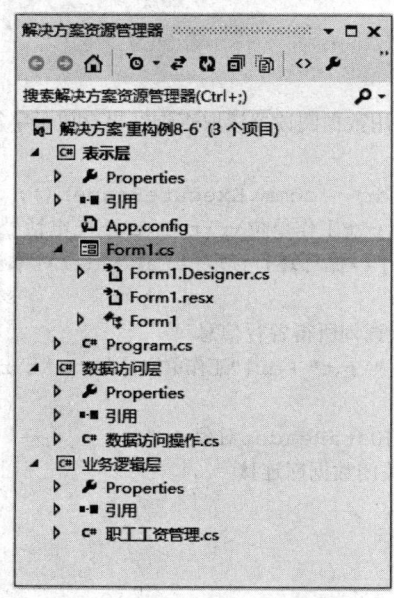

图 8-35   例 8-6 的三层架构解决方案

本例和例 8-12 最大的不同在于对数据库的访问舍弃了在线方式而采用了离线方式，启用了 DataSet 和 DataAdapter，表示层界面的数据显示控件也改用了 DataGridView。本例表示层的用户请求主要是两项。

（1）显示全体职工的工资情况表。代码描述为：

```
label2.Text = "全体职工工资情况表";
dataGridView1.DataSource = 职工工资管理.给出全体职工的工资情况表();
```

（2）显示指定部门职工的工资情况表。代码描述为：

```
string 部门名 = comboBox1.Text;
label2.Text = 部门名 + "职工工资情况表";
dataGridView1.DataSource = 职工工资管理.给出部门职工的工资情况表(部门名);
```

在数据访问层，把本例所涉及的数据访问操作拆解为：

```
public class 数据访问操作
    {
        public static OleDbConnection conn;
```

```csharp
public static OleDbDataAdapter da;
public static DataSet ds;

public static OleDbConnection 创建数据库连接()
{
    string ConnStr = "Provider=Microsoft.Jet.OLEDB.4.0;Data source=
    职工.mdb";
    conn = new OleDbConnection(ConnStr);
    return conn;
}

public static string 构造查询字符串()
{
    string s = "select 职工基本情况表.编号,职工基本情况表.姓名,职工基本情
    况表.部门,职工工资表.基本工资,";
    s += "职工工资表.职务工资,职工工资表.补贴,职工工资表.奖金,";
    s += "职工工资表.基本工资+职工工资表.职务工资+职工工资表.补贴+职工工资表.
    奖金 AS 应发工资,职工工资表.扣税,";
    s += "职工工资表.基本工资+职工工资表.职务工资+职工工资表.补贴+职工工资表.
    奖金-职工工资表.扣税 AS 实发工资";
    s += " from(职工基本情况表 inner join 职工工资表 on 职工基本情况表.编
    号=职工工资表.编号)";
    return s;
}

public static string 构造按部门的查询字符串(string 部门名)
{
    string s = 构造查询字符串() + "where 职工基本情况表.部门='" + 部门名 + "'";
    return s;
}

public static OleDbDataAdapter 创建数据适配器对象(string Sqlstr)
{
    da = new OleDbDataAdapter(Sqlstr, conn);
    return da;
}

public static DataTable 填充数据集并给出数据集表()
{
    ds = new DataSet();
    da.Fill(ds);
    return ds.Tables[0];
}
}
```

业务逻辑层的职工工资管理类组合数据访问层提供的方法，完成用户的请求，代码如下：

```
public class 职工工资管理
    {
        public static DataTable 给出全体职工的工资情况表()
        {
            数据访问操作.创建数据库连接();
            string Sqlstr = 数据访问操作.构造查询字符串();
            OleDbDataAdapter da = 数据访问操作.创建数据适配器对象(Sqlstr);
            DataTable tb = 数据访问操作.填充数据集并给出数据集表();
            return tb;
        }

        public static DataTable 给出部门职工的工资情况表(string 部门名)
        {
            数据访问操作.创建数据库连接();
            string Sqlstr = 数据访问操作.构造按部门的查询字符串(部门名);
            OleDbDataAdapter da = 数据访问操作.创建数据适配器对象(Sqlstr);
            DataTable tb = 数据访问操作.填充数据集并给出数据集表();
            return tb;
        }
    }
```

例 8-14　三层架构的学生成绩管理系统

管理的对象是数据库"学生.mdb"中的"学生成绩表"，管理的内容包括浏览全表，增、删、改、查；但必须登录成功才能进入该管理系统，为此数据库中还有一张"合法用户表"，必须登录输入的用户名和密码在合法用户表中能查到，才能成功登录。登录界面如图 8-36 所示。

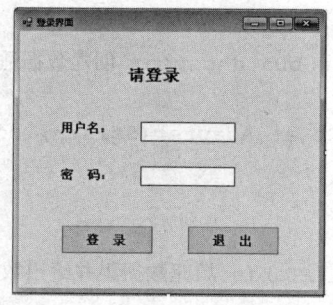

图 8-36　登录界面

成功登录后进入系统界面，系统界面设计如图 8-37 所示。

界面上方是一个工具栏，用以号令进行学生成绩表的增、删、改、查等操作。工具栏下面标识为"学生成绩记录"的分组框 GroupBox1 中放置了一组用以录入或修改一条记录所需的控件。界面下方标识为"学生成绩表显示"的分组框 GroupBox2 中放置了控件

DataGridView1，用来展示数据访问操作的结果。

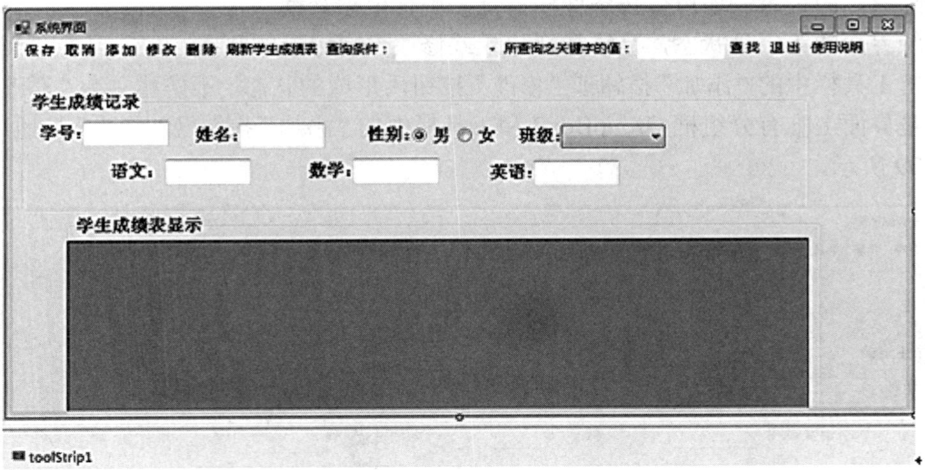

图 8-37　"学生成绩管理系统"界面设计

多种操作挤在同一个界面上，要做到互不干扰、和谐共处，是需要细心设计的。窗体界面的状态分为两种。第一种是"浏览状态"，其特点是界面上唯有分组框 GroupBox1 不可用。GroupBox1 的 Enable 属性值初始为 False，GroupBox2 的 Enable 属性值初始为 True，两者的 Enable 状态始终相反，即把记录的输入、修改状态和记录的浏览状态严格区别开来。当登录成功，刚进入系统界面时，呈现的就是"浏览状态"，如图 8-38 所示。

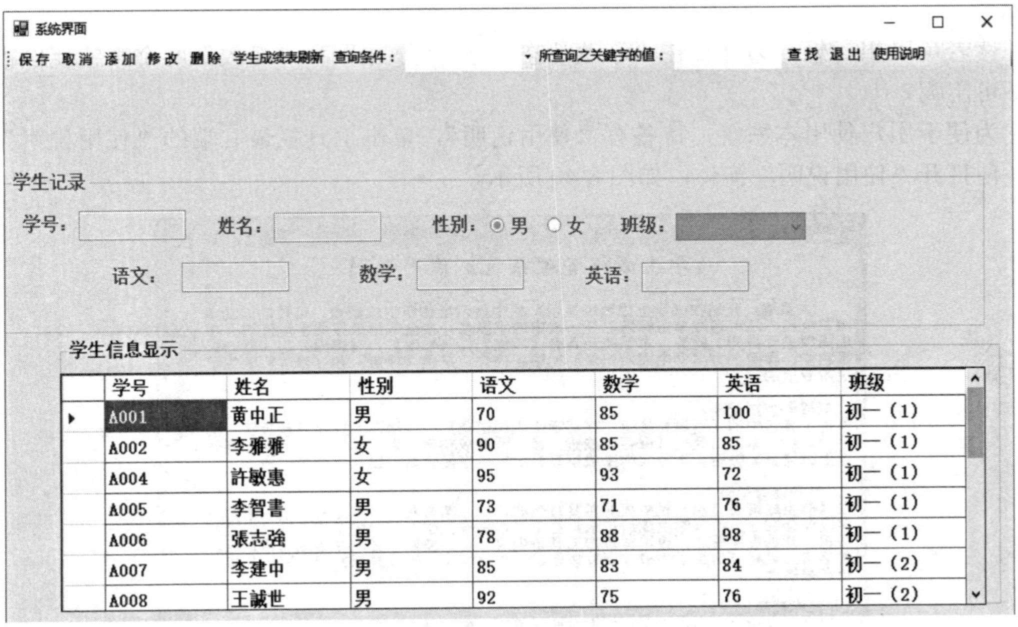

图 8-38　"学生成绩管理系统"的"浏览"状态

在"浏览"状态下,可以拉动滚动条查看全体记录,可以按任一字段升序或降序排列,并可删除选定的记录,还可以按条件和关键字进行模糊查询。

系统界面的第二种状态,是添加新记录或修改已有记录的状态,也就是在"浏览"状态下单击工具栏中的"添加"按钮或"修改"按钮后形成的状态,不妨称之为"添改状态"。其特点是界面上唯有分组框 GroupBox2 和工具栏中的"添加"按钮及"修改"按钮不可用,如图 8-39 所示。

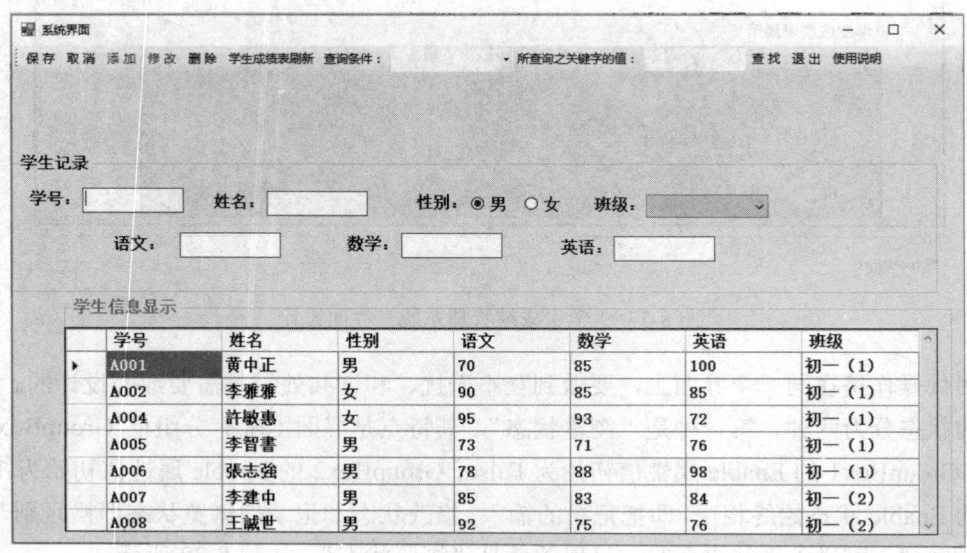

图 8-39 "学生成绩管理系统"的"添改状态"

读者可以想一想,为什么在"添改状态"下,"添加"和"修改"两个按钮反倒被置为不可用呢?

为便于用户使用本系统,特备有"使用说明",单击工具栏最右端的"使用说明"按钮,便打开"使用说明"窗体,如图 8-40 所示。

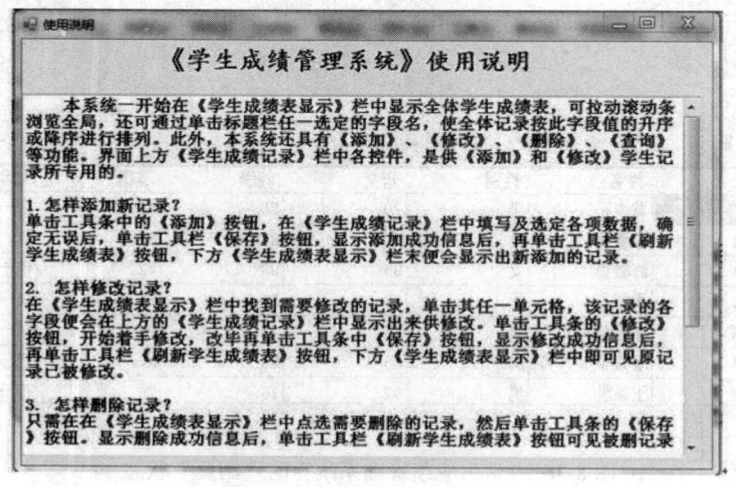

图 8-40 可随时打开及关闭的使用说明窗体

这样，本系统的表示层共包括 3 个 Windows 窗体。

本系统的业务逻辑层划分为"登录检验"和"学生成绩管理"两个类。而数据访问层既要访问合法用户表，又要访问学生成绩表，这两个表的访问操作既有通用性质的，也有专用性质的，因此设置了"通用数据访问操作""合法用户表访问操作""学生成绩表访问操作"三个类。整个解决方案的三层架构目录如图 8-41 所示。

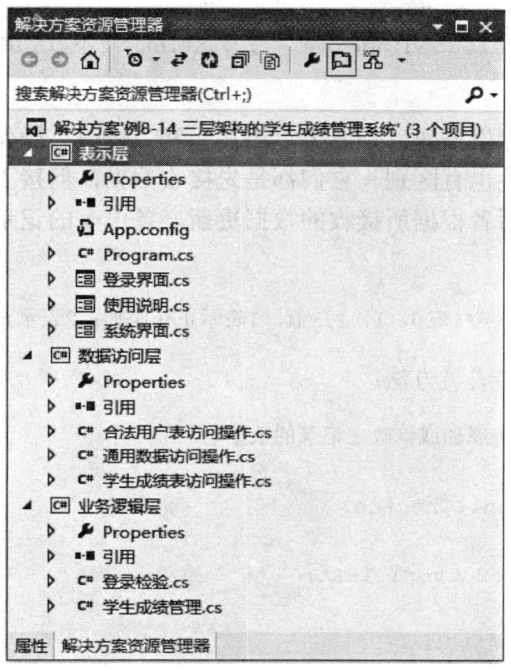

图 8-41 "学生成绩管理系统"的三层架构

下面介绍各层的编码。

1）表示层的编码

这里只介绍"系统界面.cs"的编码。

（1）首先，系统界面总是处在两种状态之一，为了状态切换的需要，编制了名为"系统状态逆变"的成员方法。

```
//添加、修改是一种状态；浏览、查询、删除又属一种状态。两种状态可以切换
private void 系统状态逆变()//进入添加、修改状态后添加按钮和修改按钮随之失效
{
    groupBox1.Enabled = !groupBox1.Enabled;
    toolStripButton3.Enabled = !toolStripButton3.Enabled;//添加按钮
    toolStripButton4.Enabled = !toolStripButton4.Enabled;//修改按钮
    groupBox2.Enabled = !groupBox2.Enabled;
}
```

（2）groupBox1 中的输入控件经常需要清空初始化，特编一个成员方法：

```
//输入控件清空初始化
```

```
private void 输入控件清空()
{
    textBox1.Text = "";
    textBox2.Text = "";
    textBox3.Text = "";
    textBox4.Text = "";
    textBox5.Text = "";
    comboBox1.SelectedIndex = -1;//这时组合框不显示供选项
}
```

（3）工具栏的"保存"按钮，是专为"添加"和"修改"操作做善后工作的，这两种操作的保存工作既有共性也有区别。它们都是先接收数据，但接下来前者根据所接收的数据插入一条新记录，而后者根据所接收的数据更新一条已有的记录。因此，在类中定义一个成员变量：

```
private int i=0;  //i取0，1，2三值，1表示正在添加；2表示正在修改；0表示非添加修改
```

又定义一个供公用的成员方法：

```
private void 接收所添加或修改之记录的数据()
{
    if (radioButton1.Checked)
    {
        性别 = radioButton1.Text;
    }
    else
    {
        性别 = radioButton2.Text;
    }
    学号 = textBox1.Text;
    班级 = comboBox1.Items[this.comboBox1.SelectedIndex].ToString();
    姓名 = textBox2.Text;
    语文 = textBox3.Text;
    数学 = textBox4.Text;
    英语 = textBox5.Text;
}
```

其中"学号""班级"……，"英语"都是事先定义的成员变量。然后把"保存"按钮的单击事件处理程序代码设计为：

```
private void toolStripButton1_Click(object sender, EventArgs e)
{
 switch (i)
 {
  case 1:   //添加新记录后保存
   {
```

```
    接收所添加或修改之记录的数据();
    //调用业务逻辑层的功能
    学生成绩管理.追加学生记录( 学号， 姓名，性别,语文，数学， 英语， 班级);
    MessageBox.Show("添加学生信息成功!");
     系统状态逆变();
     输入控件清空复原();
      break;
    }
  case 2:  //修改后保存
   {
    接收所添加或修改之记录的数据();
    //调用业务逻辑层的功能
    学生成绩管理.学生记录更新(学号， 姓名， 性别， 语文， 数学， 英语， 班级);
    MessageBox.Show("修改学生信息成功!");
    系统状态逆变();
    输入控件清空复原();
    break;
    }
  default:
    break;
   }
 }
```

（4）工具栏 "修改"和"添加"按钮所对应的代码如下：

```
//目的是构造用于修改和添加的环境
//单击了"修改"按钮
  private void toolStripButton4_Click(object sender, EventArgs e)
  {
      if (textBox1.Text != "")  //确保事先已从dataGridView1点选了记录
      {
          系统状态逆变();
          i = 2;
      }
  }
//单击了"添加"按钮
  private void toolStripButton3_Click(object sender, EventArgs e)
  {
      系统状态逆变();
      输入控件清空复原();
      i = 1;
  }
```

（5）在浏览 DataGridView1 中的数据表时，要求单击其任一单元格，所在行记录各字段的数据便会在"学生成绩记录"栏各相关控件中显示出来。为此编写一个成员方法：

```
//从dataGridView1获取数据显示于窗体控件
private void 从dataGridView1获取数据显示于窗体控件()
{
textBox1.Text=dataGridView1[0, dataGridView1.CurrentCell.RowIndex].Value.
ToString();
textBox2.Text = dataGridView1[1, dataGridView1.CurrentCell.RowIndex].Value.
ToString();
textBox3.Text = dataGridView1[3, dataGridView1.CurrentCell.RowIndex].Value.
ToString();
textBox4.Text = dataGridView1[4, dataGridView1.CurrentCell.RowIndex].Value.
ToString();
textBox5.Text = dataGridView1[5, dataGridView1.CurrentCell.RowIndex].Value.
ToString();
comboBox1.Text = dataGridView1[6, dataGridView1.CurrentCell.RowIndex].Value.
ToString();
if (dataGridView1[2, dataGridView1.CurrentCell.RowIndex].Value.ToString()
== "男")
{
  radioButton1.Checked = true;
}
 else
 {
   radioButton2.Checked = true;
 }
 }
```

DataGridView1 的单元格单击事件（**CellClick**）处理程序调用这个方法。

（6）单击工具栏的"删除"按钮，可以删除在 DataGridView1 中选定的记录。此"删除"按钮的单击事件处理程序代码是：

```
private void toolStripButton5_Click(object sender, EventArgs e)
{
 if (!groupBox1.Enabled)  //限定在浏览状态下做删除，以免和添加、修改冲突
 {
    if (MessageBox.Show("你真的要删除该记录吗？删除是不可恢复的！","提醒",
   MessageBoxButtons.OKCancel, MessageBoxIcon.Warning) == DialogResult.OK)
   {
    string 学号 = this.dataGridView1[0, dataGridView1.CurrentCell.RowIndex].
    Value.ToString();
    //调用业务逻辑层的功能
学生成绩管理.删除学生记录(学号);
    MessageBox.Show("删除学生信息成功！");
   }
  }
}
```

（7）工具栏按钮"查找"对应的代码如下：

```
//单击了"查找"按钮
    private void toolStripButton7_Click(object sender, EventArgs e)
    {
        if(!groupBox1.Enabled)   //限定在浏览状态下进行查找
        {
string查询条件 = toolStripComboBox1.Items[toolStripComboBox1.SelectedIndex].
ToString();
            string 查询关键字 = toolStripTextBox1.Text;
        //调用业务逻辑层的功能
dataGridView1.DataSource = 学生成绩管理.学生成绩查询(查询条件, 查询关键字);
        }
    }
```

（8）工具栏按钮"取消"对应的代码如下：

```
//单击了"取消"按钮——取消对记录的添加或修改，或取消查询条件及关键字的输入
    private void toolStripButton2_Click(object sender, EventArgs e)
    {
        输入控件清空复原();
        groupBox1.Enabled = false;
        toolStripButton3.Enabled = true;//增
        toolStripButton4.Enabled = true;//改
        groupBox2.Enabled = true;
        toolStripComboBox1.SelectedIndex = -1;
        toolStripTextBox1.Text = "";
    }
```

"取消"后回到最初进入系统时的"浏览"状态。

综上所述，再加上来自"登录"界面的需求，表示层对业务逻辑层提出的请求共有6点：

（1）查证"合法用户表"中是否存在如登录输入那样的记录。

（2）查询并给出"学生成绩表"。

（3）按所给的一组字段值向"学生成绩表"插入一条新记录。

（4）按所给的一组字段值更新"学生成绩表"的一条记录。

（5）在"学生成绩表"中删除一条指定的记录。

（6）按给定的条件和关键字给出对"学生成绩表"的模糊查询结果。

根据这些要求，考虑在访问数据库方面共需要做些什么，进行分割、提炼、归类，抽象出若干字段和方法，完成"数据访问层"的编码；继而组合"数据访问层"的方法，完成"业务逻辑层"的编码。

2）数据访问层的编码

（1）通用数据访问操作类的编码。

```
public class 通用数据访问操作
{
```

```
public static OleDbConnection conn;
public static void 创建一个数据库连接对象()
{
string ConnStr = "Provider=Microsoft.Jet.OLEDB.4.0;Data source=学生.mdb";
conn = new OleDbConnection(ConnStr);
conn.Open();
}


public static DataTable 给出作为查询结果的数据集表(string SqlStr)
{
OleDbDataAdapter da = new OleDbDataAdapter(SqlStr, conn);
DataSet ds = new DataSet();
da.Fill(ds);
return ds.Tables[0];
}
        public static bool 验证要查询的记录的存在性(string SqlStr)
        {
            OleDbCommand comm = new OleDbCommand(SqlStr, conn);
            int x = (int)(comm.ExecuteScalar());
            conn.Close();
            if (x == 1)
                return true;
            else
                return false;
            }
        public static int 执行非查询命令(string SqlStr)
        {
            OleDbCommand comm = new OleDbCommand(SqlStr, conn);
            int result = comm.ExecuteNonQuery();
            conn.Close();
            return result;
        }
}
```

（2）合法用户表访问操作类的编码。

```
public class 合法用户表访问操作
{
public static bool 登录验证合法(string 用户名, string 密码)
{
string SqlStr = "select count(*) from 合法用户表 where 用户名='" + 用户名 +
"'and 密码='" + 密码 + "'";
return (通用数据访问操作.验证要查询的记录的存在性(SqlStr));
}
}
```

（3）学生成绩表访问操作类的编码。

```
public static DataTable 给出学生成绩表()
{
 string SQLstr = "select *  from 学生成绩表";
 return 通用数据访问操作.给出作为查询结果的数据集表(SQLstr);
}

public static int 插入新记录(string 学号, string 姓名, string 性别, string 语
文, string 数学, string 英语, string 班级)
{
 string SQLstr = "insert into 学生成绩表 values ('" + 学号 + "','" + 姓名 + "','"
 + 性别 + "'," + int.Parse(语文) + "," + int.Parse(数学) + "," + int.Parse(英
 语) + ",'" + 班级 + "')";
 return 通用数据访问操作.执行非查询命令(SQLstr);
}

public static int 更新记录(string xh, string xm, string xb, string yw, string
sx, string yy, string bj)
{
 string SQLstr = "update 学生成绩表 set 姓名='" + xm + "',性别='" + xb + "',
 语文=" + int.Parse(yw) + ",数学=" + int.Parse(sx) + ",英语=" + int.Parse(yy) +
 ",班级='" + bj + "' where 学号='" + xh + "'";
 return 通用数据访问操作.执行非查询命令(SQLstr);
}

public static int 删除记录(string xh)
{
 string SQLstr = "delete from 学生成绩表 where 学号='" + xh + "'";
 return 通用数据访问操作.执行非查询命令(SQLstr);
}

public static DataTable 给出按学号的查询结果数据表(string keywords)
{
 string sql = "SELECT 学号,姓名,性别,语文,数学,英语,班级 FROM 学生成绩表 where 学
 号 Like'%" + keywords + "%'";
 return 通用数据访问操作.给出作为查询结果的数据集表(sql);
}
public static DataTable 给出按姓名的查询结果数据表(string keywords)
{
 string sql = "SELECT 学号,姓名,性别,语文,数学,英语,班级 FROM 学生成绩表 where 姓
 名 Like'%" + keywords + "%'";
 return 通用数据访问操作.给出作为查询结果的数据集表(sql);
}
}
```

3）业务逻辑层的编码

（1）登录检验类的编码。

```
public class 登录检验
  {
      public static bool 登录合法(string 用户名, string 密码)
      {
          通用数据访问操作.创建一个数据库连接对象();
          return (合法用户表访问操作.登录验证合法(用户名, 密码));
      }
  }
```

（2）学生成绩管理类的编码。

```
public class 学生成绩管理
{
 public static DataTable 给出学生成绩表()
 {
   通用数据访问操作.创建一个数据库连接对象();
   return 学生成绩表访问操作.给出学生成绩表();
 }

public static void 追加学生记录(string 学号, string 姓名, string 性别, string
语文, string 数学, string 英语, string 班级)
{
 通用数据访问操作.创建一个数据库连接对象();
 学生成绩表访问操作.插入新记录(学号, 姓名, 性别, 语文, 数学, 英语, 班级);
}

public static int 删除学生记录(string 学号)
{
 通用数据访问操作.创建一个数据库连接对象();
 return 学生成绩表访问操作.删除记录(学号);
}

public static void 学生记录更新(string 学号, string 姓名, string 性别, string
语文, string 数学, string 英语, string 班级)
{
 通用数据访问操作.创建一个数据库连接对象();
 学生成绩表访问操作.更新记录(学号, 姓名, 性别, 语文, 数学, 英语, 班级);
}

public static DataTable 学生成绩查询(string 查询条件, string 查询关键字)
{
 通用数据访问操作.创建一个数据库连接对象();
 switch (查询条件)
```

```
    {
      case "按学号查询":
      {
          return 学生成绩表访问操作.给出按学号的查询结果数据表(查询关键字);
      }
      case "按姓名查询":
      {
          return 学生成绩表访问操作.给出按姓名的查询结果数据表(查询关键字);
      }
    default:
        return 学生成绩表访问操作.给出学生成绩表();
    }
  }
  }
```

第 9 章　ASP.NET

什么是 ASP.NET？ASP.NET 是用来编制网站的。什么是网站？网站无非是网络上服务器主机硬盘上的文件夹，这种文件夹中存放着一些网页，在 IIS 的管理下，网络上的用户可以通过浏览器调用其中的网页。你可能会问：本书不是专讲可视化应用程序设计的吗，怎么扯到网站制作上来了？这么说吧，你总知道什么是网上购物、网上报名、网上查询、网上考试吧，这些实际上都是在执行网络上的应用程序；可见，可以用一种独特的眼光来看待网页，即把网页看成是网上应用程序的界面，而一个网上应用程序系统的设计也就归结为一个网站的设计。

下面我们将致力于在 VS 2012 环境下怎样用 C#语言去设计 ASP.NET 网站。应该指出，对于设计 ASP.NET 网站来说，除了涉及一种编程语言如 C#外，还涉及 JavaScript、HTML、CSS 等，但我们避免作精细的讨论，而是尽量只用 C#语言，用尽量类似于 Windows 窗体应用程序设计的方法来解说 ASP.NET 网站设计。

9.1　VS 2012 环境下的网站目录

我们将在 VS 2012 下讨论 ASP.NET 网站的创建。在这之前先交代一下，VS 2012 不仅是创建网站的环境，也是在实验室里打开、测试、运行网站的环境。如果计算机安装好了 IIS 和 VS 2012 旗舰版，且尚未编制过网页，那么打开 VS 2012，在起始页单击菜单"文件"→"打开网站"命令，在弹出的"打开网站"对话框中单击"本地 IIS"选项卡，如图 9-1 所示。

图 9-1 显示的就是本地机上的网站目录。回想一下，在 VS 2012 起始页也可以打开 Windows 窗体应用程序，但并不会呈现出一个 Windows 窗体应用程序的目录来让你方便地选择。又可见，虽然你并没有建立任何网站，系统已自动建了两个网站，都可以选择后打开、运行，姑且不论。注意到网站分成两种，一种是 IIS 网站，一种是 IIS Express 网站，什么意思呢？IIS 网站是直接建立在 IIS 根目录下或在 IIS 下建立了虚拟目录的网站，是真正意义下的网站；那么 IIS Express 和 IIS Express 网站又是什么呢？原来，IIS Express 是 VS 2012 为了便于用户在开发阶段测试和运行网站而配置的一个 Web 服务器，凡在 VS 2012 环境下编制的网站，都默认是 IIS Express 网站。即机器上可以不必装有 IIS，所编出的网站就可以在 IIS Express 的管理下在本地机上运行，从而为开发者提供了极大的方便，我们今后一般都这么做。对每一个 IIS Express 网站，系统都为之在本地机上分配了一个端口号，如图 9-1 中，网站 WebSite1 对应的端口号是 8080，当在 VS 2012 下打开运行时，展现在浏览器地址栏的网址就是 http://localhost:8080/...（...为该网站下的网页名），也可以在本地机上打开浏览器，地址栏输入这个网址调用该网页。

在"打开网站"对话框中，也可以通过选择"文件系统"选项卡来打开网站。但这时对话框中间所显示的是按文件系统排列的文件夹目录，并非纯粹的网站文件夹，必须从中找出网站文件夹打开。

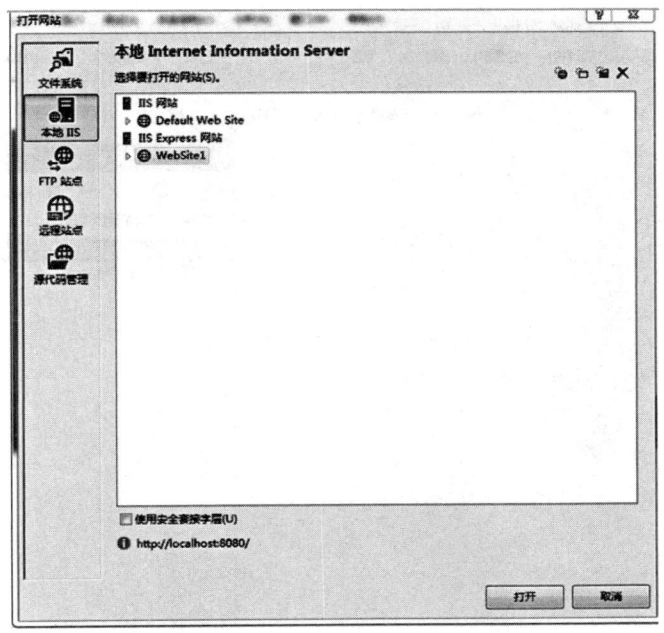

图 9-1   在 VS 2012 环境下打开网站

9.2   从创建一个 ASP.NET 空网站起步

打开 VS 2012，在起始页单击菜单"文件"→"新建网站"命令，在弹出的"新建网站"对话框中选择与输入如图 9-2 所示。

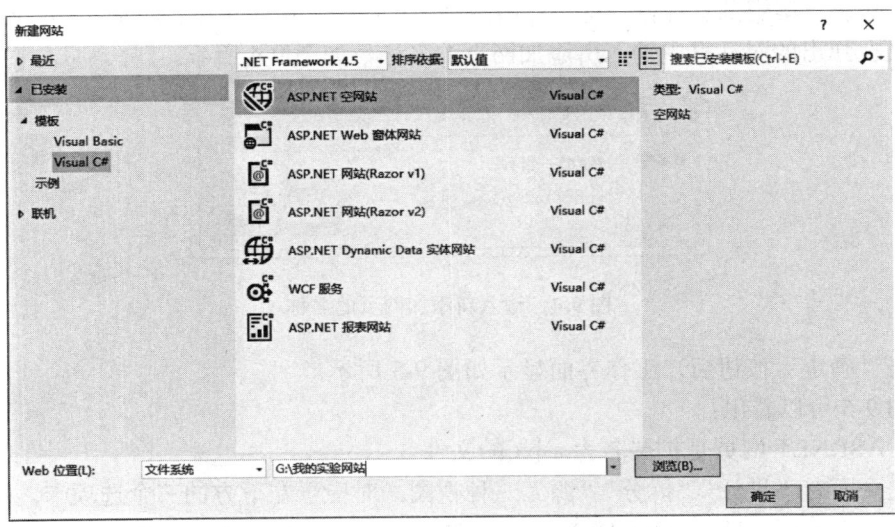

图 9-2   用 C#语言在 G 盘根目录下创建一个名为"我的实验网站"的 ASP.NET 空网站

单击"确定"按钮后，进入工作界面，如图 9-3 所示。

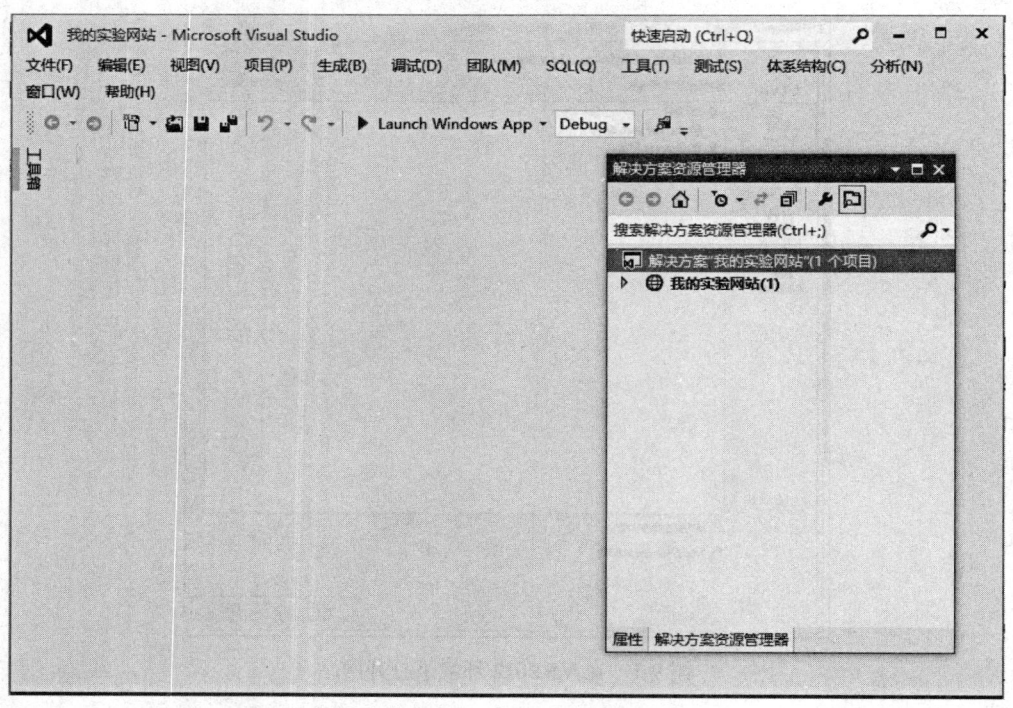

图 9-3   VS 2012 的网站工作界面

从图 9-3 展示的"解决方案资源管理器"窗口，新建的网站标题下只有一个配置文件 Web.config，若双击打开此文件可知共有两项配置，一是"禁用调试"，二是"以.NET Framework 4.5 为运行平台"。因为其中没有网页文件，所以称为空网站。接下来的主要任务就是添加网页文件。

在"解决方案资源管理器"窗口右击网站名，快捷菜单中单击"添加"→"Web 窗体"命令，又在弹出的对话框中输入所添加网页的名称，如图 9-4 所示。

图 9-4   输入新添加网页的名称

单击"确定"按钮后，工作界面显示如图 9-5 所示。

由图 9-5 可以看出：

（1）ASP.NET 网页是扩展名为.aspx 的文件。

（2）页面有"设计""拆分""源"三种视图，对应于左下方的三个选项卡。图 9-4 显示的是"源"视图，即页面的 HTML 语言描述。如果单击"设计"选项卡，将转入设计视图，即由控件直观组成的视图，相当于 Windows 窗体，可称为 Web 窗体或表单，如

图 9-6 所示。

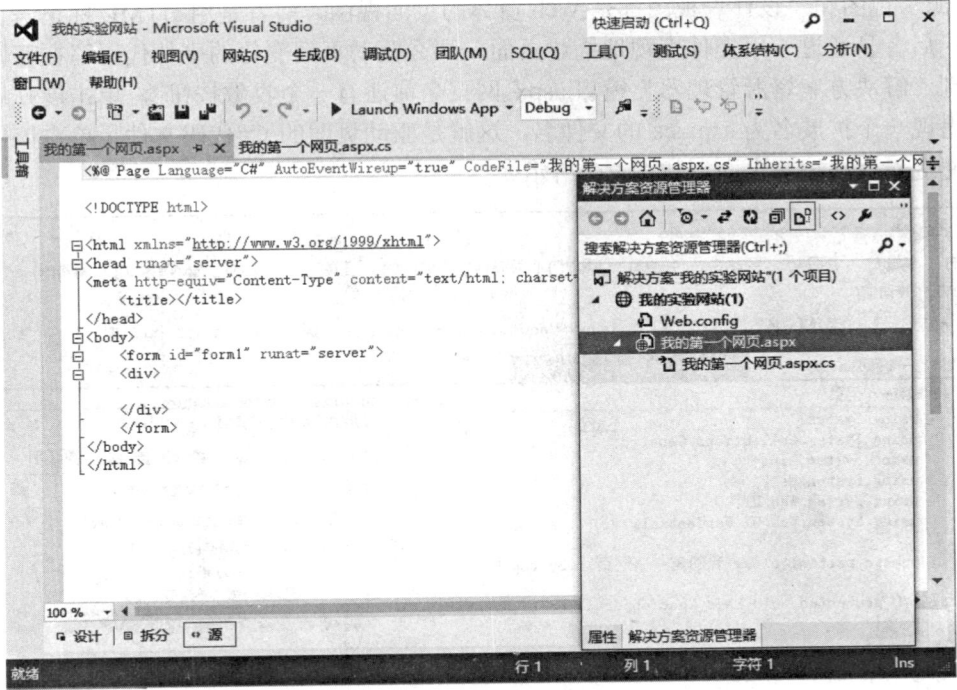

图 9-5　展示了一个初建的 ASP.NET 网页

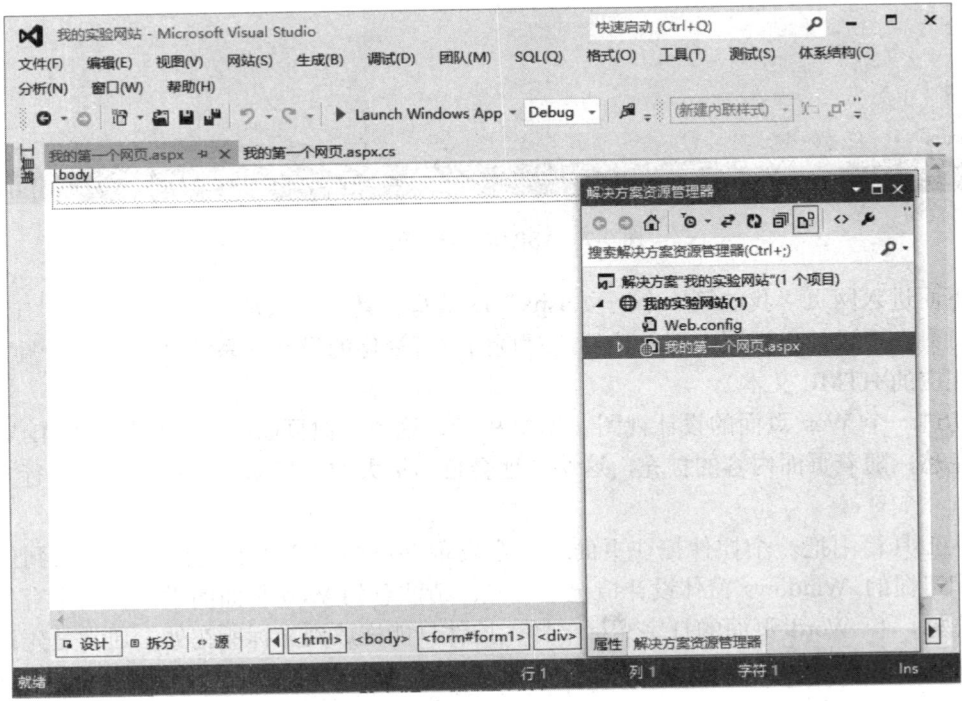

图 9-6　尚未引入控件的空白设计视图

　　"拆分"视图无非是把"源"视图和"设计"视图一上一下叠加成一个图。总之一句话，"源"视图和"设计"视图都是 Web 窗体的页面视图，前者是用 HTML 标记语言描述页面，后者是通过一组控件直观地描述页面。那么驱动页面变化的事件代码写在哪里呢？注意到"解决方案资源管理器"窗口.aspx 网页名前还有一个收敛按钮▷ 单击展开后，下面会出现一个扩展名为.aspx.cs 的文件名，这就是驱动页面的 C#代码文件，单击该代码文件名便进入代码编写页面，如图 9-7 所示。

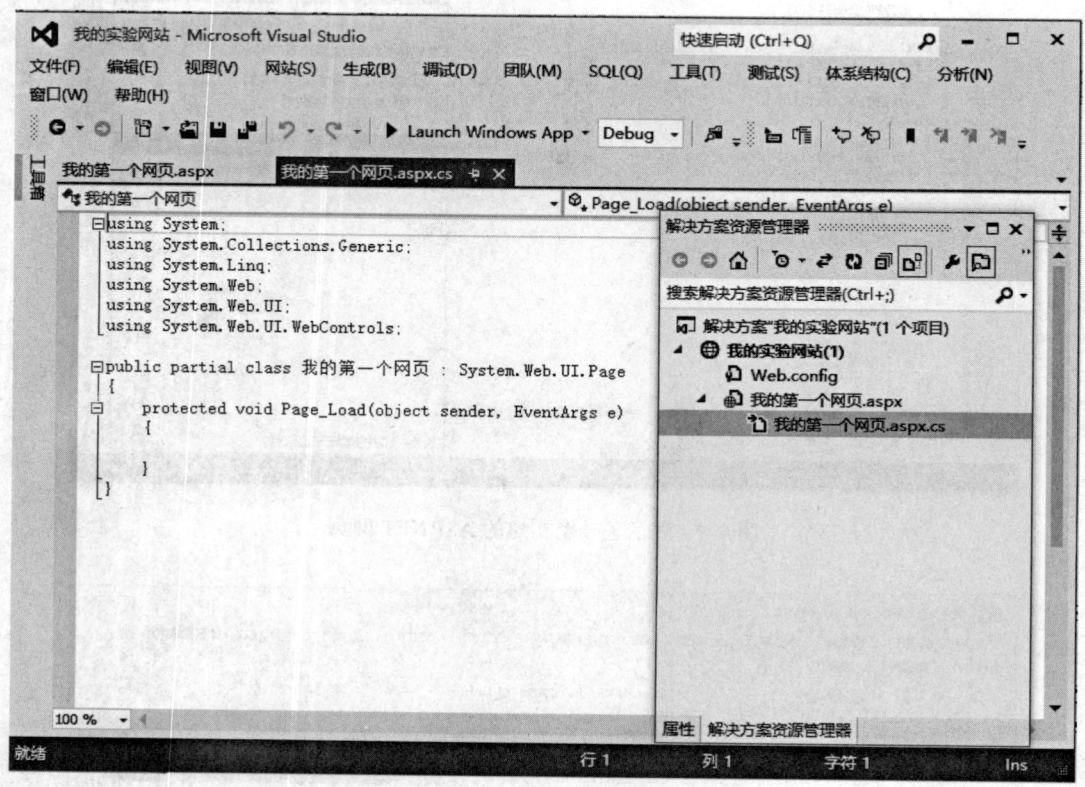

图 9-7　ASP.NET 网页的代码页

　　下面进入网页"我的第一个网页.aspx"的编写。具体做法是:

　　（1）在"设计"视图中引入控件，对页面作可视化的设计（系统会自动在"源"视图填写相应的 HTML 文本）。

　　初进一个 Web 页面的设计视图（见图 9-6），这个空白页面的领地只是一行 DIV 块，不必犯愁，随着页面内容的扩充，这块领地会自动扩大的，最初，它只作容纳一行文本的考虑。

　　从工具箱中把一个控件拖往页面时，会发现并不能随心所欲地把控件拖放到任一位置，和习惯的 Windows 窗体设计情况不一样。请注意到 Web 页面的设计视图中有一个闪烁的光标，和 Word 页面的打字光标一样。控件只能拖放到光标所在处，通常是先调动光标，再拖放控件。和 Windows 窗体设计一样，Web 页面中最常用的控件是标签（Label）、按钮（Button）和文本框（TextBox）。鉴于常见网页的主要内容是文本，设计 Web 页面时，对不变的文本通常采用直接在页面上打字的办法，标签用来显示可变的文本。虽然直接的打字不是 Web 标签，但系统默认它是 HTML 标签。记住，设计 Web 页面可以直接在页面上打字。

打字也好，引进控件也好，都要考虑在页面上的布局。怎样布局？简单的情况下就是采用调动光标的方法；精细一点可采用表格定位法，通过单击 IDE 窗口上方的菜单项"表"→"插入表"命令，可在页面上画出一个表格，其中的单元格可以合并、拆分，还可以增、减行列。然后把光标调进适当的单元格，往单元格里打字或引进控件。另外，对直接的打字或控件上要显示的文本，都可有字体、字号、加粗、倾斜、色彩的设置，对页面和控件也都有前景色、背景色等设置，请自行琢磨。记住，可视化页面设计的基本方法是先调动光标，在光标所在处打字或引入控件。当然，对控件还有各种属性设置。

"我的第一个网页"界面设计如图 9-8 所示，包括一行直接的打字、一个按钮、一个标签。

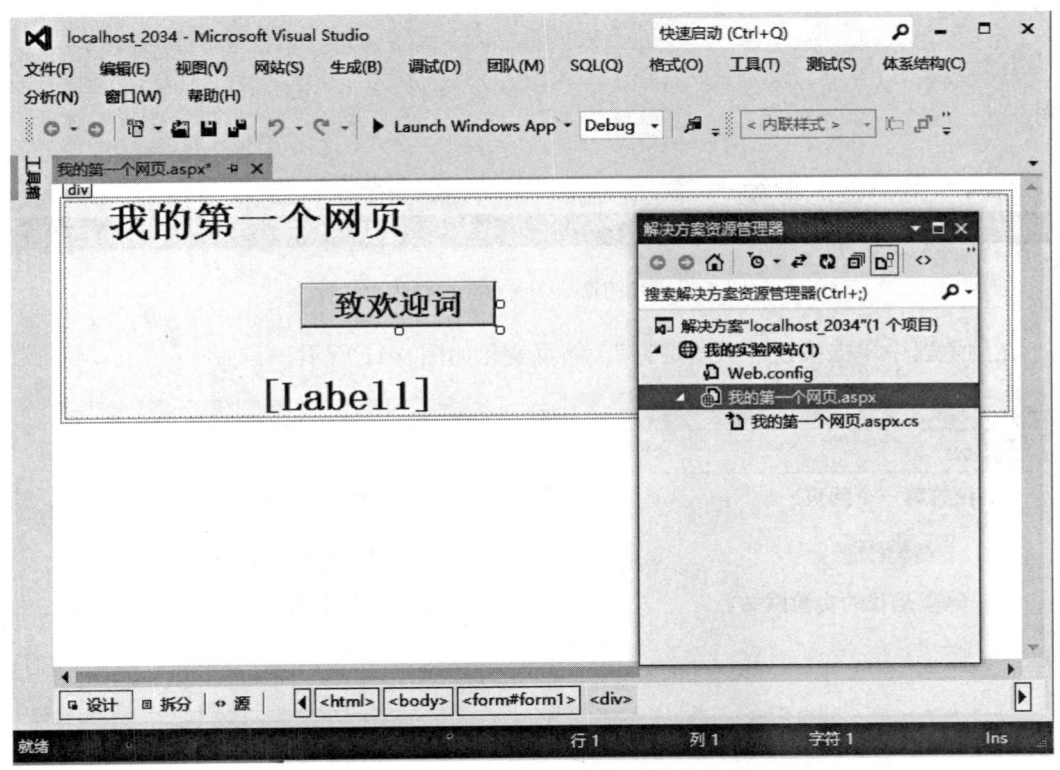

图 9-8　"我的第一个网页"的界面设计

（2）在"设计"视图中双击按钮，进入代码页编程，如图 9-9 所示。

每当一个网页设计完成后，势必想测试、运行一下看看效果如何，这时可在 IDE 中通过单击启动按钮 ▶ 或单击菜单"调试"→"开始执行"命令（相当于组合键 Ctrl+F5）来运行网页。这样做实际上是在使用 IIS Express 提供的 Web 服务，浏览器中展开网页如图 9-10 所示。

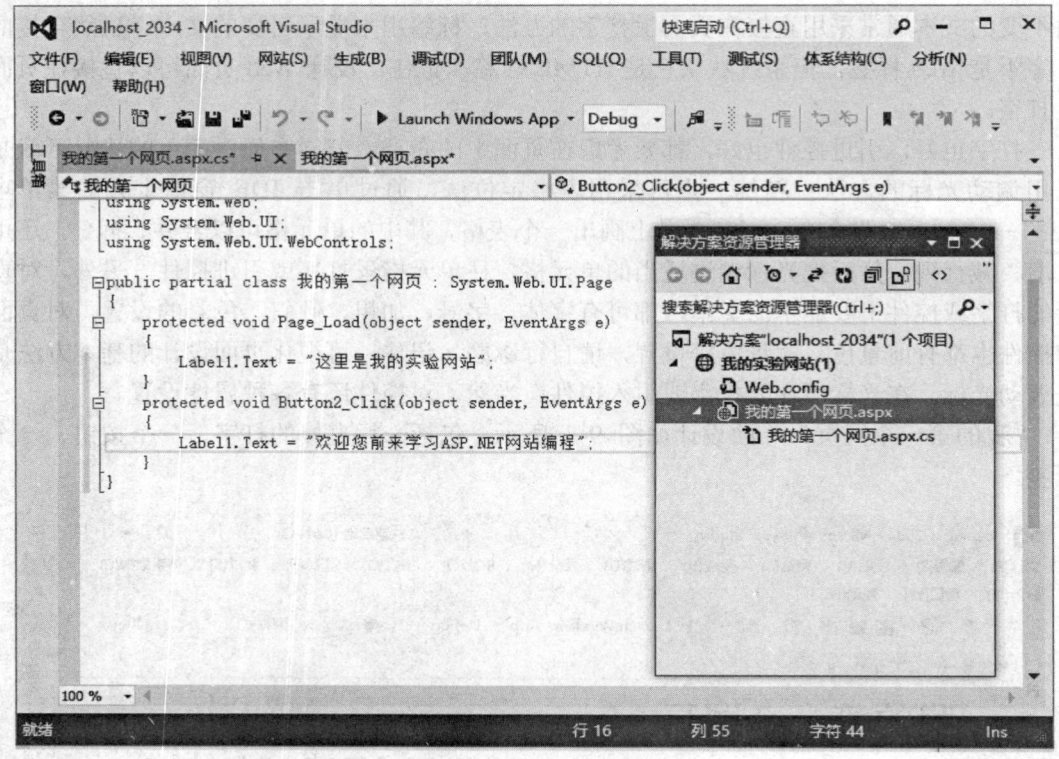

图 9-9　"我的第一个网页"的代码页设计

在浏览器中单击按钮"致欢迎词"，网页变化如图 9-11 所示。

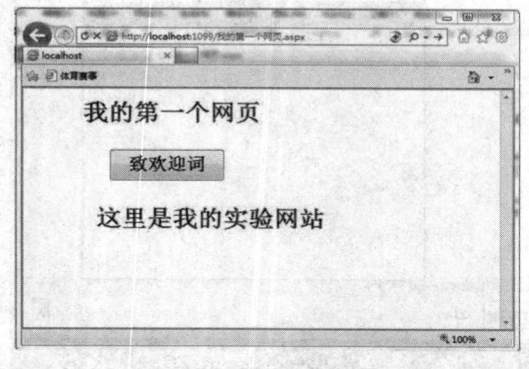

图 9-10　"我的第一个网页"在浏览器中初次打开

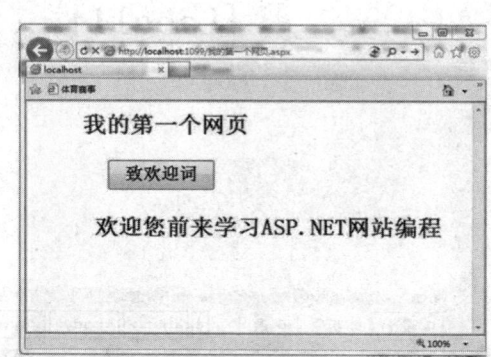

图 9-11　在网页上单击按钮引起页面变化

　　VS 2012 还内置了一个名为 ASP.net Development 的 Web 服务器，其功能较逊于 IIS Express。有时，设计好一个网页后，按组合键 Ctrl+F5，会引起一个"无法连接到已配置的开发 Web 服务器"消息框，这时可考虑改用 ASP.net Development，方法是在 IDE 中单击菜单"网站"→"使用 Vsual Studio 开发服务器(U)"命令，回答了两个对话框后再重新按组合键 Ctrl+F5。

　　关闭 VS 2012 后，在磁盘上找到网站文件夹打开之，因为其中未包含解决方案（.sln）

文件，所以无法通过这个文件夹重新进入 VS 2012 编辑调试运行这个网站，解决的办法就是启动 VS 2012，打开网站目录。

在 Windows 资源管理器中单击库\文档 Visual Studio 2012\Projects\我的实验网站，即可看到解决方案文件"我的实验网站.sln"，双击，也能在 VS 2012 下打开网站。

9.3　网页在浏览器展示过程中的"回传"

再来设计一个简单的网页，构思是这样的：页面自上而下有一个文本框、一个按钮、一个标签。网页打开后，提示用户在文本框中输入姓名，单击按钮后，下面的标签中便显示出所输入的姓名。界面设计如图 9-12 所示。

图 9-12　第 2 个网页的界面设计

接下来的代码设计如图 9-13 所示。

```
using System;
using System.Collections.Generic;
using System.Linq;
using System.Web;
using System.Web.UI;
using System.Web.UI.WebControls;

public partial class 网页的回传 : System.Web.UI.Page
{
    protected void Page_Load(object sender, EventArgs e)
    {
        TextBox1.Text = "";
    }
    protected void Button1_Click(object sender, EventArgs e)
    {
        Label1.Text = TextBox1.Text;
    }
}
```

图 9-13　第 2 个网页的代码设计

按 Ctrl++F5 组合键，网页运行如图 9-14 所示。

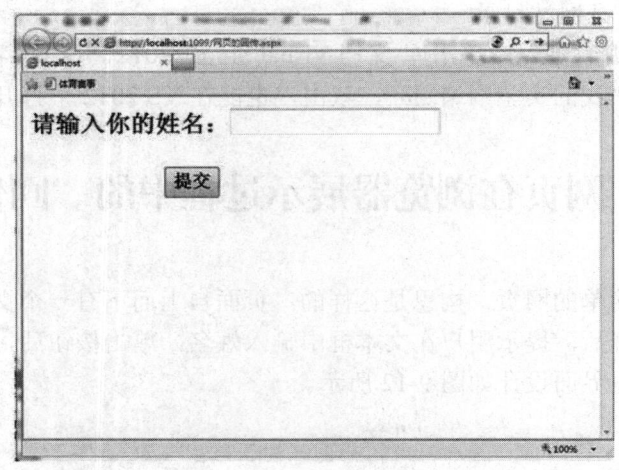

图 9-14　第二个网页的运行结果

在该网页中输入一个姓名，单击"提交"按钮后，界面依然如故。即文本框中刚输入的姓名消失了，下面的标签也没有任何显示。设计时的预想完全没有达到。倘若改成 Windows 窗体应用程序，预想的结果肯定会实现。这里有什么奥秘？

原来，ASP.NET 网页和 Windows 窗体应用程序的运行机制是有所不同的；Windows 窗体程序通常是在一台主机上独立运行的桌面应用程序，或者在网络的多个客户端主机上各装一份，但数据库只装在一台服务器主机上，供各客户端公用，做成 C/S 模式的应用系统，这时在各客户端，程序仍然是在一台主机上独立运行的，一个 Windows 窗体在它的显示期间，Form_Load 事件只发生一次，即加载是一次性的。而 ASP.NET 网页程序则是在客户端的浏览器和网站所在的服务器的交互作用下运行的，网页都存储在网站服务器端，客户端仅仅靠一个浏览器，客户在浏览器上看到的网页，归根到底是从网站服务器发送过来的。一个网页可能因为客户在浏览器的地址栏输入了它的 URL 地址或者通过其他网页的链接而打开，这是网页的第一次加载，随后，由于客户对按钮等控件的操作，激发了某个事件，执行了事件处理程序，使页面发生了变化。请注意，ASP.NET 网页代码页的代码都是在服务器端执行的，而呈现页面给用户的浏览器却在客户端，这页面的变化经历的是怎样一个过程呢？通俗回答如下：客户对按钮等控件进行操作后，浏览器立刻向服务器汇报，把当前页面提交给网站服务器，要求服务器端作出处理后把更新了的页面回发到客户端；于是服务器端便首先调用 page_load 事件处理程序，再调用控件的事件处理程序，将重构的页面发送给客户端浏览器。对这个过程有一个术语，称之为"回传"。因此，一个 ASP.NET 网页，其在客户端浏览器中的展示期间，一般有多次加载，除第一次加载外，都是回传。正因为页面有第一次加载和回传的区别，系统为页面对象定义了一种名为 IsPostBack 的属性，当其值为 true 时，标志着页面是回传的，否则页面是第一次加载的。

由于网页的每次回传都要执行 page_Load 事件处理程序，所以在设计这个事件处理的操作代码时必须特别注意，这操作是页面每次加载时都需要执行，还是只是第一次加载时才需要执行？怎样在处理时对两种页面区别对待？此刻正是 IsPostBack 的用武之地。

　　为了直观地品味什么是回传，再举一个案例。网页的页面由上、下两个标签和中间一个按钮组成，如图 9-15 所示。

图 9-15　一个体验回传现象的网页界面设计

　　要求当页面为第一次加载时，Label1 中显示"这是第一次加载的页面"；当页面为回传时，Label1 中显示"这是回传的页面"。又当单击中间那个按钮时，Label2 中显示"欢迎光临我的实验网站"。图 9-16 是这个网页的代码设计。

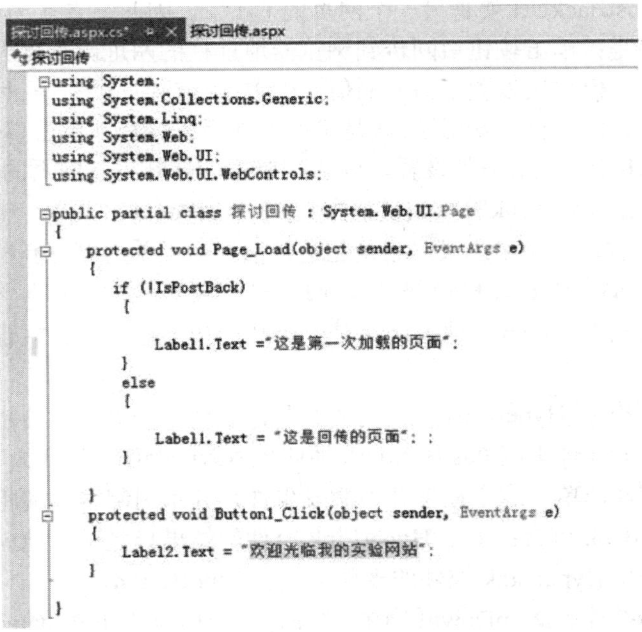

```
using System;
using System.Collections.Generic;
using System.Linq;
using System.Web;
using System.Web.UI;
using System.Web.UI.WebControls;

public partial class 探讨回传 : System.Web.UI.Page
{
    protected void Page_Load(object sender, EventArgs e)
    {
        if (!IsPostBack)
        {
            Label1.Text ="这是第一次加载的页面";
        }
        else
        {
            Label1.Text = "这是回传的页面"; ;
        }
    }
    protected void Button1_Click(object sender, EventArgs e)
    {
        Label2.Text = "欢迎光临我的实验网站";
    }
}
```

图 9-16　一个体验回传现象的网页代码设计

另外，对图 9-13 给出的那个网页代码，只要把 Page_Load 程序改写为：

```
protected void Page_Load(object sender, EventArgs e)
    {
        if (!IsPostBack)

            TextBox1.Text ="";
    }
```

就不会有事与愿违的遗憾了。

9.4 具有 PostBackUrl 属性的标准控件
及网页的链接

在学习 ASP.NET 网页设计时，要借鉴 Windows 窗体程序设计的方法，还应重视 ASP.NET 的特殊之点。除了上一节所讲的之外，再作若干补充。

先拿 ASP.NET 标准控件 Button 说话，基本上在 Windows 窗体设计中 Button 怎么用，到 ASP.NET 中可以照样用。但请注意，ASP.NET 的 Button 控件有一个 PostBackUrl 属性，直译是"回传 Url"，属性窗口所给的解释是"单击按钮时所发送到的 Url"。怎么理解？

上一节讲了回传，如我们所知，回传到浏览器的网页，一般就是上一次打开的那个网页，换句话说，回传到浏览器的网址，一般就是原来那个网页的网址。但有一个特殊情况，如果当前浏览器页面提交到服务器，请求服务器要做的事情是打开另一个网页，那么回传到浏览器的网址 PostBackUrl 就是另一个网页的 Url 了。因此笔者认为，对 PostBackUrl 属性的准确理解应该是：单击按钮后回传到浏览器地址栏的网址。该属性的默认值是按钮控件所在网页的网址，但如果设置了另外的值，则单击按钮时就将打开另外的网页。这个属性提示了 Button 按钮的一种特殊用法，就是可以根本不去编写其单击事件处理程序的代码，仅仅将其 PostBackUrl 属性值另外设置，以达到单击后打开另一网页的目的。

无独有偶，标准控件 LinkButton(链接按钮)有 PostBackUrl 属性，也有 Click 事件，用法与 Button 基本一样。但顾名思义，它是超链接按钮，以单击打开新网页为天职，所以其 Text 属性值常常直书为"打开****网页"，而且在呈现的形象上文本下方有一条横线，鼠标光标指上去会变成手形，直观地表明这是一个超链接。通常对它只设置 PostBackUrl 而不问其 Click 事件。

还有一个标准控件 HyperLink，从名字上看它该是一个更专业的超链接控件，但它用来设置超链接地址的属性不叫 PostBackUrl，而叫做 NavigateUrl，为什么呢？原来 HyperLink 控件没有 Click 事件，单击这个控件并不激发事件，并不引起客户端将当前页面向服务器的提交，没有 PostBack 可言；单击 HyperLink 控件的结果只是单纯地向服务器请求网址为 NavigateUrl 的网页。HyperLink 控件的表现形式同 LinkButton。

此外 TextBox 控件、DropDownList 控件等有一种称为 AutoPostBack 的 bool 类型的属性，通常都设置为 false，如果把这属性值改为 true，会造成一个后果，即相应控件发生了某事件后将会自动把当前页面向服务器提交，引起回传，读者可自行实验。

9.5　附带图片和 Access 数据库的网站

　　网页的美化离不开图片，大凡有实用价值的应用程序都离不开数据库。本节讨论网站设计中怎样引入图片和 Access 数据库。

　　引入的图片、数据库最好和网站融为一体，那么放在什么地方好呢？系统对此早有安排。在"解决方案资源管理器"窗口右击网站名，在弹出的快捷菜单中单击"添加"→"新建文件夹"命令，网站名下方会新增一个名为"新增文件夹"的项目，可将其改名为"Images"，虽然是我们自改的名称，但是系统能识别这个保留字，知道这将是一个专门存放图片的文件夹。同样，右击网站名，在弹出的快捷菜单中单击"添加"→"添加 ASP.NET 文件夹"→App_Data 命令，网站名下方会新增一个名为 App_Data 的项目，这是一个系统命名的文件夹，顾名思义，Access 数据库应放在这里。按文件系统找到网站文件夹，打开后一定可以看到所添加的两个文件夹，把准备好的图片和 Access 数据库分别放进去，使它们各得其所。回到"解决方案资源管理器"窗口，可以看到图片和数据库的目录，如图 9-17 所示。

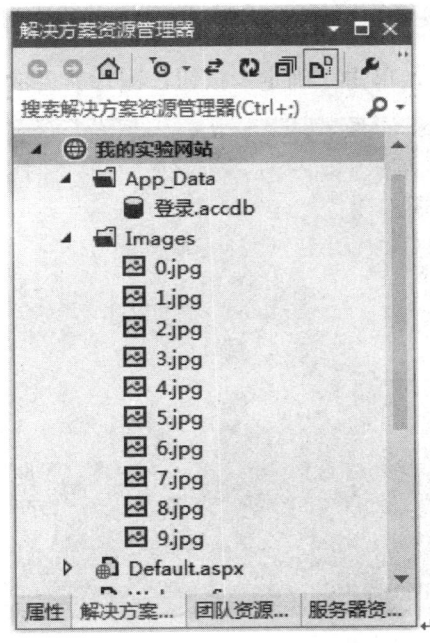

图 9-17　网站中添加了图片和数据库

　　下面可以得心应手地把图片和数据库应用于网站编程了。

　　例 9-1　萌宝宝图片浏览

　　从工具箱中把一个图片框拖进设计视图后，右击打开其属性窗口，找到其 ImageUrl 属性项右端的浏览按钮，单击之，就会弹出一个"选择图像"对话框，单击左框中的 Images 文件夹，右框中就会列出图片目录，如图 9-18 所示。

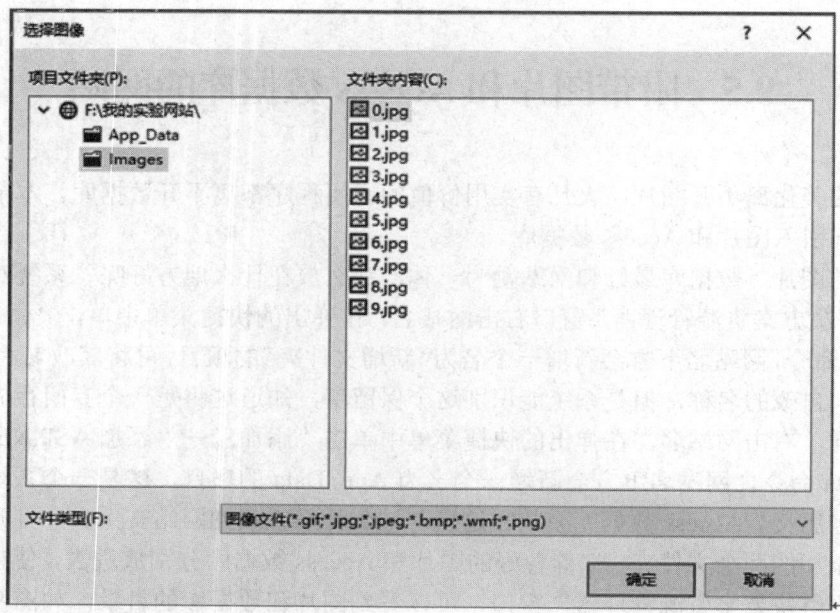

图 9-18　从图片文件夹中选择图片的对话框

从中单击选择一幅图片，单击"确定"按钮，图片就会嵌入图片框，如图 9-19 所示。

图 9-19　图片框嵌入了图片

这时在图片框的属性窗口可以看到属性项 ImageUrl 的值已自动填写为"～/Images/0.jpg"，由此可知，如果要在程序中动态地为图片框赋以图片，所用的程序语句应如：

```
Image1.ImageUrl="～/Images/0.jpg"
```

意为当前目录下 Images 文件夹中名为 0.jpg 的图片文件。

本例将采用这种动态加载图片的方法，界面设计如图 9-20 所示。

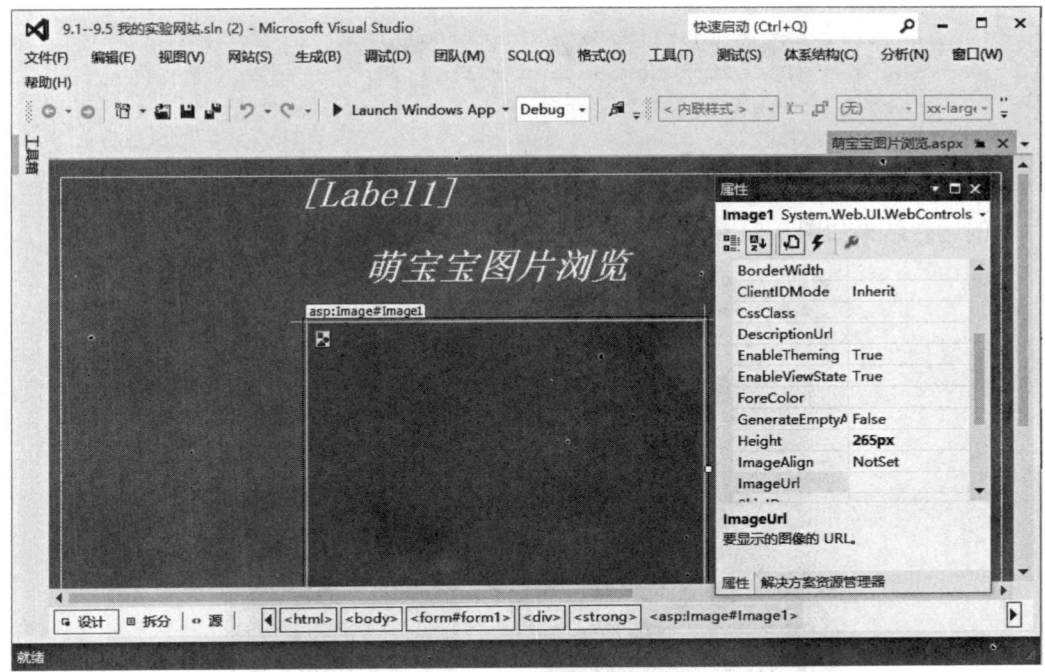

图 9-20　网页"萌宝宝图片浏览"的界面设计

这个界面设计中，中间有一行打字，其上方是一个标签，用来显示当前的日期时间，其下方是一个图片框。为了动态地自动显示当前日期时间及图片，按习惯用计时器控件 Timer 来自动控制，VS 2012 的 Timer 控件不是标准控件，而是 Ajax 扩展控件，它必须在同是 Ajax 控件的 ScriptManager 控件的管理下才能工作，因此本例还引进了两个 Ajax 控件 ScriptManager1 和 Timer1。将 Timer1 的 interval 属性值设为 6000，使每隔 6 秒引发一次 Timer1 的 Tick 事件。而该事件的处理程序将 Label1 的文本更新为当前的日期时间，并取该时间的秒数部分除以 10 所得的余数 x，取图片 x.jpg 来更新图片框的显示，代码如下：

```
public partial class 萌宝宝图片浏览: System.Web.UI.Page
{
    protected void Page_Load(object sender, EventArgs e)
    {
        if (!IsPostBack)
        {
            Image1.ImageUrl = "Images/0.jpg";
            Label1.Text = DateTime.Now.ToString();

        }
    }
```

```
protected void Timer1_Tick(object sender, EventArgs e)
{
    Label1.Text = DateTime.Now.ToString();
    int k = (DateTime.Now.Second + 1) % 10;
    Image1.ImageUrl = "Images/" + k.ToString() + ".jpg";
}
}
```

本例运行结果如图 9-21 所示。

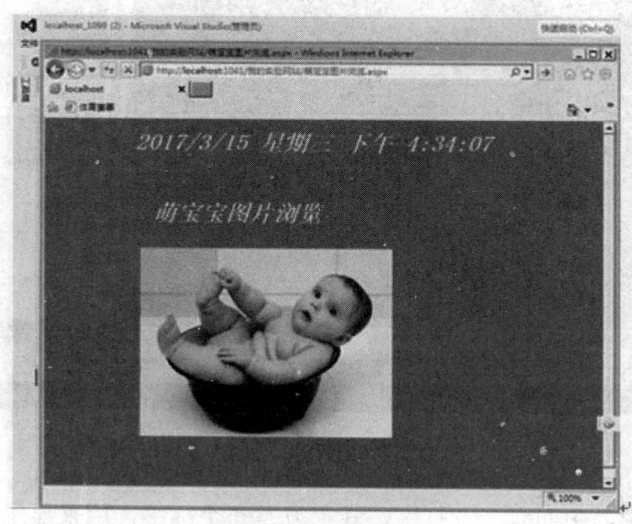

图 9-21　本例运行结果

例 9-2　在网页上显示数据库表

本例制作一个网页，把存放在网站 App_Dada 文件夹中的 Access 数据库"登录.accdb"里的二维表"合法用户表"显示出来。

在网页的设计视图中第 1 行输入"合法用户表"5 个字，第 2 行引入一个数据控件 GridView1，如图 9-22 所示。

合法用户表

Column0	Column1	Column2
abc	abc	abc
abc	abc	abc
abc	abc	abc
abc	abc	abc
abc	abc	abc

图 9-22　例 9-2 的界面设计

请注意在控件 GridView1 的右上角有一个按钮 ，可以从单击这个按钮开始，用全程可视化操作的方法，不需编一句代码，完成使 GridView1 绑定一个数据库表显示的设计。为避免占用大量的篇幅，把这一系列的操作留给读者去摸索实现。下面介绍本例的编码实现方法。代码页"在网页上显示数据库表.aspx.cs"全文如下：

```
using System;
using System.Collections.Generic;
using System.Linq;
using System.Web;
using System.Web.UI;
using System.Web.UI.WebControls;
using System.Data.OleDb;
using System.Data;

public partial class 在网页上显示数据库表: System.Web.UI.Page
{
    protected void Page_Load(object sender, EventArgs e)
    {
        string connstr = "Provider=Microsoft.ACE.OLEDB.12.0;Data Source=" +
        Server.MapPath("App_Data\\登录.accdb");
        string commstr="select * From 合法用户表";
        OleDbConnection conn = new OleDbConnection(connstr);
        DataSet ds=new DataSet();
        OleDbDataAdapter da=new OleDbDataAdapter (commstr,conn);
        da.Fill(ds);
        GridView1.DataSource=ds.Tables[0];
        GridView1.DataBind();
        da.Dispose();
    }
}
```

　　整个文本和 Windows 窗体应用程序的数据库编程如出一撤，原理是一样的，读者请细心体会，唯一显陌生的语句片段是 Server.MapPath("App_Data\\登录.accdb")，这在 9.6 节中就有解释。

9.6　ASP.NET 的内置对象

　　为了方便用户面向对象地进行网页编程，ASP.NET 包含了一些特殊的类，这些类的对象有专门的与类名相近的名称,用户可以不必创建这些类的实例而直接使用这些类的对象,即直接调用这些对象的属性、方法和数据。这些对象称之为内置对象，在网页编程中发挥巨人级的作用。

9.6.1　Server 对象

　　Server 对象可以理解成代表着网站服务器的一个对象,用来获取服务器端的某些信息。

较常用的如：

（1）利用 Server 对象的 MachineName 属性可以获取网站服务器的计算机名。

（2）利用 Server 对象的 MapPath(string path)方法，可以获取 path 所描写的相对路径在服务器上的物理路径。

例 9-3　制作一个网页

设网站已添加了 App_Data 文件夹和 Images 文件夹，分别放入了数据库"登录.accdb"和图片"0.jpg"。现制作一个网页，其界面设计如图 9-23 所示。

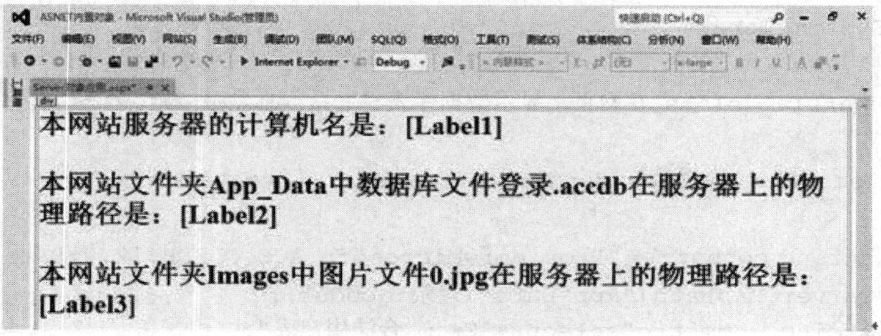

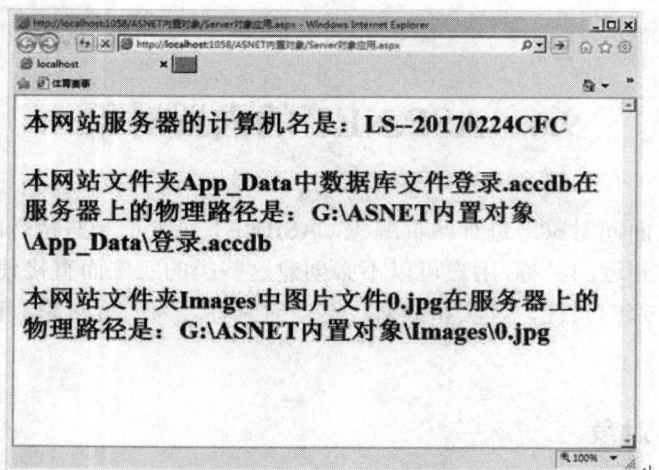

图 9-23　例 9-3 的界面设计

本例的代码设计只是在页面装入时调用了 Server 对象的属性和方法。

```csharp
protected void Page_Load(object sender, EventArgs e)
    {
        Label1.Text = Server.MachineName;
        Label2.Text = Server.MapPath("App_Data\\登录.accdb");
        Label3.Text = Server.MapPath("Images\\0.jpg");
    }
```

运行效果如图 9-24 所示。

图 9-24　例 9-3 的运行结果

9.6.2　Response 对象

Response 的原意是回答、响应，用在网页设计的环境下，明显是指服务器对客户端浏览器的回答和响应，可以把 Response 对象理解为从服务器端向浏览器发送信息的对象，常见的用法有：

（1）利用 Response 对象的 write 方法，直接向客户端页面输出数据。正如在对网页作静态设计时，可直接在页面上打字，在网页运行中，也可以通过执行程序语句：

```
Response.write(s);
```

来直接向网页书写数据 s，这里 s 可以是字符串、数值，或一般地可以是一个表达式。当 s 是一个 HTML 标记时，不是原样照印，而是由浏览器解释执行。例如"
"表示换行，"<center>"表示居中。

例 9-4　执行程序

一个初始界面为空白的网页，如果在装入时执行了程序：

```
protected void Page_Load(object sender, EventArgs e)
    {
        string s1 = "小岗村农家乐";
        string s2="出售鲫鱼每斤5元";
        Response.Write("<center>");
        Response.Write(s1);
        Response.Write("<br/>");
        Response.Write(s2);
        Response.Write("</center>");
        Response.Write("3.85斤鲫鱼的价值是：");
        Response.Write(3.85*5);
        Response.Write("元");
    }
```

则该网页打开后显示如图 9-25 所示。

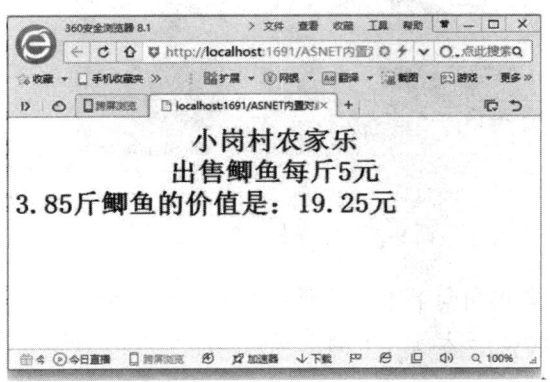

图 9-25　一个用 Response.Write 写出来的网页

　　但如果对一个原本非空的网页执行了 Response.Write("……")，则写入的数据加塞插入网页原有内容的上方，例如，若原有网页画面如图 9-26 所示。

图 9-26　一个非空网页

执行了一句 Response.Write("儿童是祖国的花朵");后，页面变化为图 9-27。

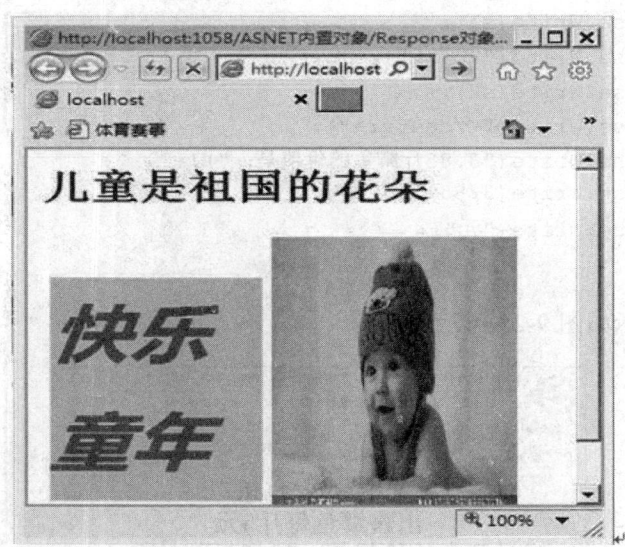

图 9-27　一条标语在上方加塞

　　加塞的结果使原网页画面向下平移，感觉像原网页受到了侵犯，用户体验有失和谐。Response 对象的 Write 方法有一个最重要的应用是弹出消息框。其语法格式是：

```
Response.Write("<script>alert('……')</script>");
```

其中介于一对单引号间的……表示要显示在消息框中的文本。在 Windows 窗体应用程序设计中，经常用语句 MessageBox.Show("……");弹出消息框，但 ASP.NET 网页设计中没有此语句，鉴于页面回传的原因也不可能执行这样的语句；变通的办法就是让 Response 对象来向页面写，写上 Java 脚本标记夹上 Java 脚本语句 alert，由浏览器来解释执行，弹出的消息框和 MessageBox 一样。

例 9-5　利用 Response 对象输出消息框

界面设计如图 9-28 所示。

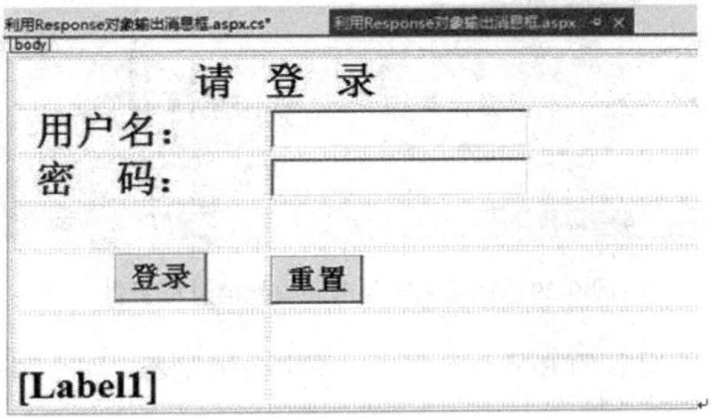

图 9-28　例 9-5 的界面设计

代码编写如下：

```
protected void 重置()
  {
      TextBox1.Text = "";
      TextBox2.Text = "";
      Label1.Text = "";
  }

  protected void Button1_Click(object sender, EventArgs e)
  {
      if (TextBox1.Text != "" && TextBox2.Text != "")
        Label1.Text = "登录成功！";
      else
      {
          Response.Write("<script>alert('用户名和密码都不能为空，请重新输入！
          ')</script>");
          重置();
      }
  }
  protected void Button2_Click(object sender, EventArgs e)
  {
      重置();
  }
```

运行中弹出的消息框界面如图 9-29 所示。

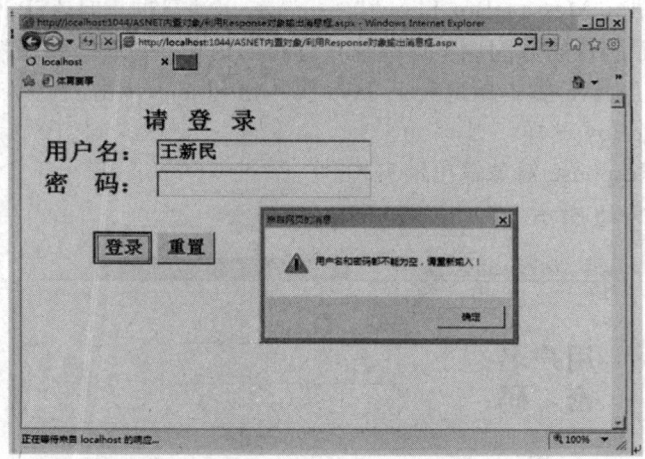

图 9-29　登录未输入密码引起消息框警告

（2）利用 Response 对象的 Redirect 方法，重定向浏览器，即令浏览器重新访问一个新网页，语法格式为：

```
Response. Redirect("新网页的URL地址");
```

在 URL 地址后面，还可以跟上一个以 ？开头的查询字符串（QueryString），把少量的数据信息传送到新网页。QueryString 的语法格式为：

```
? 变量名1=值1  &变量名2=值2  &……&变量名k=值k
```

例 9-6　新婚的祝贺

设计了一个祝贺新婚的通用网页，界面如图 9-30 所示。

图 9-30　祝贺新婚的网页（展示页.aspx）

新郎、新娘和贺客的姓名需要利用另一个网页输入，界面如图 9-31 所示。

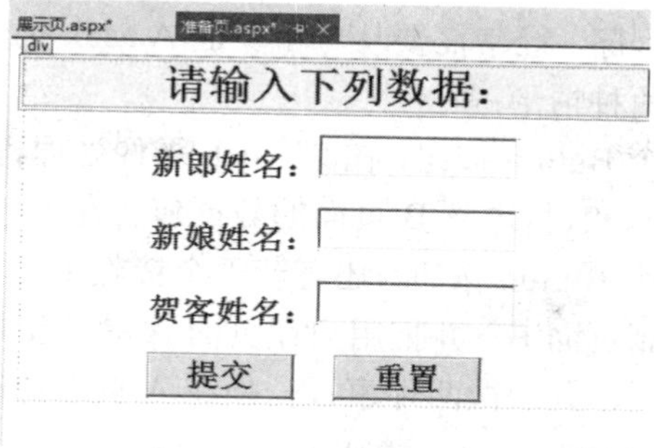

图 9-31　要输入数据的网页（预备页.aspx）

　　要求先打开预备页，当输入了新郎、新娘及贺客的姓名，单击"提交"按钮后，便立即打开展示页，并把 3 个姓名也传到展示页并显示出来。"提交"按钮所对应的代码是：

```
protected void Button1_Click(object sender, EventArgs e)
 {
 if(TextBox1.Text!="" && TextBox2.Text!="" && TextBox1.Text!="" &&
 TextBox1.Text!="")
{
 Response.Redirect("展示页.aspx?男名="+TextBox1.Text + "&女名="+
 TextBox2.Text +"&客名="+ TextBox3.Text);
  }
}
```

　　可见在打开展示页的同时，把预备页中 3 个文本框的内容，分别通过"男名""女名""客名" 3 个变量捎带到展示页。又在展示页.aspx.csz 中，用以把通过 QueryString 传送来的数据接收并显示出来的代码是：

```
protected void Page_Load(object sender, EventArgs e)
    {
        Label1.Text =Request.QueryString["男名"];
        Label2.Text = Request.QueryString["女名"];
        Label3.Text = Request.QueryString["客名"];
            }
```

　　理解这一段代码，涉及到 ASP.NET 的又一个内置对象——Request，暂把话题收住片刻。眼下需要着重理解的是，Button 按钮也可以和 LinkButton、HyperLink 一样用来实现页面的链接跳转，直观上没有链接跳转的标志，却多一个可以捎带 QueryString 传送信息的好处，应当联系实际，从善而择。

9.6.3　Request 对象

　　Request 的意思是请求，它和应答的 Response 是相互呼应的一对，可以理解成从客户端收集、提取信息对象。

以网页为界面的应用程序，经常需要从一个页面 A.aspx 携带信息，跳转到另一个页面 B.aspx 去工作。下面考虑两种情形：

（1）在页面 A 中有一个 Button 按钮，在其 Click 事件处理程序的代码中用了 Response. Redirect("B.aspx?......")命令。欲传送到 B 页面的数据包含在"QueryString?......"中。

（2）在页面 A 中有一个 Button 按钮，还有若干个接收用户输入数据的文本框。我们希望在单击按钮后，能跳转到页面 B，并把用户在页面 A 的各文本框中所输入的数据都带到页面 B。为了达到这个目的，只需做两件事，一是在 A 页面的源视图中，找到窗体的标记 <form id="form1" runat="server">，对它稍加扩充，改成：

```
<form id="form1" runat="server" method ="post" action="B.aspx">
```

二是对页面 A 中的 Button 按钮，将其 PostBackUrl 属性值设为～/B.aspx，不做事件设置；或不作 PostBackUrl 属性值设置，而将按钮的 Click 事件处理程序的代码设为：

```
Response.Redirect("B.aspx");
```

那么，到了页面 B 以后，怎么把传来的数据接收下来呢？这就是 Request 对象的用武之地了，仍然分两种情况回答。

（1）在利用 Request 对象从客户端提交的 QueryString 中提取信息，语法格式为：

```
Request. QueryString["某包含在QueryString中的变量名"]
```

功能是提取出 QueryString 中指定变量的值。例如，例 9-6 中：

```
Label1.Text =Request.QueryString["男名"];
Label2.Text = Request.QueryString["女名"];
Label3.Text = Request.QueryString["客名"];
```

就是利用 Request 对象，从重定向跳转到本页面时所携带的 QueryString 中把男名、女名、客名 3 个变量的值提取出来，分别显示在 3 个标签中。

（2）利用 Request 对象从客户端提交的 FORM 数据中提取出某文本框中的数据，语法格式为：

```
Request.Form["某文本框名"];
```

例 9-7 FORM 数据的传送

设计两个页面。页面"申报表.aspx"界面设计如图 9-32 所示。

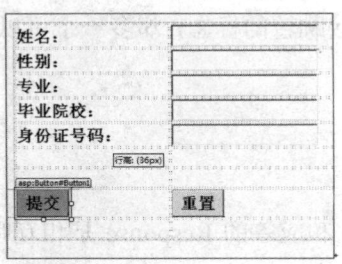

图 9-32 申报表页面设计

在其自动生成的"源"视图中，将 Form 标签修改为：

```
<form id="form1" runat="server" method ="post" action="汇总.aspx">
```

"提交"按钮的 PostBackUrl 属性值设为～/汇总.aspx。

另一页面"汇总.aspx"的代码设计为：

```
protected void Page_Load(object sender, EventArgs e)
{
        string xm = Request.Form["TextBox1"];
        string xb = Request.Form["TextBox2"];
        string zy=Request.Form["TextBox3"];
        string yx = Request.Form["TextBox4"];
        string sfzh = Request.Form["TextBox5"];

        Response.Write("最新登记的信息如下：<br/>");
        Response.Write("姓名："+xm+"<br/>");
        Response.Write("性别："+xb+"<br/>");
        Response.Write("专业：" + zy + "<br/>");
        Response.Write("毕业院校：" + yx + "<br/>");
        Response.Write("身份证号码：" + sfzh + "<br/>");
    }
```

设"申请表.aspx"为起始页，运行情况如图 9-33 和图 9-34 所示。

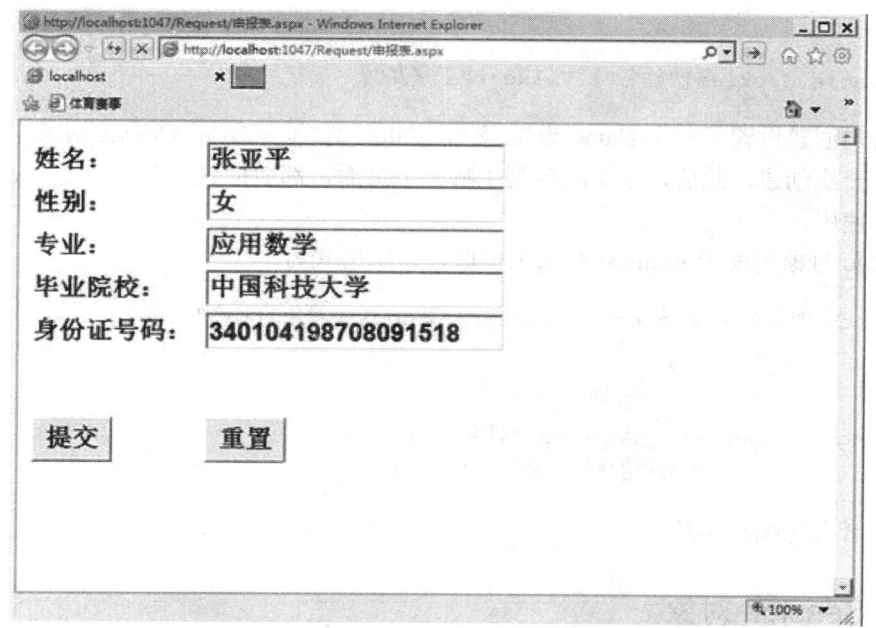

图 9-33　申请表.aspx 打开后输入数据

单击"提交"按钮后，跳转为如图 9-34 所示页面。

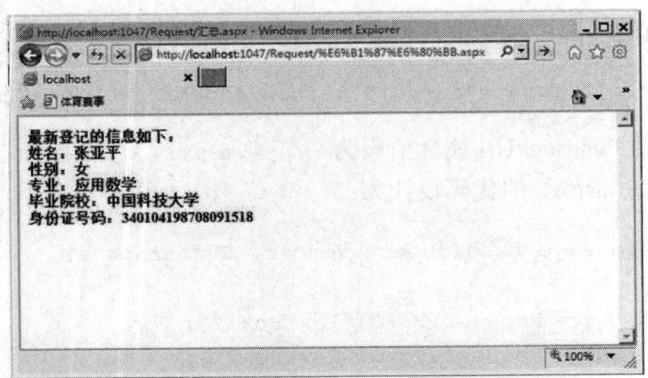

图 9-34　新网页"汇总.aspx"中显示传送到的数据

9.6.4　Cookie 对象

网页浏览中，在客户端主机的内存或硬盘上维持有一个专用来保存客户数据的名为 Cookies 的数据集合，该集合中的数据元素皆称为 Cookie 对象，它们都是 HttpCookie 类的实例。每一个 Cookie 对象都有 Name（名称）和 Value（值）两个 string 类型的属性。

Cookie 对象借助于 Response 对象来创建，语法格式为：

```
Response.Cookies["某Cookie对象的名称"].Value ="某Cookie对象的值";
```

例如：

```
Response.Cookies["姓名"].Value ="王家友";
```

该语句创建设置了一个 Name 为"姓名"，Value 为"王家友"的 Cookie 对象。

有了一次创建，此后，不论跳转到了哪一个页面，都能把这个存放在 Cookies 中的对象取出来使用。

Cookie 对象借助于 Request 对象来提取，语法格式为：

```
String  变量名 = Request. Cookies["某Cookie对象的名称"].Value;
```

例如：

```
String  s= Request. Cookies["姓名"].Value;
Response.Write("当前用户的姓名是: " + s);
```

请读者自行编程实验。

9.6.5　Session 对象

1. 概述

一个用户登录了某网站，从该网站的这个网页跳转到那个网页，直到离开该网站，整个浏览期间称为用户和网站的一个"会话",即 Session。对于每一个来访的用户,网站都自动在服务器端为之创建一个用来存储该用户私有信息的 Session 对象的集合(当然,最初为空集,其中的元素需要逐一创建),并赋予一个称为 SessionID 的字符串类型的编号。但不同用户的 SessionID 不同,这就把不同用户的 Session 对象区别开来了。

怎样定义一个 Session 对象呢? Session 对象的类型系统默认为是 object,在定义时不必声明;定义 Session 对象的语法格式为:

```
Session["Session对象的名称"] = Session对象的值;
```

这里,Session 对象的值理解为该对象的一个实例。以上定义语句实质上是一个赋值语句,由于左边是 object 类型,所以右边可以是一个任一类型的对象实例,这个赋值过程其实也就是"装箱"。例如:

```
Session["父名"] = "程志杰";
```

定义了一个名为"父名"的 Session 对象(也可称为 Session 变量),其中存储了字符串"程志杰"。而在程序中,表达式 Session["父名"] 表达的是:名为"父名"的 Session 对象的值,即"程志杰"。

类似地可定义:

```
Session["父龄"] = 76;
Session["养老金"] = 4680.65;
```

在程序中,可以用 Session.Count 来获取当前 Session 集合中 Session 对象的个数;用 Session.SessionID 来获取当前用户的 SessionID 编号。Count 和 SessionID 是 Session 对象的两个常用属性。

2. 简单 Session 对象的定义和应用

创建 3 个网页:红页、蓝页、黄页。红页为起始页,从红页可链接到蓝页,从蓝页可链接到黄页。红页和黄页的页面上都设置有 Label1～Label6 六个标签,蓝页上设置有 Label1～Label8 八个标签。

红页代码如下:

```
protected void Page_Load(object sender, EventArgs e)
{
  Label1.Text = "当前用户的SessionID是: " + Session.SessionID;
  Label2.Text = "当前Session集合所含Session对象的个数是: " + Session.Count;
  Session["父名"] = "程志杰";
  Session["父龄"] = 76;
  Label3.Text = "Session['父名'] =" + Session["父名"];
  Label4.Text = "Session['父龄'] = " + Session["父龄"];
  Label5.Text = "当前用户的SessionID是: " + Session.SessionID;
  Label6.Text = "当前Session集合所含Session对象的个数是: " + Session.Count;
}
```

蓝页代码如下：

```csharp
protected void Page_Load(object sender, EventArgs e)
{
Label1.Text = "当前用户的SessionID是： " + Session.SessionID;
Label2.Text = "当前Session集合所含Session对象的个数是： " + Session.Count;

Label3.Text = "Session['父名'] =" + Session["父名"];
Label4.Text = "Session['父龄'] = " + Session["父龄"];

Session["母名"] = "朱曼娟";
Session["母龄"] = 74;

Label5.Text = "Session['母名'] =" + Session["母名"];
Label6.Text = "Session['母龄'] = " + Session["母龄"];

Label7.Text = "当前用户的SessionID是： " + Session.SessionID;
Label8.Text = "当前Session集合所含Session对象的个数是： " + Session.Count;
    }
```

黄页代码如下：

```csharp
protected void Page_Load(object sender, EventArgs e)
    {
        Label1.Text = "当前用户的SessionID是： " + Session.SessionID;
        Label2.Text = "当前Session集合所含Session对象的个数是： " + Session.Count;

        Label3.Text = "Session['父名'] =" + Session["父名"];
        Label4.Text = "Session['父龄'] = " + Session["父龄"];

        Label5.Text = "Session['母名'] =" + Session["母名"];
        Label6.Text = "Session['母龄'] = " + Session["母龄"];
    }
```

运行时红页显示如图 9-35 所示。

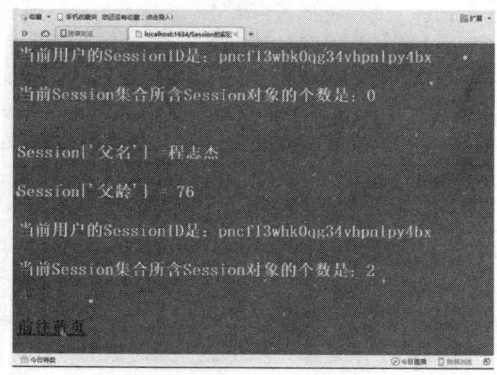

图 9-35　红页运行图

单击"前往蓝页"后蓝页显示如图 9-36 所示。

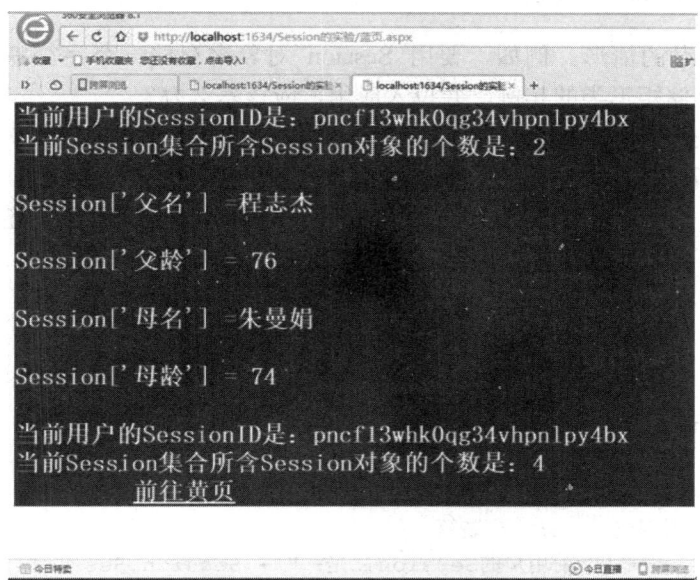

图 9-36　蓝页运行图

再单击"前往黄页"后黄页显示如图 9-37 所示。

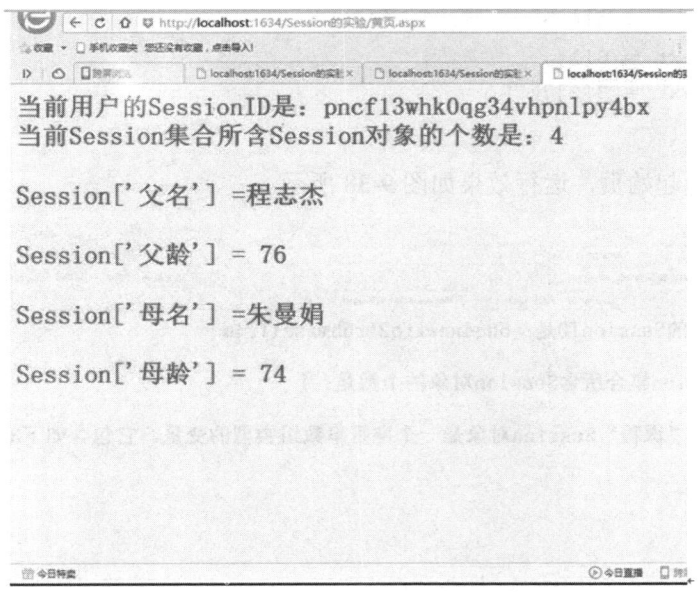

图 9-37　黄页运行图

　　这个例题体现了简单 Session 变量（字符串型、数值型）的定义和用法，也阐明了 SessionID 的意义以及 Session 对象可以存储用户的私有信息，而且它是用户的一个随身携带的信息包，可以紧跟用户浏览站内网页的轨迹，从一个网页传送到另一个网页。

3. 进一步的 Session 案例

考虑较为复杂的情形。例如，要用 Session 对象来存储一个字符串型数组，又要用 Session 对象来存储矩形类的实例，并投入应用，应该怎么办？

回答是：要想存储某种类型的对象，先提供出一个该类型对象的实例，然后将此实例赋给 Session 对象。这样定义好的 Session 对象在投入应用时，需要"拆箱"，即把所存储的内容由 object 类型转化为当初装入时的类型。这样回答未免太抽象，还是看实例吧。

本例的"首页"页面设置了 6 个标签，驱动它们的代码为：

```
protected void Page_Load(object sender, EventArgs e)
{
  string[] A = new string[3];
  A[0] = "语文";
  A[1] = "数学";
  A[2] = "英语";
  Session["课程"] = A;  //装箱
  Label1.Text = "当前用户的SessionID是: " + Session.SessionID;
  Label2.Text = "当前Session集合所含Session对象的个数是: " + Session.Count;
  Label3.Text = "当前名为"课程"Session对象是一个字符串数组类型的变量，它包含如下
  3个分量: ";
  string[] B = (string[])Session["课程"];   //拆箱
  Label4.Text = B[0];
  Label5.Text = B[1];
  Label6.Text = B[2];
}
```

"首页"作为起始页，运行效果如图 9-38 所示。

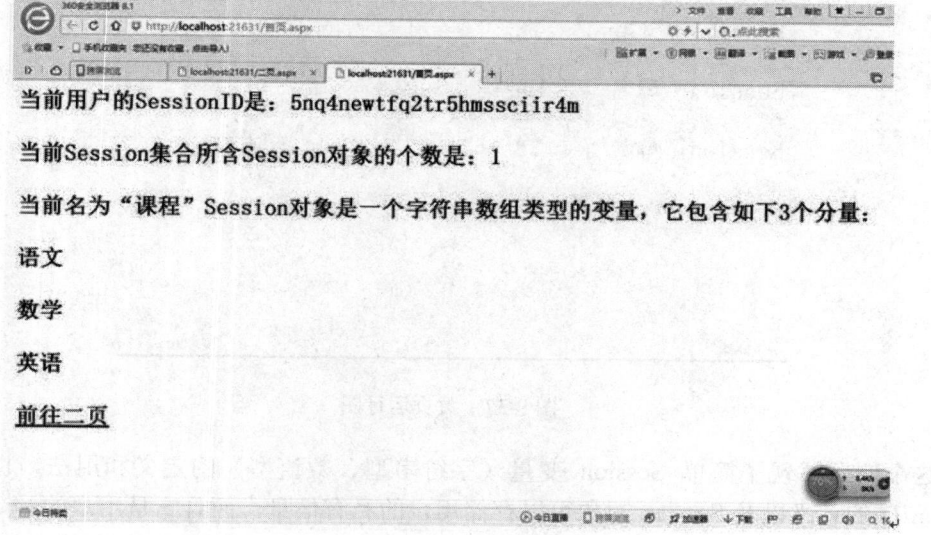

图 9-38　"首页"运行图

　　首页中有一个前往第二页的链接按钮，第二页的页面布置同首页。第二页要存储一个矩形类的实例，需要事先定义矩形类。在网站中定义类的方法是：在"解决方案资源管理器"窗口右击网站名，快捷菜单中单击"添加"→"添加 asp.net 文件夹"→App_Code 命令，"解决方案资源管理器"窗口网站名下方会出现名 App_Code 的文件夹，右击此文件夹，快捷菜单中单击"添加"→"类"命令，在弹出的对话框中键入类名，便进入类代码的编辑页面。本例建立"矩形"类的代码如下：

```
public class 矩形
{
    public  double 长;
    public  double 宽;
    public 矩形(double a,double b)
      {
        长 = a;
        宽 = b;
      }

    public double 周长()
    {
      return 2*(长+宽);
    }

    public double 面积()
    {
        return 长 * 宽;
    }
}
```

在此基础上，第二页的后台代码为：

```
protected void Page_Load(object sender, EventArgs e)
    {
        矩形 A = new 矩形(2.1, 0.8);
        Session["房门"] = A;  //装箱
        Label1.Text = "当前用户的SessionID是: " + Session.SessionID;
        Label2.Text = "当前Session集合所含Session对象的个数是: " + Session.Count;

        矩形 B = (矩形)Session["房门"];  //拆箱
        Label3.Text = "新增矩形类Session对象的长为: " + B.长;
        Label4.Text = "新增矩形类Session对象的宽为: " + B.宽;
        Label5.Text = "新增矩形类Session对象的周长为: " + B.周长();
        Label6.Text = "新增矩形类Session对象的面积为: " + B.面积();
    }
```

运行效果如图 9-39 所示。

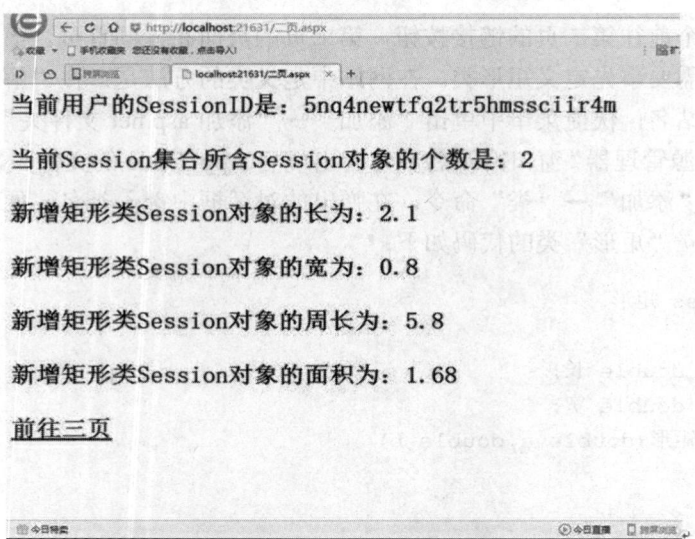

图 9-39　第二页运行图

第二页中有一个前往第三页的链接按钮。第三页的页面引进了一个 GridView 控件和两个 Label 控件。第三页旨在用 Session 对象来存储数据表，后台代码如下：

```
protected void Page_Load(object sender, EventArgs e)
    {
        DataTable dt = new DataTable();  //构造一个数据表的实例
        dt.Columns.Add("学号",typeof(string));
        dt.Columns.Add("姓名", typeof(string));
        dt.Columns.Add("语文", typeof(int));
        dt.Columns.Add("数学", typeof(int));
        dt.Columns.Add("英语", typeof(int));
        for (int k = 1; k < 6; k++)
        {
            DataRow rr = dt.NewRow();
            rr["学号"] = "A00" + k;
            rr["姓名"] = "周小" + k;
            rr["语文"] = 65 + 4 * k;
            rr["数学"] = 70 + 3 * k;
            rr["英语"] = 80 + 2 * k;
            dt.Rows.Add(rr);
        }

        Session["成绩表"] = dt;    //装箱
        GridView1.DataSource = Session["成绩表"];
        GridView1.DataBind();

        Label1.Text = "当前用户的SessionID是: " + Session.SessionID;
        Label2.Text = "当前Session集合所含Session对象的个数是: " + Session.Count;
    }
```

运行效果如图 9-40 所示。

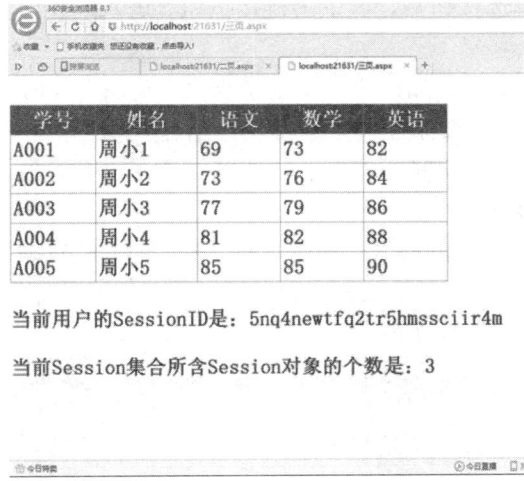

图 9-40 第三页运行图

第三页中，object 对象 Session["成绩表"]中装箱存储了一个 DataTable 类的实例。Session["成绩表"]的内容通过和 GridView1 的数据绑定，整体地在 GridView1 中显示出来，即在应用 Session["成绩表"]时并未对其实行"拆箱"，但如果不是整体显示，拆箱就不可避免了。

4. 网上购物车

下面介绍一个简单的网上超市，重点是购物车的设计和操作。大凡超市都是分类陈列商品，不同类的商品形成不同的购物区。网上超市设计的第一步就是设计一个界面，公布现有商品的类别，让用户选择一个类别，以便进入相应的购物区，效果如图 9-41 所示。

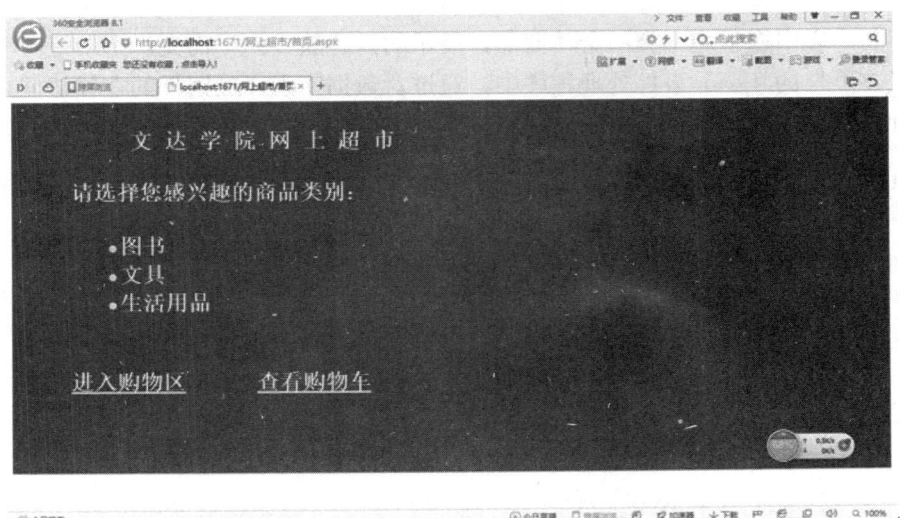

图 9-41 一个简单网上超市的首页

那么，这个界面中是不是设置了 3 个单选按钮，每一个单选按钮都对应有一个购物区页面。用户选择了某个单选按钮后，再单击链接按钮"进入购物区"，便打开所选的购物区页面？

这不是一个好主意。设想，如果超市新增了一个"食品"购物区，那么势必要修改"首页"，添加一个单选按钮，还要添加一个新网页，后台代码也要相应修改。另外，各个购物区网页也不稳定——当货源有了变化，展示商品的网页能保持不变吗？

应该有一个以不变应万变的办法。商品是有"账"的，用数据库来描述。建立一个数据库"商品.accdb"，内有"类别"和"商品"两个表，如图 9-42 和图 9-43 所示。

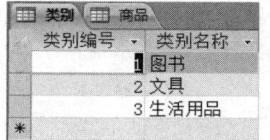

图 9-42　类别表

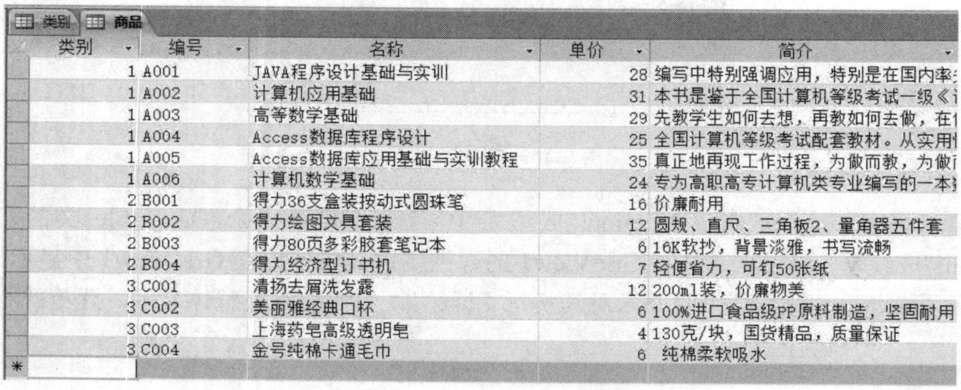

图 9-43　商品表

为了实现图 9-40 的界面，取代 3 个单选按钮，改用一个未绑定的单选按钮列表控件 RadioButtonList1，其各列表项集合 Items 由访问"类别"表的结果决定，类别表中有几个类，就有几个单选按钮。另外，各购物区公用一个页面展示，单击了哪一类商品，页面就展示"商品"表中属于这一类的全体商品，展示的内容随数据库而变。

在"首页"的 Load 事件处理程序中，通过对数据库表"类别"的在线访问，确定了 RadioButtonList1 的列表项集合 Items：

```
protected void Page_Load(object sender, EventArgs e)
{
  if (!IsPostBack)
  {
    string connStr = "Provider=Microsoft.ACE.OLEDB.12.0;Data Source=" +
    Server.MapPath("App_Data\\商品.accdb");
    OleDbConnection conn = new OleDbConnection(connStr);
    conn.Open();
    string strsql = "select * from 类别";
    OleDbCommand comm = new OleDbCommand(strsql, conn);
    OleDbDataReader dr= comm.ExecuteReader();
    int i = 0;
```

```
while (dr.Read())
 {
   RadioButtonList1.Items.Add(dr[1].ToString());
   i++;
 }
 conn.Close();
 }
 }
```

在图 9-40 中选择了某个单选按钮后，单击链接按钮"进入购物区"，执行的代码是：

```
protected void LinkButton1_Click(object sender, EventArgs e)
   {
     ListItem  y= RadioButtonList1.SelectedItem;
     if (y !=null)
         Response.Redirect("选购商品.aspx?类别名称="+ y.Text);
   }
```

即跳转到"选购商品"页面，并把用户所选商品的"类别名称"信息传送到新页面，以便新页面根据这个信息来展示商品。

接着来设计网页"选购商品.aspx"。主要引进了一个 GridView 控件，当它以商品表中某一类商品构成的子表为数据源，实行数据绑定后，就可以显示一类商品。但这还不够，为了在展示商品的同时直观地表现出"选购"功能，为控件 GridView1 添加一个新列，操作如下。

（1）单击 GridView1 控件右上角的小箭头按钮，在弹出的 GridView 任务菜单中单击"添加新列"命令，如图 9-44 所示。

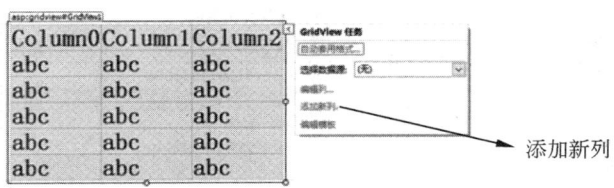

图 9-44　为 GridView 控件添加新列

（2）在弹出的"添加字段"对话框中，选择及填写如图 9-45 所示。

（3）设置完毕单击"确定"按钮，GridView1 添加了新列，如图 9-46 所示。

新添加的列，每一行中都是一个按钮，用来下达选择命令，选择所在行介绍的商品，形象地说，就是拿一件该种商品放入购物车。我们想改进一下，把这些按钮图形化为购物车。于是准备好一个购物车图案 2.png，把它放入所添加的 Images 文件夹中。再单击 GridView 控件右上角的小箭头按钮，在弹出的 GridView 任务菜单中单击"编辑列"命令，又在弹出的"字段"对话框中对新添加的字段"放入购物车"进行编辑，主要是在"外观"方面，将 ButtonType 属性值改选为 Image，并通过浏览设定 ImageUrl 的值，如图 9-47 所示。

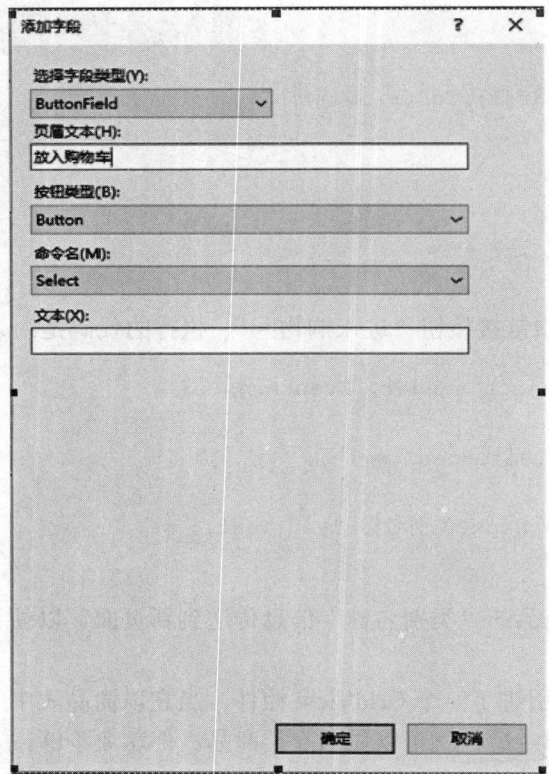

图 9-45　对所添加新列的设置

放入购物车	Column0	Column1	Column2
☐	abc	abc	abc
☐	abc	abc	abc
☐	abc	abc	abc
☐	abc	abc	abc
☐	abc	abc	abc

图 9-46　左端添加了一个新列

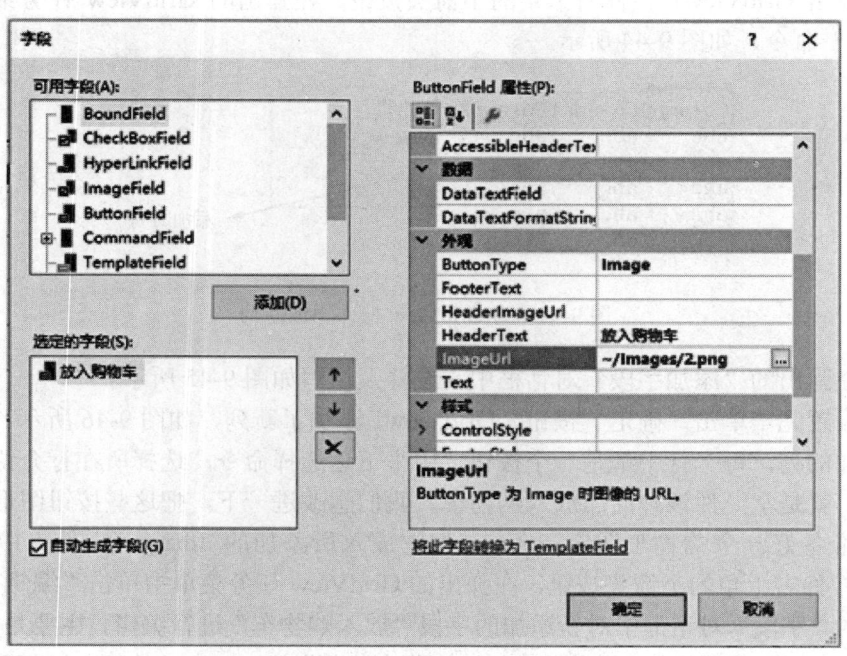

图 9-47　把按钮列的按钮类型改为 Image 类型

单击"确定"按钮后，GridView1 的外观如图 9-48 所示。

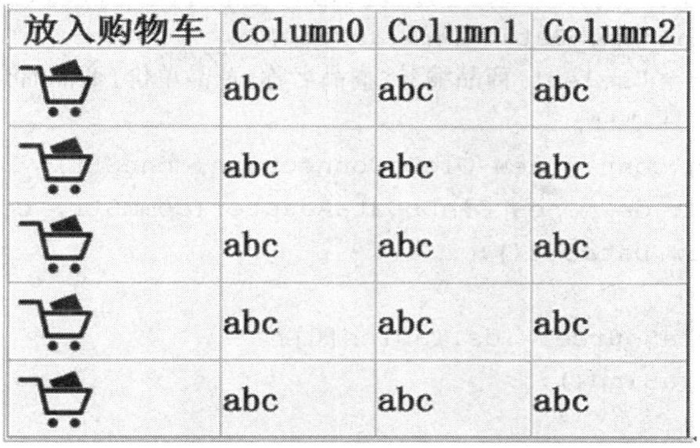

图 9-48　新添加的按钮列实现了图形比

为了美化数据表的显示，还对 GridView1 自动套用了名为"秋天"的格式。此外，GridView1 上方设置了一个标签 Label1，用来动态显示所展示商品的类别；GridVew1 下方还设置了两个链接按钮，"选购商品.aspx"的整个界面设计如图 9-49 所示。

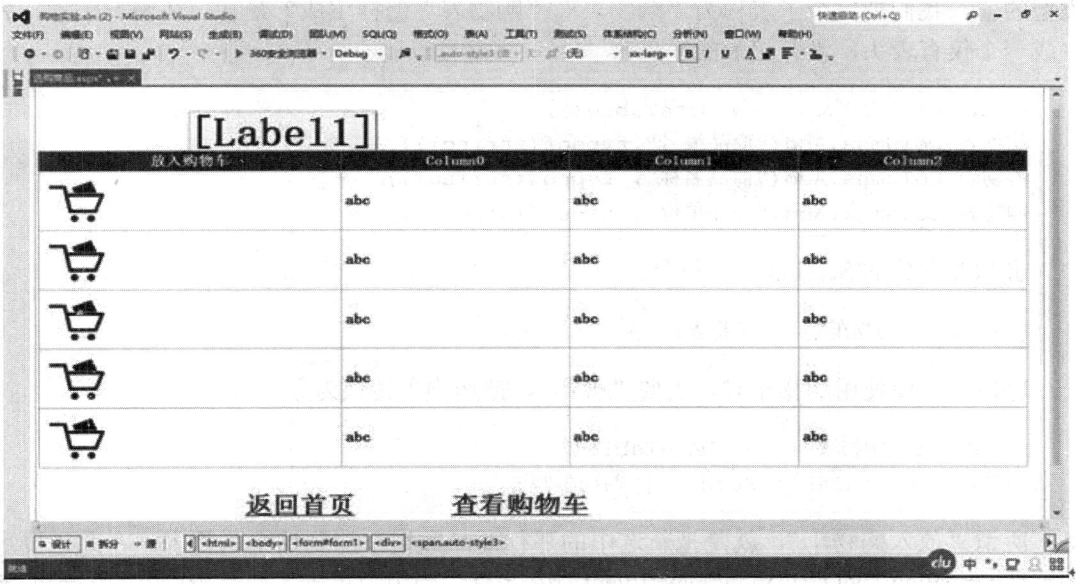

图 9-49　网页"选购商品.aspx"的界面设计

网页"选购商品.aspx"主要实现两大功能。其一是利用从"首页"传来的"商品类别"信息，构建页面的标题，并从"商品"表中查出该类商品的记录，在 GridView1 中显示出来。代码如下：

```
protected void Page_Load(object sender, EventArgs e)
{
  string lb = Request.QueryString["类别名称"];
```

```
        Label1.Text = lb + "购物区商品列表----欢迎选购";
        string connStr = "Provider=Microsoft.ACE.OLEDB.12.0;Data Source=" +
        Server.MapPath("App_Data\\商品.accdb");
        string commStr = "select 商品编号,商品名称,商品单价,商品简介 from 商品 where 类
        别名称='" + lb + "'";
    OleDbConnection conn = new OleDbConnection(connStr);
    OleDbDataAdapter da = new OleDbDataAdapter(commStr, conn);
    DataSet ds = new DataSet();
        da.Fill(ds);
        GridView1.DataSource = ds.Tables[0];
        GridView1.DataBind();
        da.Dispose();
    }
```

另一项主要功能是把用户选择的商品放入购物车，这是本网站设计的重中之重。购物车是为各个用户所私有的一个存储结构，用来存储用户屡次从各个购物区选购的商品。用什么来做购物车？相信你心有灵犀，马上就想到，用 Session 对象。为这个 Session 对象赋什么样的值？因为用户的选择是"商品"表的一个子表，所以应赋给 DataTable，即数据表类型的值，我们把这个子表称为"购物表"。"购物表"怎样生成？最初，还没有购物，先生成一个仅有表头，没有记录的空表：

```
DataTable 购物表 = new DataTable();
购物表.Columns.Add("商品编号",typeof(string));
购物表.Columns.Add("商品名称", typeof(string));
购物表.Columns.Add("商品单价", typeof(double));
```

最初要创建的 Session 对象就是：

```
Session["购物车"] = 购物表;
```

以后，凡要使用购物车时，也要"拆箱"，把购物车转换为数据表：

```
DataTable 购物表 = new DataTable();
购物表 = (DataTable)Session["购物车"];
```

所谓"放入购物车"，就是把新选中的那行商品数据添加到这个购物表。在此，要用到控件 GridView1 的 GridViewSelectEventArgs 事件，当用户单击了商品表中某行左端的购物车按钮后，便会激发这个事件，而这个事件处理程序的参数 GridViewCommandEventArgs e 中包含有被单击的那一行的行号 index：

```
int index = e.NewSelectedIndex;
```

有了这个行号，就可以从 GridView1 中把该行商品的有关数据取出来，为购物表构造出一个新行，从而实现了把此商品放入购物车。完整的代码如下：

```
protected void GridView1_SelectedIndexChanging(object sender,
GridViewSelectEventArgs e)
```

```
{
    DataTable 购物表 = new DataTable();
    if (Session["购物车"] == null)
    {
        购物表.Columns.Add("商品编号", typeof(string));
        购物表.Columns.Add("商品名称", typeof(string));
        购物表.Columns.Add("商品单价", typeof(double));
        Session["购物车"] = 购物表;
    }
    购物表 = (DataTable)Session["购物车"];
    int index =e.NewSelectedIndex;
    GridViewRow row = GridView1.Rows[index];
    string bh = row.Cells[1].Text;
    string mc = row.Cells[2].Text;
    double dj = double.Parse(row.Cells[3].Text);
    DataRow rr = 购物表.NewRow();
    rr["商品编号"] = bh;
    rr["商品名称"] = mc;
    rr["商品单价"] = dj;
    购物表.Rows.Add(rr);
    Session["购物车"] = 购物表;
}
```

本设计在购物表中未设置"数量"字段。欲购买某种商品多件，采取单击同一购物车按钮多次的办法，这样做使代码编写从简，也更符合超市购物的实际。

最后解说网页"查看购物车.aspx"的设计。用户在超市购物的过程中，随时可以查看购物车，因此不论是在"主页"还是"选购商品"页，都设有链接按钮"查看购物车"，只要单击了这个按钮，便跳转到"查看购物车.aspx"。所谓"查看购物车"，就是审视一下已经拿到购物车中的商品，如觉不合适，可以退回一部分，甚至全部退回。据此，做出如图 9-50 所示的界面设计。

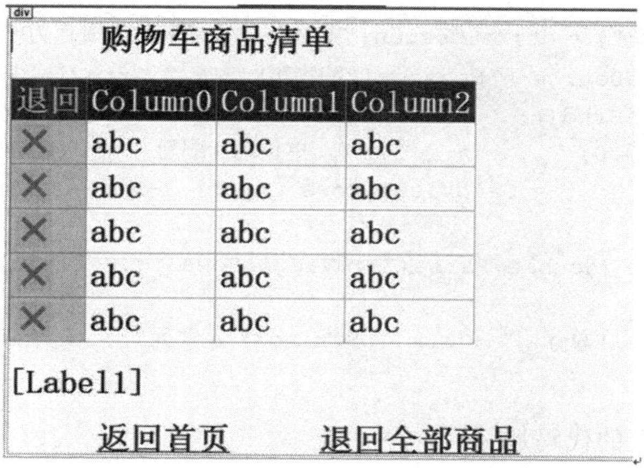

图 9-50　网页"查看购物车.aspx"的界面设计

　　可见，核心还是一个 GridView 控件，不过它要以 Session["购物车"]为数据源，实行数据绑定。在显示出购物车商品清单的同时，还要把"商品单价"列总计出来。请看代码：

```
protected void Page_Load(object sender, EventArgs e)
    {
        GridView1.DataSource = Session["购物车"];
        GridView1.DataBind();
        double sum = 0.0;
        for (int i = 0; i < GridView1.Rows.Count; i++)
        {
            sum = sum + (double.Parse(GridView1.Rows[i].Cells[3].Text));
        }
        Label1.Text = "总计：" + sum.ToString() + "元";
    }
```

　　"购物车商品清单"显示出来以后，还要具有"单件退货"的功能。为此对控件 GridView1 也添加了一个字段类型为 ButtonField，页眉文本为"退回"，按钮类型为 Button，命令名为 Delete 的新列，并且也对新列进行编辑，把新列中呈现在各行的按钮改造为 Image 类型。事先准备了一个删除图案 1.png，放在 Images 文件夹中，以便在编辑新列时通过浏览设定图形化按钮的 ImageUrl 值。

　　本程序的绝妙之处在于，对购物车商品清单，只要单击其左端任一行的删除按钮，这一行就会消除，下方的总价中也会自动把这行商品的单价扣除。此功能的实现借助于控件 GridView1 的 RowDeleting 事件，当单击某行的删除按钮时，触发该事件，并且事件的参数 GridViewDeleteEventArgs　e 中包含有要删除的行的行号 e.RowIndex。完整的代码如下：

```
protected void GridView1_RowDeleting(object sender, GridViewDeleteEventArgs e)
{
DataTable dt = new DataTable();
dt = (DataTable)Session["购物车"];   /*拆箱，将Session["购物车"]转换为
                                    DataTable类型投入应用*/
dt.Rows.RemoveAt(e.RowIndex);      //购物表按指定的行号删去一行
Session["购物车"] = dt;/*Session["购物车"]重新装箱，赋值为刚删除了一行的购物表*/
GridView1.DataSource = Session["购物车"];  // GridView1的显示刷新
GridView1.DataBind();
double sum = 0.0;                   // 单价总计刷新
 for (int i = 0; i < GridView1.Rows.Count; i++)
 {
   sum = sum + (double.Parse(GridView1.Rows[i].Cells[3].Text));
 }
 Label1.Text = "总计：" + sum.ToString() + "元";
}
```

　　"退回全部商品"的代码是：

```
protected void LinkButton2_Click(object sender, EventArgs e)
```

```
    {
        Session.Remove("购物车");
        GridView1.DataSource = Session["购物车"];
        GridView1.DataBind();
        Label1.Text = "总计：0元";
    }
```

下面展示本例的运行示范。首先是展示如图 9-41 所示的首页，设用户选择了"文具"，并单击了链接"进入购物区"，于是打开选购文具的页面，如图 9-51 所示。

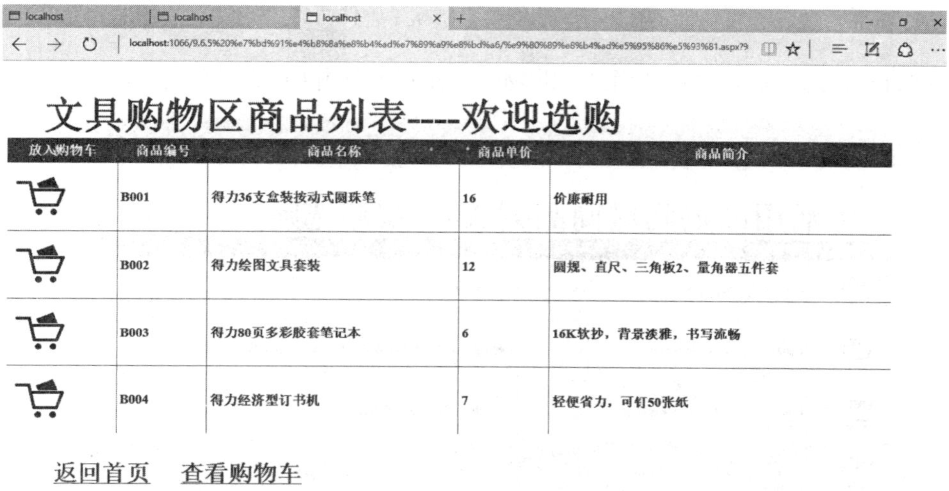

图 9-51　选购文具的页面

用户在图 9-51 中单击 B001 号购物车一次，又单击 B003 号购物车两次，再单击链接"查看购物车"，显示新页面如图 9-52 所示。

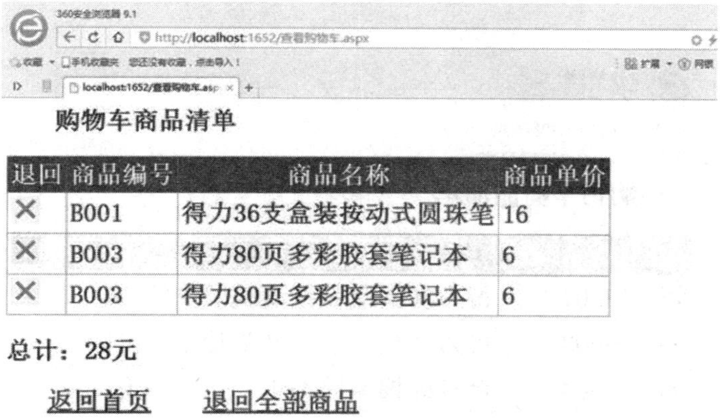

图 9-52　查看购物车的页码

设用户在图 9-52 中单击一次 B003 号退回按钮 X 一次，该页面立即变化如图 9-53 所示。

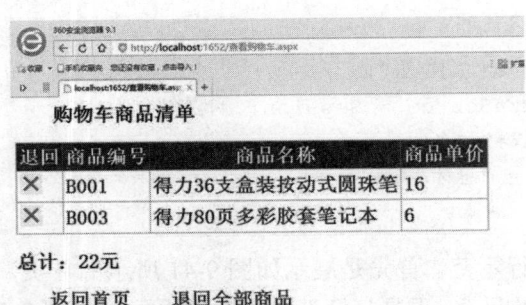

图 9-53　购物车中删除了一件商品

返回首页，选择进入"生活用品"购物区，在其中单击 C004 号购物车，如图 9-54 所示。

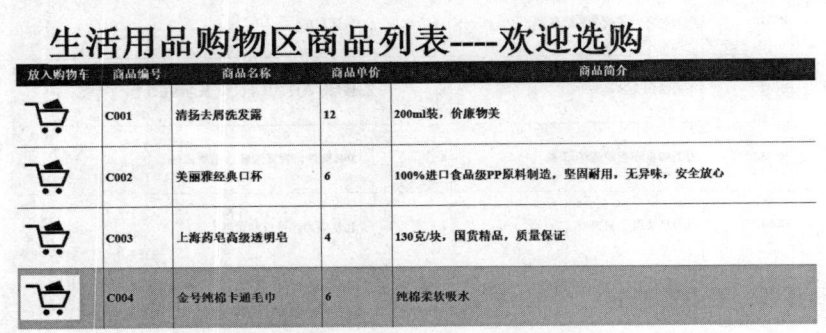

图 9-54　在生活用购物区选购了一条毛巾

接着单击"返回首页"链接，再从首页单击链接"查看购物车"，显示购物车清单如图 9-55 所示。

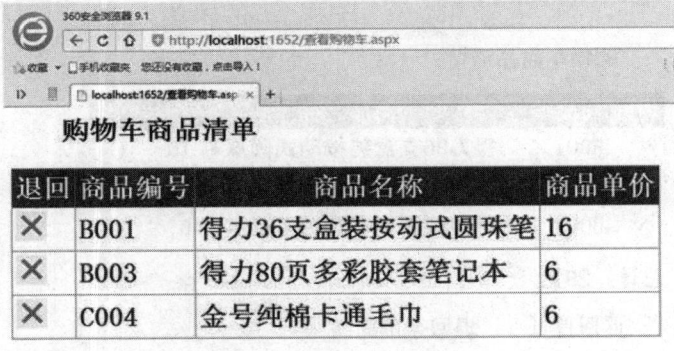

图 9-55　再次查看购物车

若购物已经满意，可返回首页，并单击首页右上角的关闭按钮，退出购物网站。

9.6.6 Application 对象

1. 概述

Application 对象是公有的、供网站的所有来访者共享的信息存储结构。

Application 对象的定义和赋值的语法格式，已定义的 Application 对象如何投入使用，这些都和 Session 对象一样，在此不多费口舌了。

善于思考的读者会问：Session 对象也好，Application 对象也好，都是网页设计者事先写好在网页代码中的，为每一个来访者服务，何来的公有、私有？且举一个实例来阐明这个问题。设在网页上设置了一个文本框 TextBox1，要求用户输入姓名，当用户打开网页输入了姓名并单击"提交"按钮后，执行下面的程序：

```
Session["姓名"] = TextBox1.Text;
if (Application["来宾登记"]==null)
  Application["来宾登记"] += TextBox1.Text;
else
  Application["来宾登记"] =Application["来宾登记"]+","+ TextBox1.Text;
Label1.Text = "当前Session['姓名']的值："+(string)Session["姓名"];
Label2.Text ="当前Application['来宾登记']的值："+(string)Application["来宾登记"];
```

设毛毛、东东和玲玲在各自的计算机上先后打开了这个网页。毛毛输入了姓名并提交后，网页显示：

当前Session['姓名']的值：毛毛
当前Application['来宾登记']的值：毛毛

东东输入了姓名并提交后，网页显示：

当前Session['姓名']的值：东东
当前Application['来宾登记']的值：毛毛,东东

玲玲输入了姓名并提交后，网页显示：

当前Session['姓名']的值：玲玲
当前Application['来宾登记']的值：毛毛,东东,玲玲

可见，三个人各有其私有的 Session["姓名"]，而公用了一个 Application["来宾登记"]。再请注意，本例中 Application["来宾登记"]所采用的赋值方式是：

```
Application["来宾登记"] =Application["来宾登记"]+","+ TextBox1.Text;
```

即每次都是在保留前面用户信息的基础上，追加上新来用户的信息，这样才是名副其实的"公用"——用来保存大家的信息。如果改为：

```
Application["来宾登记"] = TextBox1.Text;
```

则虽然还是公用，但后来者用它存储数据时，把先来者存放的数据覆盖掉了。

使用 Application 对象还有一点必须注意，即为了避免多个用户同时操作一个共享对象而引发错误，应该互斥地使用共享对象。所以最好在操作 Application 对象之前，用语句 Application.Lock();进行锁定，以拒绝其他用户的 Application 访问；然后在实现了对 Application 对象的操作之后，再用语句 Application.Unlock 进行解锁，使其他用户可以进行 Application 访问。

2. 案例

例 9-8　网页来访计数器

使用 Application 对象编写网页来访计数器，运行效果如图 9-56 所示。

题 9-56　用 Application 对象实现的网页来访计数器

在单机上试验，每打开一次该网页，或"刷新"一次该页面，计数器的内容都会自动加 1。

源程序如下：

```
protected void Page_Load(object sender, EventArgs e)
  {
    if (!IsPostBack)
    {
       Application.Lock();
       if(Application["count"]!=null)
         Application["count"] = (int)Application["count"] + 1;
       else
         Application["count"] = 1;
       Application.UnLock();
    }
    Label1.Text ="您是本网站的第 "+(int)Application["count"]+" 位贵宾";
}
```

例 9-9　一个最简单的聊天室设计

聊天室一般由一个"登录页"和一个"聊天页面"组成。登录的目的仅仅是为了让参聊者输入一个"昵称名"，因为在聊天室里，每一个人的发言前面都必须冠以发言者的昵称。

"登录页"的界面设计如图 9-57 所示。

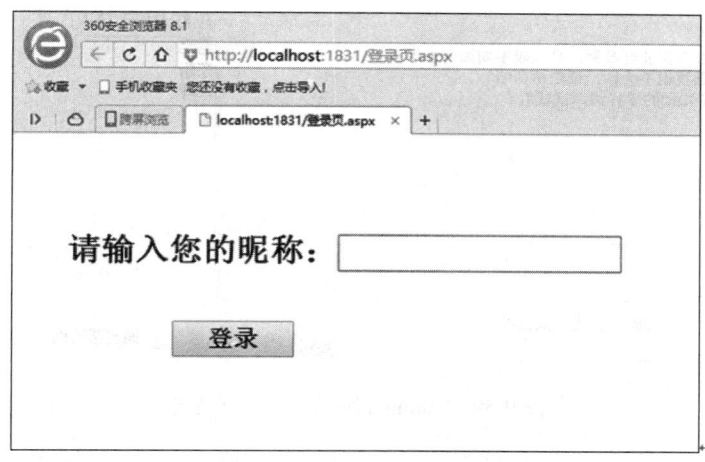

图 9-57 "Simple 聊天室"的登录界面

"登录页"的任务就是把用户所输入的昵称名传送到"聊天页面",因此,"登录"按钮的单击事件处理程序的代码是:

```
if (TextBox1.Text != ""
{
Session["昵称名"] = TextBox1.Text;
Response.Redirect("聊天室页面.aspx");
 }
 else
{
Response.Write("<script>alert('进入聊天室必须用昵称发言,请输入昵称名')</script>");
TextBox1.Focus();
 }
```

每个用户进入聊天室后,就用这个私有的 Session["昵称名"]发言。

"聊天页面"的界面设计如图 9-58 所示,运行效果如图 9-59 所示。

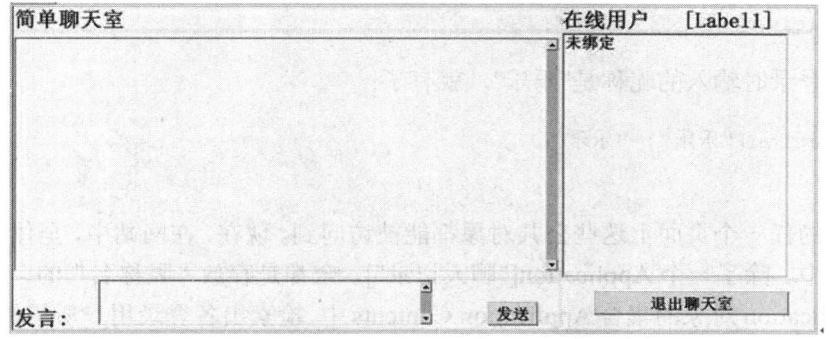

图 9-58 "聊天页面"的界面设计

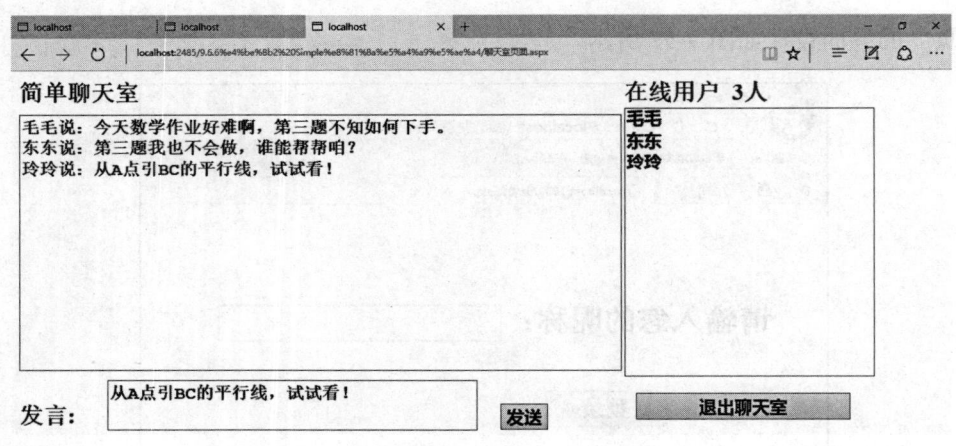

图 9-59 "Simple 聊天室"运行情况

用户登录进入聊天室后，可以从左上方的只读文本框 TextBox1 中看到此前各登录用户在聊天室留下的发言记录，并且可以把自己想讲的话键入左下方的文本框 TextBox2 中，再单击"发送"按钮，发言内容便会纳入聊天记录，在上方文本框中显示出来。聊天页面的右侧主要是一个列表框 ListBox1，用来展示各在线用户的昵称，上方还统计显示在线人数。

根据上述聊天室的结构和功能要求，显然应该设置一个公共对象 Application["聊天记录"]，用来存放各登录用户的发言，并及时地在文本框 TextBox1 中显示出来。此外，由于列表框 ListBox1 应列出各在线用户昵称，因此必须把各登录用户的昵称名存储起来。写到这里，敏感的读者马上会说，已经有了呀，在各登录用户私有的 Session["昵称名"]里存放着呢。不错，但这些 ID 编号不同的 Session["昵称名"]对象不可能在同一个页面上都被访问到：张三打开的页面上只能访问到属于张三的那个 Session["昵称名"]；李四打开的页面上只能访问到属于李四的那个 Session["昵称名"]，等等。写到这里，肯定有聪明的读者会抢着说：换用 Application 来存储昵称名就可以了。我们豁然开朗，办法有了。

在登录页 Session 对象的创建语句 Session["昵称名"] = TextBox1.Text;后面添加一句：

```
Application[TextBox1.Text] = TextBox1.Text;
```

于是，若张三登录时输入的昵称是"毛毛"，就有了：

```
Application["毛毛"]="毛毛";
```

若李四登录时输入的昵称是"乐乐"，就有了：

```
Application["乐乐"]="乐乐";
…;
```

在网站的任一个页面上这些公共对象都能被访问到。现在，在网站中，全体 Application 对象的集合中，除了一个 Application["聊天记录"]，全都是存放"昵称名"的，所以很容易从全体 Application 对象的集合 Application.Contents 中，检索出各登录用户所用的"昵称名"，并添加到列表框的 Items 集合中：

```
ListBox1.Items.Clear();
foreach (string str in Application.Contents)
{
    if (str!="聊天记录")
    {
        string s = (string)Application[str];
        ListItem x = new ListItem(s, s);
        ListBox1.Items.Add(x);
    }
}
```

最后，"聊天室页面"上所要求显示的"在线人数"，不必为此专门设计一个计数器，调用一下 ListBox1.Items.Count 就得到了：

```
int k = ListBox1.Items.Count;
 Label1.Text = k + "人";
```

又当某用户欲退出聊天室时，应先单击"退出聊天室"按钮，再关闭聊天室页面或转而打开其他网站的网页。"退出聊天室"按钮的功能应是删除当前用户的 Session["昵称名"] 对象，但此前必须先删除存储当前用户之昵称名的 Application 对象，并在 ListBox1 的 Items 集合中删除此昵称名，相应地把在线人数也减去 1。

"聊天室页面"完整的后台代码如下：

```
public partial class 聊天室页面 : System.Web.UI.Page
{
    protected void Page_Load(object sender, EventArgs e)
    {
      if (!IsPostBack)
       {
         if (Application["聊天记录"]!=null)
           TextBox1.Text = Application["聊天记录"].ToString();
       }
        ListBox1.Items.Clear();
        foreach (string str in Application.Contents)
        {
            if (str!="聊天记录")
            {
                string s = (string)Application[str];
                ListItem x = new ListItem(s, s);
                ListBox1.Items.Add(x);
            }
        }
        int k = ListBox1.Items.Count;
        Label1.Text = k + "人";
    }
    protected void Button1_Click(object sender, EventArgs e)
```

```
        {
            if (Session["昵称名"] != null)
            {
                Application["聊天记录"] += (Session["昵称名"].ToString() + "说: " +
                TextBox2.Text + "\n") ;
                TextBox1.Text = Application["聊天记录"].ToString();
            }
        }
        protected void Button2_Click(object sender, EventArgs e)
        {
            Application.Remove(Session["昵称名"].ToString());
            string p = (string)Session["昵称名"];
            ListItem y = new ListItem(p, p);
            ListBox1.Items.Remove(y);
            int k = ListBox1.Items.Count;
            string s =(string ) Session["昵称名"];
            Session.Remove("昵称名");
            Label1.Text = k + "人";
            Response.Write("<script>alert(s+'退出聊天室')</script>");
        }
    }
```

本例把用同一昵称登录的用户视为同一个用户。登录中多次输入同一个昵称名，所产生存储昵称名的 Application 对象始终是同一个，不会增加在线人数。

本例没有像多数聊天室设计那样只用一个公共的 Application 对象来存储各登录用户的昵称名，使得在线用户昵称名的列表显示和删除编程大大化简。

9.6.7　三层架构的 ASP.NET 网站

在第 8 章中讲过，大凡有实用价值的应用程序，都离不开数据库。当应用程序包含较多的数据库操作时，建议采用三层架构的设计模式。现在讨论三层架构的 ASP.NET 网站设计，分层的目的和意义不再赘述，重点是介绍如何在形式上先把这三层架构搭建起来，并以实例阐明。采用的实例是把 9.6.5 节中所讲的"网上购物车"改编为三层架构，命名为"三层架构的购物实验网站"。

怎样在 VS 2012 环境下搭建起三层架构的网站框架呢？

三层架构是指从上到下的"用户界面层""业务逻辑层"和"数据访问层"三个层次，相邻的两层之间具有上层对下层的引用关系，为此需要把这三个层次作为 VS 2012 下的三个项目来创建（项目的解决方案中包含一个名为"引用"的栏目），组成一个统一的解决方案。从创建一个空白的解决方案起步，把三个层次逐一添加进去。

（1）创建空白解决方案。

在 VS 2012 起始页单击菜单"文件"→"新建"→"项目"命令；在弹出的"新建项目"对话框左侧的已安装模板中选择"其他项目类型"下的"Visual Studio 解决方案"，进

入"空白解决方案"的创建，在下方输入所要创建空白解决方案的名称和位置，如图 9-60
所示，最后单击"确定"按钮。

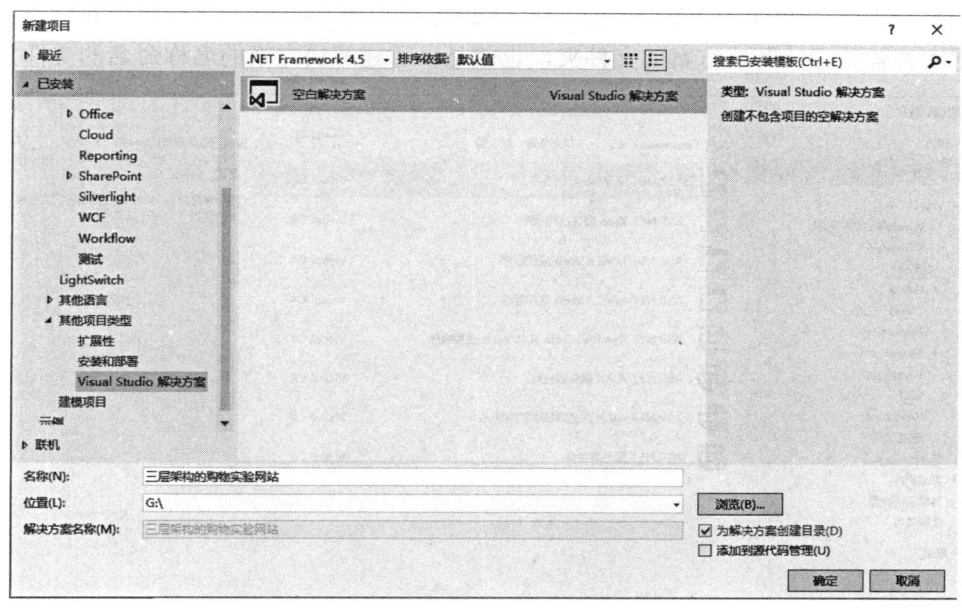

图 9-60　从创建空白解决方案起步

（2）添加"用户界面层"。

从此有了"解决方案资源管理器"窗口，下面就围绕这个窗口操作。右击解决方案标
题，快捷菜单中单击"添加"→"新建项目"命令，如图 9-61 所示。

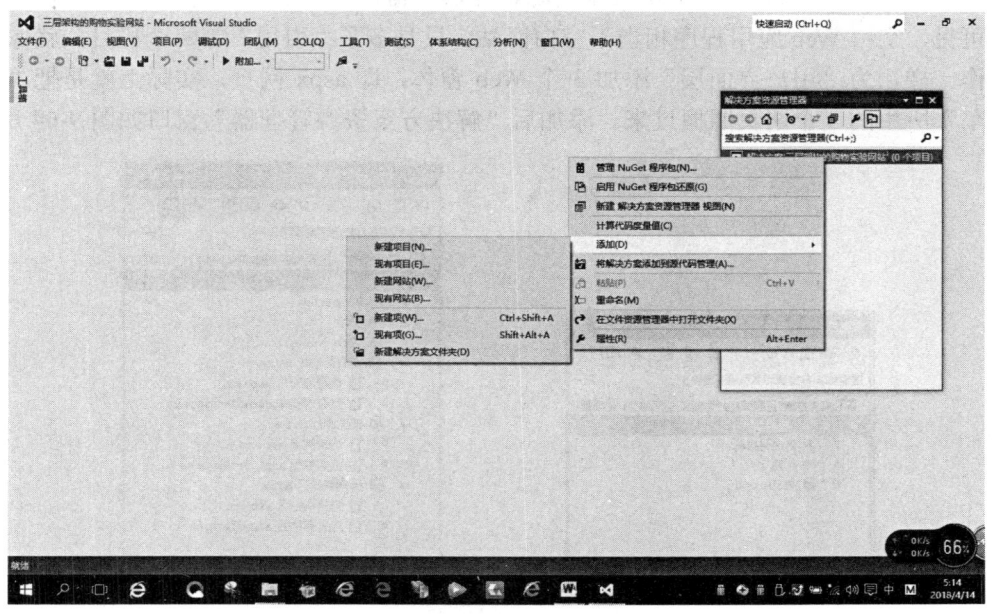

图 9-61　在解决方案中添加新建项目的操作

接着系统弹出"添加新项目"对话框，要添加的第一个新项目是"用户界面层"，目的是创建一个相当于网站的项目，用若干个网页来做应用程序的用户界面，该项目的初始状态应是一个 ASP.NET 空 Web 应用程序，因此操作如图 9-62 所示。注意：新建项目的存放位置应该就是存放解决方案的文件夹，也就是以所建解决方案的名称命名的文件夹。

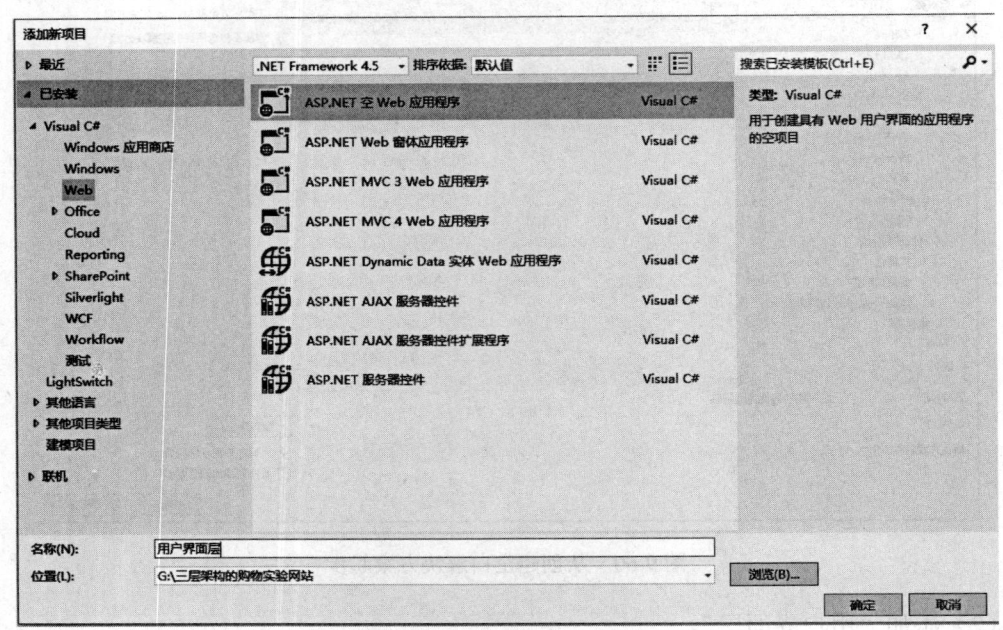

图 9-62　创建"用户界面层"的操作

单击"确定"按钮后，"解决方案资源管理器"窗口如图 9-63 所示。

可见，空白 Web 应用程序相当于空白网站，只是多了"引用"等两个栏目。就像做网站操作一样，为"用户界面层"添加 3 个 Web 窗体，即.aspx 网页，实际上就是把"网上购物车"所用的 3 个网页照搬过来。添加后"解决方案资源管理器"窗口如图 9-64 所示。

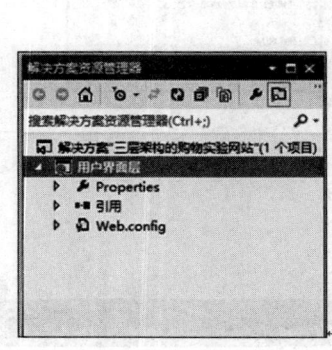

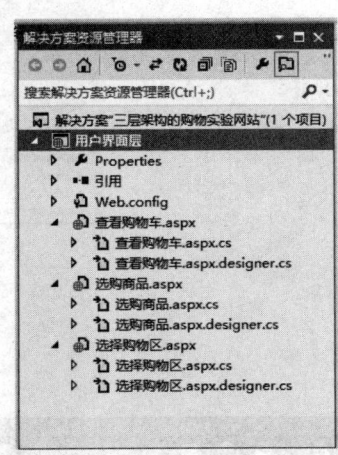

图 9-63　新建的 ASP.NET 空白应用程序　　　图 9-64　用户界面层的架构

（3）为解决方案添加"业务逻辑层"和"数据访问层"。

这两个层都是类库。右击解决方案标题，快捷菜单中单击"添加"→"新建项目"命令，在弹出的"添加新项目"对话框中操作如图 9-65 所示，便完成了"业务逻辑层"的添加。

用同样的方法添加"数据访问层"，三层架构的框架就初步搭建就绪了。"解决方案资源管理器"窗口如图 9-66 所示。

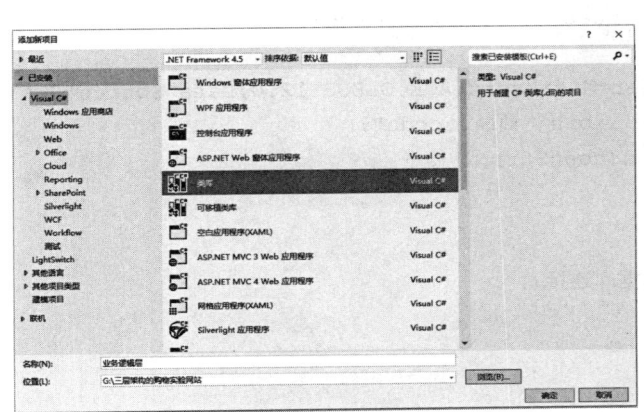

图 9-65　添加"业务逻辑层"　　　　图 9-66　一个三层架构的购物网站框架

（4）建立 3 个层次间的引用关系。右击"用户界面层"目录下的"引用"，快捷菜单中单击"添加引用"命令，在弹出的"引用管理器—用户界面层"窗口依次单击"解决方案"→"项目"→"业务逻辑层"，如图 9-67 所示。

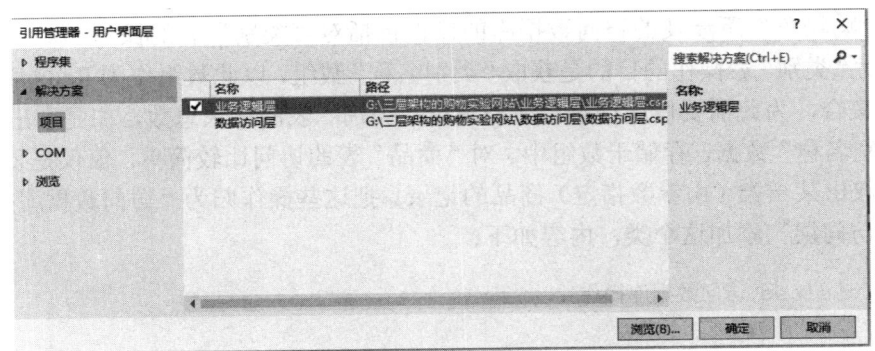

图 9-67　建立"用户界面层"对"业务逻辑层"的引用关系

相应地，在"用户界面层"的 3 个.aspx.cs 页面顶部加上引用语句：using 业务逻辑层;，同样，建立"业务逻辑层"对"数据访问层"的引用关系，并在"业务逻辑层"的各类代码页顶部添加引用语句"using 数据访问层;"。

（5）数据访问层的制作。

要访问的数据库"商品.accdb"放在哪里？按照 Windows 窗体应用程序设计的习惯，放在"数据访问层"文件夹下的 bin 文件夹中。

审视原网上购物车一节的全部后台代码，把凡事关 SQL 和 ADO.NET 的代码遴选出来，分类归并。把数据库连接的创建、打开和关闭归为一类，称为"数据访问助手"类，把原来默认的类名 Class1 重命名为"数据访问助手"，定义如下：

```
public class 数据访问助手
{
    public static OleDbConnection conn;
    public static OleDbConnection 创建数据库连接()
    {
string connStr = "Provider=Microsoft.ACE.OLEDB.12.0;Data Source=G:\\三层
架构的购物实验网站\\数据访问层 \\bin\\商品.accdb";
conn = new OleDbConnection(connStr);
return conn;
}

public static void 打开数据库连接()
{
  conn.Open();
}

public static void 关闭数据库连接()
{
conn.Close();
}
}
```

"网上购物车"所涉及的访问数据库的操作包括对"类别"表的操作和对"商品"表的操作，对"类别"表操作的目的是获取"类别名称"数组，以此数组作为 RadioButtonList1 的列表项集合，为此需要做两件事，一是求出"类别"表的记录总数，二是取出表中各记录的"类别名称"数据，存储于数组中。对"商品"表的访问比较简单，仅仅是要求从"商品"表中取出某一类（由参数指定）商品的记录。把这些操作归为"访问数据库操作"类，在"数据访问层"添加这个类，内容如下：

```
public class 访问数据库操作
{
    public static int 给出类别表的记录总数()
    {
        OleDbConnection conn=数据访问助手.创建数据库连接();
        数据访问助手.打开数据库连接();
        string strsql="select count(*) from 类别";
        OleDbCommand cmd=new OleDbCommand(strsql,conn);
        int k= Convert.ToInt32(cmd.ExecuteScalar());
```

```
                数据访问助手.关闭数据库连接();
                return k;
            }

        public static string[] 给出类别表中的类别名称数组()
        {
            OleDbConnection conn = 数据访问助手.创建数据库连接();
            数据访问助手.打开数据库连接();
            string strsql = "select 类别名称 from 类别";
            OleDbCommand comm = new OleDbCommand(strsql, conn);
            OleDbDataReader dr = comm.ExecuteReader();
            int k = 给出类别表的记录总数();
            string[] s =new string[k];
            int i = 0;
            while (dr.Read())
            {
                s[i] = dr[0].ToString();
                i++;
            }
            数据访问助手.关闭数据库连接();
            return s;
        }
    public static  DataTable 给出一类商品列表(string lb)
    {
        OleDbConnection conn = 数据访问助手.创建数据库连接();
        string commStr = "select 商品编号,商品名称,商品单价,商品简介 from 商品 where
        类别名称='" + lb + "'";
        OleDbDataAdapter da = new OleDbDataAdapter(commStr, conn);
        DataSet ds = new DataSet();
        da.Fill(ds);
        da.Dispose();
        return ds.Tables[0];
    }
}
```

（6）业务逻辑层的制作。

把原默认的 Class1 类重命名为"商品信息管理"，其功能是组织调用"数据访问层"的功能，为"用户界面层"提供服务，内容如下：

```
namespace 业务逻辑层
{
    public class 商品信息管理
    {
        public static string[] 构建类别名称数组()
        {
            int k = 给出类别表的记录总数();
```

```
        string[] 类别名称数组 = new string[k];
        类别名称数组 = 访问数据库操作.给出类别表中的类别名称数组();
        return 类别名称数组;
    }
    public static int 给出类别表的记录总数()
    {
        return 访问数据库操作.给出类别表的记录总数();
    }
    public static DataTable 显示购物区商品列表(string lb)
    {
        return 访问数据库操作.给出一类商品列表(lb);
    }


    }
}
```

（7）用户界面层的制作。

3 个 Web 页面全部从"网上购物车"复制、粘贴过来。不过因为"选购商品.aspx"和"查看购物车.aspx"都包含图片文件，应该先添加 Images 文件夹，把所需的图片先装进去，然后再进行页面的复制粘贴。随后是对 3 个后台代码文件（.aspx.cs）的设计，能否把"网上购物车"中对应的 3 个文件照抄过来？回答是：无关访问数据库的方法、事件可以照抄；涉及访问数据库的方法、事件必须改造。细审之下，需要改造的仅仅是两个页面装入事件处理程序，改造如下：

```
public partial class 选择购物区 : System.Web.UI.Page
    {
        protected void Page_Load(object sender, EventArgs e)
        {
            if (!IsPostBack)
            {
                int k = 商品信息管理.给出类别表的记录总数();
                string[] 类别名称 = 商品信息管理.构建类别名称数组();
                for (int i = 0; i < k; i++)
                {
                    RadioButtonList1.Items.Add(类别名称[i]);
                }
            }
        }
    }

public partial class 选购商品 : System.Web.UI.Page
    {
        protected void Page_Load(object sender, EventArgs e)
        {
            string lb = Request.QueryString["类别名称"];
            Label1.Text = lb + "购物区商品列表----欢迎选购";
```

```
GridView1.DataSource = 商品信息管理.显示购物区商品列表(lb);
GridView1.DataBind();
```

```
    }
```

最后要指出的是，如上制作的 3 层架构网站，其全部内容（3 个项目文件加一个解决方案文件）装在一个与解决方案同名的文件夹中，并不是标准意义下的网站，所以不能用先进入 VS 2012 环境，单击"文件"→"打开"→"网站"命令的办法打开。要想在 VS 2012 下打开、编辑、调试、运行这个网站，可直接打开装载它的文件夹，双击其中的解决方案文件，设置好启动项目为"用户界面层"，并设置起始页为"选择购物区.aspx"；把这个四合一的文件夹设置为 IIS 下的虚拟目录，就可以正式投入网络运行。

9.6.8　学生成绩网上填报系统

1．系统的用户界面

作为本章的压轴篇，介绍一个简易的学生成绩网上填报系统。每逢学期结束，任课教师都需向教务处填报学生成绩，在网上是这样进行的：首先打开"各班各科成绩录入页"，如图 9-68 所示。

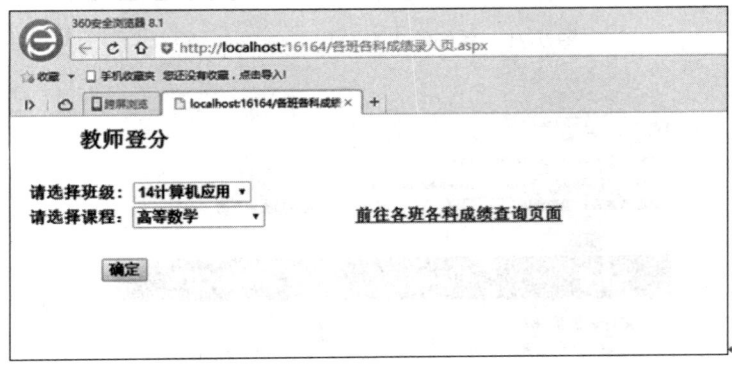

图 9-68　学生成绩网上填报系统的教师登分页面

教师从下拉列表框中选定了某班级、某课程，单击"确定"按钮后，若该班该课程成绩已录入过，则会弹出消息框，如图 9-69 所示；否则，弹出欢迎登分的消息框，如图 9-70 所示。

图 9-69　每门课程成绩只能登录一次　　　　图 9-70　"欢迎登分"界面

单击"确定"按钮后，显示登分用 GridView 表格，同时"确定"按钮被禁用，如图 9-71 所示。

教师在所给表格中填报，并检查校对，如图 9-72 所示。

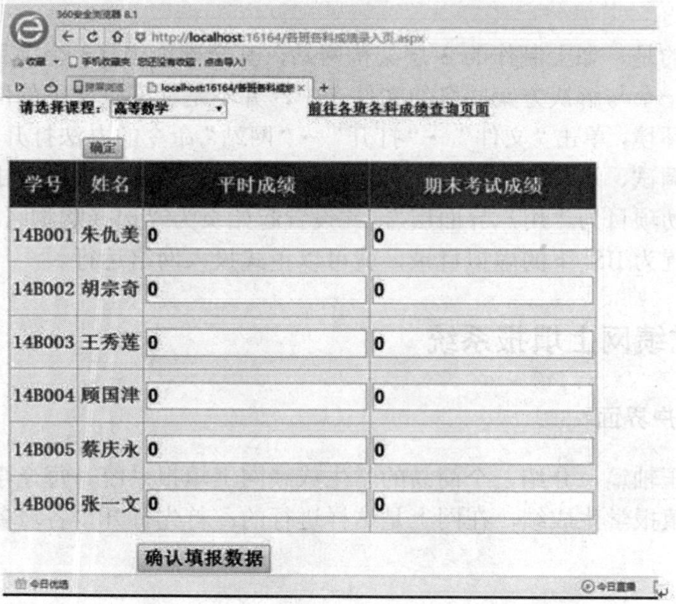

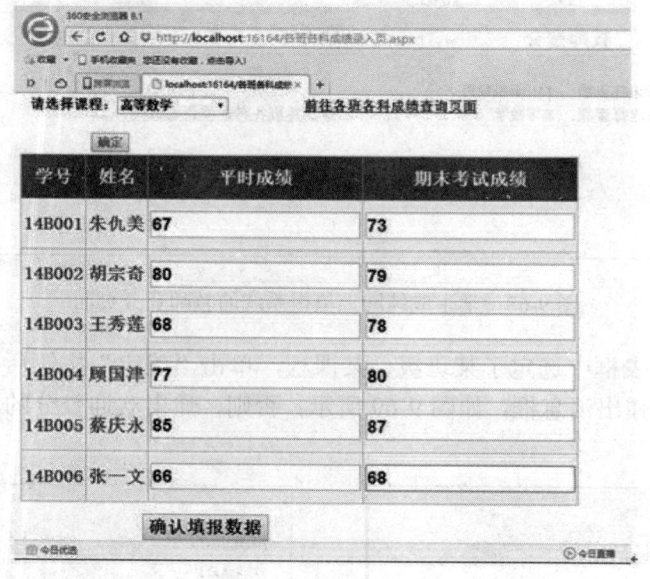

图 9-71 系统给出登分用 GridView 表格

图 9-72 网上登分只需要输入成绩的原始数据

确定无误后，单击"确认填报数据"按钮，即有消息框报告，如图 9-73 所示。
网页下方显示的上报数据表如图 9-74 所示。

学号	姓名		
14B004	顾国津	77	80
14B005	蔡庆永	85	87
14B006	张一文	66	68

确认填报数据

学号	姓名	平时成绩	期末考试成绩	总评成绩
14B001	朱仇美	67	73	71
14B002	胡宗奇	80	79	79
14B003	王秀莲	68	78	75
14B004	顾国津	77	80	79
14B005	蔡庆永	85	87	86
14B006	张一文	66	68	67

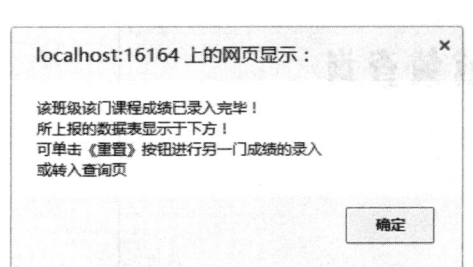

localhost:16164 上的网页显示：

该班级该门课程成绩已录入完毕！
所上报的数据表显示于下方！
可单击《重置》按钮进行另一门成绩的录入
或转入查询页

确定

图 9-73　宣告录入完毕并提示后继操作　　　　图 9-74　自动算出总评成绩合并上报

　　本系统也提供学生成绩查询功能。在"教师登分"界面单击链接按钮"前往各班各科成绩查询页面"，屏现新页面如图 9-75 所示。

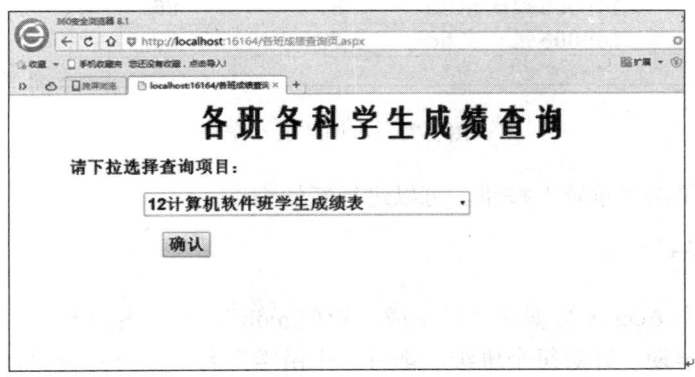

图 9-75　"各班各科成绩查询页"初始界面

　　下拉列表框中列有所有可供的查询项目，从中选择一项，单击"确认"按钮。如果所选项目的成绩尚未填报录入，则会弹出一个消息框，要求重新选择，如图 9-76 所示。

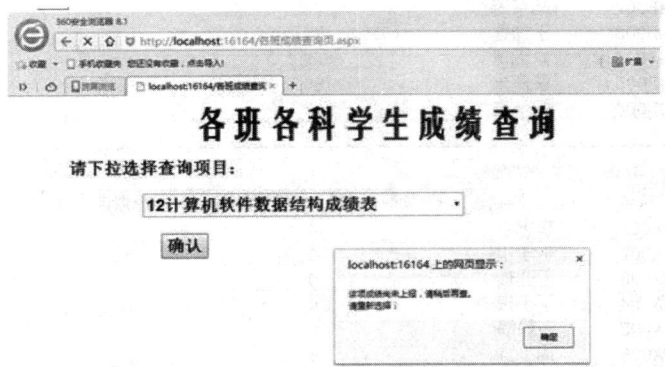

图 9-76　选择了尚未上报的成绩项目

只要所选项目成绩已经填报录入，则立即会在下方显示出来，如图 9-77 所示。

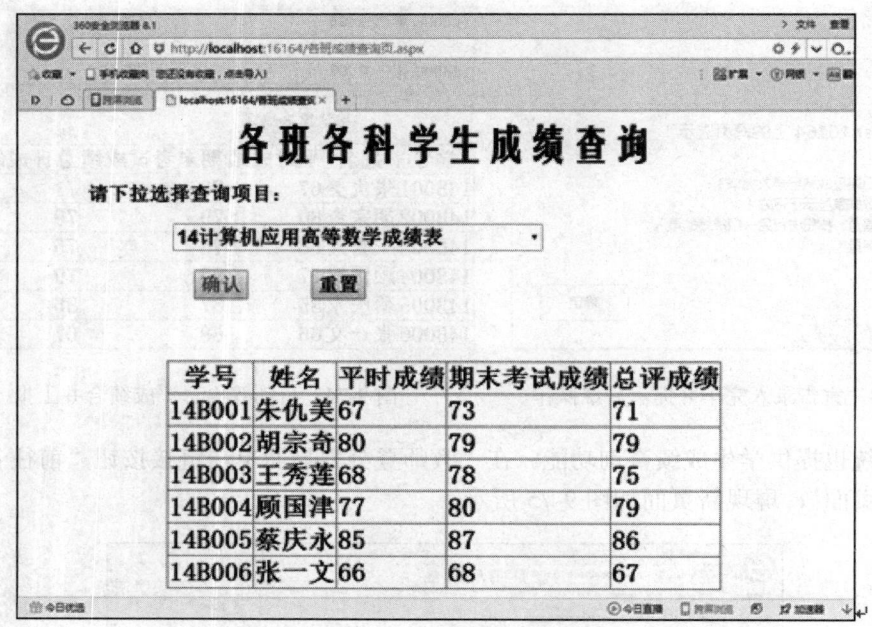

图 9-77　查询结果一瞥

这时，通过单击"重置"按钮，可以进行新的查询。

2. 数据库设计

本例建有一个 Access 数据库"学生成绩管理.mdb"，其中表的设置如下：

（1）在每个学期，针对每个班级，都有一张由学生名单和所开设课程决定的学生成绩表，项目的最终任务就是完成这些表的填写。本例中设有两张这样的表，如图 9-78 所示。

14计算机应用班学生成绩表				
学号	姓名	高等数学	英语	计算机应用基础
14B001	朱仇美	71	0	0
14B002	胡宗奇	79	0	0
14B003	王秀莲	75	0	0
14B004	顾国津	79	0	0
14B005	蔡庆永	86	0	0
14B006	张一文	67	0	0

12计算机软件班学生成绩表				
学号	姓名	离散数学	数据结构	数据库原理及应用
12A001	李忠益	0	0	0
12A002	韦学中	0	0	0
12A003	王亚珍	0	0	0
12A004	丁小梅	0	0	0
12A005	汪静静	0	0	0
12A006	周小虎	0	0	0

图 9-78　班级学生成绩表样例

（2）教师登分表，其统一的结构如图 9-79 所示。

图 9-79　教师登分表的模板

具体应用时，某教师要完成某班级某课程的登分，只需在这张空白的教师登分表上，再贴上该某班级的学生名单（学号、姓名），也就是从该某班级的学生成绩表中把学号列和姓名列两列数据抄过来，为登分奠定基础。

（3）各班课程登分登记表，每班每门课程成绩的填报，应在网上一次完成，因此，需有一张记录某班级某门课程是否已填报的表格，如图 9-80 所示。

（4）现有各班各科成绩表，是指现有的可供查询的数据库中的成绩表。以本例而言，最初只有两个班级的尚未填写成绩的成绩表。此后，每有一门成绩填报，除自动生成总分字段填入相应的班级学生成绩表外，还自动按所提交教师登分表的格式在数据库中生成一张某班某课程的成绩表，并在"现有各班各科成绩表"中列出其表名。这个表是成绩查询的基础，如图 9-81 所示。

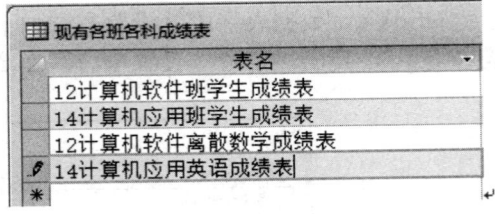

图 9-80　登分登记表　　　　　　图 9-81　现有各班各科成绩表

3．Session 对象的使用

数据库中的"教师登分表"只是作为模板，供各位登分教师在此基础上建立实用的登分表，这实用的登分表连同相应的"班级""课程"都及时改用 Session 对象存储，以免多位教师同时登分相互干扰。

4．控件 GridView 的应用

在 ASP.NET 页面上，GridView 是一种强有力数据控件。通常把访问数据库的结果——一个 DataTable 类型的数据表作为 GridView 控件的数据源，实行数据绑定，这个数据表就被显示出来了。或者编程生成一个 DataTable 表，用 GridView 直观显示之。GridView 控件也可用来批量录入数据，例如用来完成每班每科成绩的一次性录入，但这需要事先对控件作一些设置。

在"各班各科成绩录入页"引进控件 GridView1，在其属性窗口作下列设置：

```
AllowPagin属性值设为True;            //打开分页功能
```

```
AutoGenerateColumns属性值设置为 False;     //运行时不自动生成列
DataKeyNames属性值设置为 学号;             //为GridView1中的数据表设置主键
```

选择属性项 Columns，为 GridView1 中的数据表设置两个绑定字段"学号""姓名"；两个模板字段"平时成绩""期末考试成绩"。有了这样 4 个字段，GridView1 在设计视图的外观如图 9-82 所示。

运行中的外观最初如图 9-83 所示。

学号	姓名	平时成绩	期末考试成绩
数据绑定	数据绑定	数据绑定	数据绑定
数据绑定	数据绑定	数据绑定	数据绑定
数据绑定	数据绑定	数据绑定	数据绑定
数据绑定	数据绑定	数据绑定	数据绑定
数据绑定	数据绑定	数据绑定	数据绑定
数据绑定	数据绑定	数据绑定	数据绑定
数据绑定	数据绑定	数据绑定	数据绑定
数据绑定	数据绑定	数据绑定	数据绑定
数据绑定	数据绑定	数据绑定	数据绑定
数据绑定	数据绑定	数据绑定	数据绑定

学号	姓名	平时成绩	期末考试成绩
14B001	朱仇美	0	0
14B002	胡宗奇	0	0
14B003	王秀莲	0	0
14B004	顾涓	0	0
14B005	蔡庆永	0	0
14B006	张一文	0	0

图 9-82　对字段作有专门设置的 GridView 表格　　　图 9-83　从这个界面开始登分

图 9-80 中，数据区的"平时成绩"和"期末考试成绩"两列为文本框，供输入数据。

GridView 数据表字段的设置方法如下：在属性窗口单击属性项 Columns 右栏右端的浏览按钮 ⋯，弹出"字段"设置窗口，如图 9-84 所示。

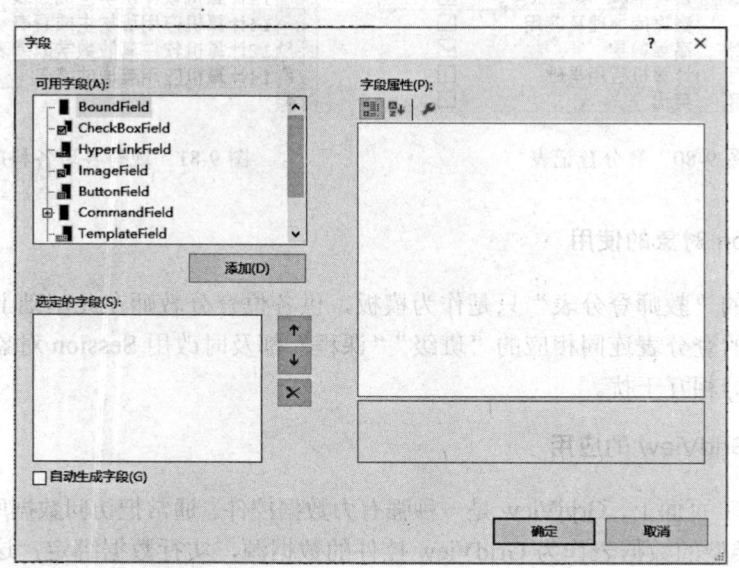

图 9-84　控件 GridView 的字段设置窗口

凡字段的设置，皆以这个窗口为基础，可以设置哪些类型的字段呢？都列在"可用字段"这个窗格中。现欲设置名为"姓名"的绑定字段，故选择 BoundField，然后单击"添加"按钮，在右侧的 BoundField 属性窗格将 DataField 和 HeaderText 属性值都设为"学号"，左侧下方"选定的字段"窗格中也会显示名为"学号"的字段，如图 9-85 所示。

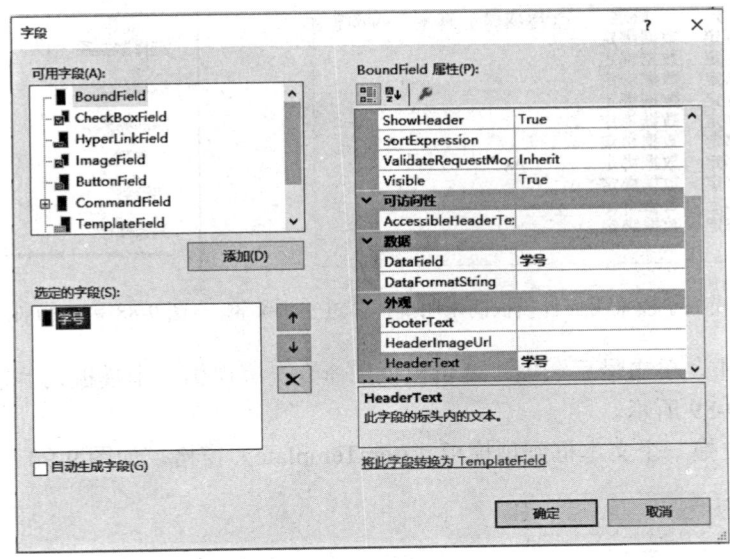

图 9-85　设置了一个名为学号的绑定字段

　　如要设置名为平时成绩的"模板字段"，则只需要在"可用字段"窗格选择 TemplateField，单击"添加"按钮，然后在右侧 BoundField 属性窗格将 HeaderText 属性值设为"平时成绩"，如图 9-86 所示。

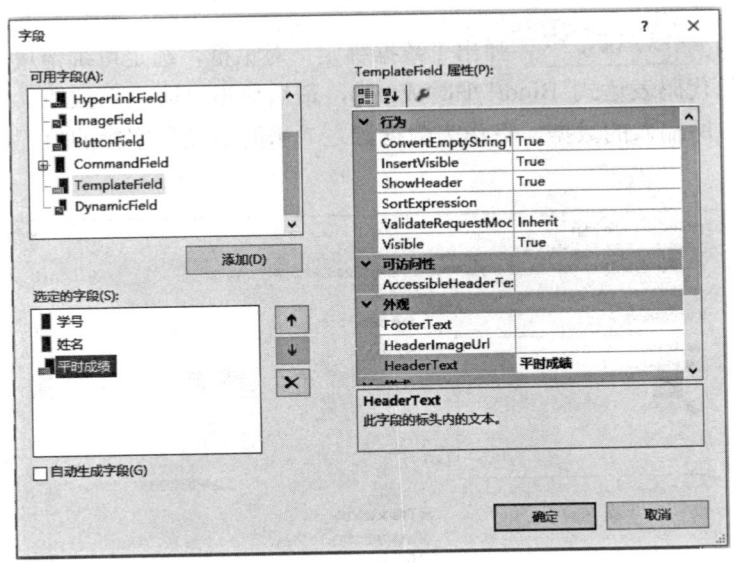

图 9-86　设置了一个名为"平时成绩"的模板字段

　　所有的字段设置完毕，单击"确定"按钮，页面呈现如图 9-87 所示。

　　这时，还需对模板字段进行编辑。单击 GridView1 右上角的按钮，弹出"GridView1 任务"对话框，如图 9-88 所示。

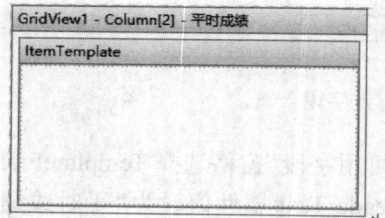

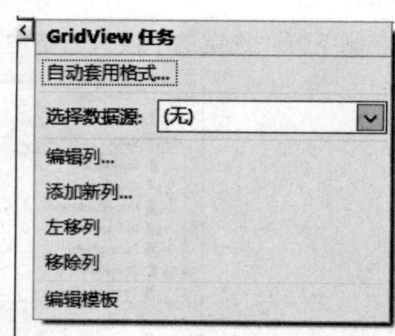

图 9-87　设置的模板字段采用何种模板尚未明确，需进一步编辑　　图 9-88　"GridView 任务"对话框

在图 9-88 中，单击最后一项"编辑模板"命令，屏现第一个模板列"平时成绩"的编辑环境，如图 9-89 所示。

从工具箱中拖一个文本框到项模板（ItemTemplate）窗格，如图 9-90 所示。

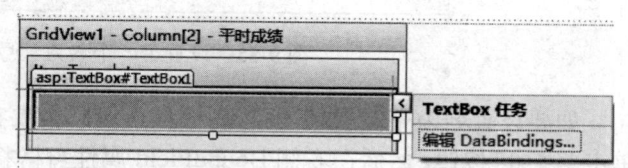

图 9-89　模板列"平时成绩"的编辑界面　　　　图 9-90　引进了文本框，追问用来做什么

单击右端的 编辑 DataBindings...，弹出"数据绑定"对话框，选定可绑定属性为 Text，再输入自定义绑定的代码表达式 Bind("平时成绩")，最后单击"确定"按钮。即告诉系统，该模板列文本框中所输入的数据，将作为数据源之"平时成绩"字段的值。具体设置方法如图 9-91 所示。

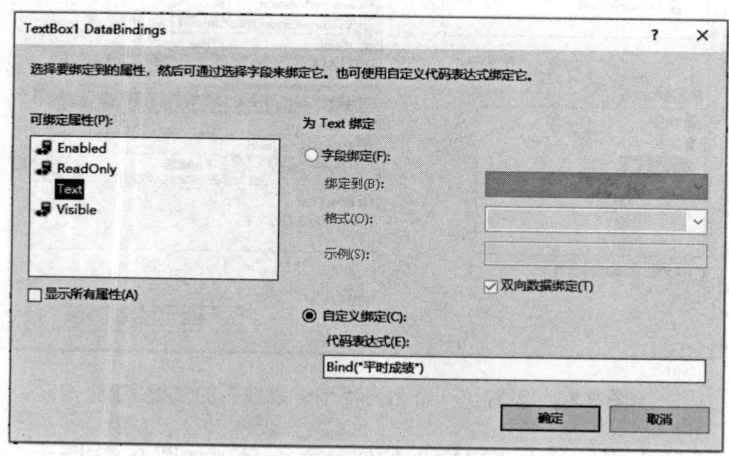

图 9-91　具体设置文本框的用途，其 Text 属性值和数据源的"平时成绩"字段绑定

单击"确定"按钮后，继续下拉选择"期末考试成绩"字段的项模板，如图 9-92 所示。

类似地拖进一个文本框并设置其数据绑定，单击"确定"按钮返回，继而在 GridView1 任务窗口单击"结束模板编辑"。

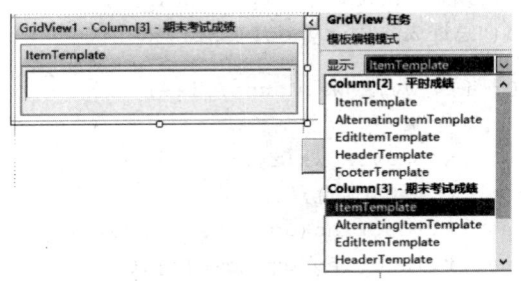

图 9-92　转入第二个模板列的编辑

5. 访问数据库的几个难点

大凡访问数据库的应用程序，难点和技巧集中在数据库访问技术上，主要是如何组织数据库表，如何编造访问数据库的 SQL 语句。例如，为了解决学生成绩查询问题，采用动态生成各科成绩表并及时向"现有各班各科成绩表"登记的办法。下面重点解说几个难点。

（1）网上教师登分前，先从下拉列表框 DropDownList1 中选择班级，这个下拉列表框的列表项集合是根据现有的班级情况事先设置好的。然后从下拉列表框 DropDownList2 中选择课程，DropDownList2 的列表项集合是在教师从 DropDownList1 选定了一个班级后自动生成的。难点之一是："班级"选定后，怎样把该教师要用的登分表构造出来？即怎样把所选班级的学生名单贴到原来只有表头的教师登分表中？分析如下：教师登分表原来没有记录，后来一条一条加进来，因此，应该使用 SQL 的 INSERT 语句，但有个特殊性，即插入所需的数据，需要从某班级的学生成绩表中查出来。用 Access 的行话来说，就是要在查询的基础上进行插入新记录的操作，属于操作查询中的追加查询，用 SQL Server 的行话来说，这需要在 INSERT 语句中嵌入 SELECT 子查询，还得费心的是，查询语句中还得嵌入取自 DropDownList1.Text 的参数"班级"。最后把合用的查询字符串归结为：

```
string sqlstr = "INSERT  INTO  教师登分表 (学号,姓名)  SELECT [" + 班级 +
    "班学生成绩表].学号,[" + 班级 + "班学生成绩表].姓名  FROM " +
    班级 + "班学生成绩表";
```

（2）怎样把教师在 GridView1 中填报的学生成绩转换为 DataTable 数据表并自动加上"总评成绩"列，据此新建 Access 表加入数据库，并把"总评成绩"列向"班级学生成绩表"登录。

首先是在熟识 GridView1 表格及 DataTable 数据表结构的基础上，根据 GridView1 表格把 DataTable 数据表构造出来。

```
protected DataTable 把填写的GridView表转换成数据表并添加总分列(GridView gv)
{
    DataTable tb = new DataTable();
    tb.Columns.Add("学号", typeof(string));
```

```csharp
tb.Columns.Add("姓名", typeof(string));
tb.Columns.Add("平时成绩", typeof(int));
tb.Columns.Add("期末考试成绩", typeof(int));
tb.Columns.Add("总评成绩", typeof(int));

for (int i = 0; i < gv.Rows.Count; i++)
{
    GridViewRow row = gv.Rows[i];
    DataRow dr = tb.NewRow();
    dr[0] = Convert.ToString(gv.Rows[i].Cells[0].Text);
    dr[1] = Convert.ToString(gv.Rows[i].Cells[1].Text);
    dr[2] = Convert.ToInt32(((TextBox)row.Cells[2].FindControl
    ("TextBox1")).Text);
    dr[3] = Convert.ToInt32(((TextBox)row.Cells[2].FindControl
    ("TextBox2")).Text);
    dr[4] = 0.3 *(int) dr[2] + 0.7 *(int) dr[3];

    tb.Rows.Add(dr);
}
return tb;
}
```

这样构造出来的 DataTable 类型的数据表，姑且称它为教师登分表，存在于内存中，为了存盘备案，把它转化为 Access 数据库表。

```csharp
private static void 内存中的教师登分表转换为ACCESS表备案(DataTable tb, string 表名)
{
    string sqlstr = "CREATE TABLE "+表名+"(学号 TEXT(20),姓名 TEXT(20),平时成绩 INTEGER,期末考试成绩 INTEGER,总评成绩 INTEGER)";
    执行非查询命令(sqlstr);

    for (int i = 0; i < tb.Rows.Count; i++)
    {
        DataRow dr = tb.Rows[i];
        string 学号 = (String)dr[0];

        string 姓名 = (String)dr[1];
        int 平时成绩 = (int)dr[2]; ;
        int 期末考试成绩 = (int)dr[3];
        int 总评成绩 = (int)dr[4];
        sqlstr = "INSERT INTO " + 表名 + " VALUES('" + 学号 + "','" + 姓名 + "'," + 平时成绩 + "," + 期末考试成绩 + "," + 总评成绩 + ")";
        执行非查询命令(sqlstr);
    }
}
```

最后，把教师登分表的"总评成绩"录入为相应班级学生成绩表的相应学科的成绩，以完成一个班级学生成绩表中一门课程的成绩填报，关键是构造一条更新语句：

```
string sqlstr="UPDATE "+班级+"班学生成绩表 inner join ["+表名+"] on ["+班级+"
班学生成绩表].学号=["+表名+"].学号 set ["+班级+ "班学生成绩表].["+课程+"]=["+表
名+"].总评成绩";
```

要把这个语句写正确，可能会经历千辛万苦，请细细琢磨。

6. 三层架构代码的编制

用户界面层：用户界面层的代码，内容包括对页面控件的操作，对 ASP.NET 内置对象的操作，以及对 DataTable 类型之数据表的操作；凡涉及访问数据库（SQL Server，ADO.NET）的操作，一概调用业务逻辑层的功能来做。

```
using System;
using System.Collections.Generic;
using System.Linq;
using System.Web;
using System.Web.UI;
using System.Web.UI.WebControls;
using System.Data;
using 业务逻辑层;

namespace 用户界面层
{
    public partial class 各班各科成绩录入页 : System.Web.UI.Page
    {
        protected void Page_Load(object sender, EventArgs e)
        {
            if (!IsPostBack)
            {
                Button2.Visible = false;
                Button3.Visible = false;
            }
            ;
        }

        public void 填充课程列表()
        {
            DropDownList2.Items.Clear();
            switch (DropDownList1.SelectedValue)
            {
                case "12计算机软件":
                    DropDownList2.Items.Add("离散数学");
                    DropDownList2.Items.Add("数据结构");
```

```
            DropDownList2.Items.Add("数据库原理及应用");
            break;
        case "14计算机应用":
            DropDownList2.Items.Add("高等数学");
            DropDownList2.Items.Add("计算机应用基础");
            DropDownList2.Items.Add("英语");
            break;
    }
}

protected void Button1_Click(object sender, EventArgs e)
{
    string 班级 = DropDownList1.Text;
    string 课程 = DropDownList2.Text;
    bool x = 检查此项登分是否已经填报(班级, 课程);
    if (x == true)
    {
        Response.Write("<script>alert('该班级该门课程成绩已登录过!\\n请
        重新选择!');</script>");
        return;
    }
    else
    {
        Response.Write("<script>alert('欢迎登分!');</script>");
        生成并显示教师登分用GridView表(班级, GridView1);
        Button1.Enabled = false;
        Button2.Visible = true;
    }
    Session["班级"] = 班级;
    Session["课程"] = 课程;
}

protected bool 检查此项登分是否已经填报(string 班级, string 课程)
{
    return 学生成绩管理.检查此项登分是否已经填报(班级, 课程);
}

protected void 生成并显示教师登分用GridView表(string 班级, GridView gv)
{
    DataTable tb = 学生成绩管理.生成教师登分表(班级);
    Session["教师登分表"] = tb;
    gv.DataSource = Session["教师登分表"];
    gv.DataBind();
}

protected void DropDownList1_Init(object sender, EventArgs e)
{
```

```
    填充课程列表();
}

protected void DropDownList1_SelectedIndexChanged(object sender,
EventArgs e)
{
    填充课程列表();
}

protected DataTable 把填写的GridView表转换成数据表并添加总分列(GridView
gv)
{
    DataTable tb = new DataTable();
    tb.Columns.Add("学号", typeof(string));
    tb.Columns.Add("姓名", typeof(string));
    tb.Columns.Add("平时成绩", typeof(int));
    tb.Columns.Add("期末考试成绩", typeof(int));
    tb.Columns.Add("总评成绩", typeof(int));

    for (int i = 0; i < gv.Rows.Count; i++)
    {
        GridViewRow row = gv.Rows[i];
        DataRow dr = tb.NewRow();
        dr[0] = Convert.ToString(gv.Rows[i].Cells[0].Text);
        dr[1] = Convert.ToString(gv.Rows[i].Cells[1].Text);
        dr[2] = Convert.ToInt32(((TextBox)row.Cells[2].FindControl
        ("TextBox1")).Text);
        dr[3] = Convert.ToInt32(((TextBox)row.Cells[2].FindControl
        ("TextBox2")).Text);
        dr[4] = 0.3 *(int) dr[2] + 0.7 *(int) dr[3];

        tb.Rows.Add(dr);
    }
    return tb;
}

protected void Button2_Click1(object sender, EventArgs e)
{
    显示添加了总评成绩字段的教师登分表();
    DataTable 登分表=(DataTable)Session["教师登分表"];
    string 班级 =(string) Session["班级"];
    string 课程 = (string)Session["课程"];
    string 表名 = 班级 + 课程 + "成绩表";
    提交本次登分表并完成相应的善后数据处理(登分表,班级,课程,表名);
    Button3.Visible = true;
    Response.Write("<script>alert('该班级该门课程成绩已录入完毕！\\n所上
报的数据表显示于下方！\\n可单击《重置》按钮进行另一门成绩的录入\\n或转入查
```

```
            询页');</script>");
        }

        protected void 提交本次登分表并完成相应的善后数据处理(DataTable 登分表,
    string 班级,string 课程,string 表名)
        {
            学生成绩管理.提交登分表并完成相应的善后数据处理(登分表, 班级, 课程, 表名);
        }

        protected void 显示添加了总评成绩字段的教师登分表()
        {
            DataTable tb = new DataTable();
            tb = 把填写的GridView表转换成数据表并添加总分列(GridView1);
            Session["教师登分表"] = tb;
            GridView2.DataSource = Session["教师登分表"];
            GridView2.DataBind();
        }

        protected void Button3_Click(object sender, EventArgs e)
        {
            foreach (GridViewRow row in GridView1.Rows)
                row.Cells.Clear();
            foreach (GridViewRow row in GridView2.Rows)
                row.Cells.Clear();
            Button1.Enabled = true;
        }

    }
}

using System;
using System.Collections.Generic;
using System.Linq;
using System.Web;
using System.Web.UI;
using System.Web.UI.WebControls;
using System.Data;
using 业务逻辑层;

namespace 用户界面层
{
    public partial class 各班成绩查询页 : System.Web.UI.Page
    {
        protected void Page_Load(object sender, EventArgs e)
        {
            Button2.Visible = false;
        }
```

```
    protected void Button1_Click(object sender, EventArgs e)
  {
      string 表名 = DropDownList1.Text;
      bool x = 检查此表在库中是否存在(表名);
      if (x == false)
      {
          Response.Write("<script>alert('该项成绩尚未上报,请稍后再查。\\n
          请重新选择! ');</script>");
          return;
      }
      else
      {
          DataTable tb=查找该项成绩(表名);
          显示该项成绩表(tb, GridView1);
          Button1.Enabled = false;
          Button2.Visible = true;
      }
  }

    protected bool 检查此表在库中是否存在(string 表名)
    {
        return 学生成绩管理.检查要查的表在库中是否存在(表名);
    }

    protected DataTable 查找该项成绩(string 表名)
    {
        return 学生成绩管理.查找该项成绩(表名);
    }

    protected void 显示该项成绩表(DataTable 表名, GridView gv)
    {
        gv.DataSource = 表名;
        gv.DataBind();
    }

    protected void Button2_Click(object sender, EventArgs e)
    {
        foreach (GridViewRow row in GridView1.Rows)
            row.Cells.Clear();
        Button1.Enabled = true ;
    }
  }
}
```

业务逻辑层:组织调用数据访问层的功能,为用户界面层服务。

```
using System;
```

```csharp
using System.Collections.Generic;
using System.Linq;
using System.Text;
using System.Threading.Tasks;
using System.Data;
using 数据访问层;

namespace 业务逻辑层
{
    public class 学生成绩管理
    {
        public static bool 检查此项登分是否已经填报(string 班级, string 课程)
        {
            return 数据访问操作.成绩是否已录入(班级,课程);
        }

        public static DataTable 生成教师登分表(string 班级)
        {
            数据访问操作.删除教师登分表的全体记录();
            return 数据访问操作.生成教师登分表(班级);
        }

        public static bool  检查要查的表在库中是否存在(string 表名)
        {
            return 数据访问操作.检查要查的表在库中是否存在(表名);
        }

        public static DataTable 查找该项成绩(string 表名)
        {
            return 数据访问操作.查找该项成绩(表名);
        }

        public static void 提交登分表并完成相应的善后数据处理(DataTable 登分表,
        string 班级, string 课程, string 表名)
        {
            数据访问操作.做上已登分记号(班级, 课程);
            数据访问操作.教师登分表提交备案(登分表, 表名);
            数据访问操作.录入成绩之总分记入该班学生成绩表(班级, 课程, 表名);
            数据访问操作.录入新产生的成绩表名供查询(表名);
        }
    }
}
```

数据访问层：包括用户界面层所需要的所有访问数据库的操作。精心组织这些操作，使简明清晰，代码重用率高。

```csharp
using System;
using System.Collections.Generic;
```

```
using System.Linq;
using System.Text;
using System.Threading.Tasks;
using System.Data;
using System.Data.OleDb;

namespace 数据访问层
{
    public class 数据访问助手
    {
        public static OleDbConnection conn;
        public static OleDbConnection 创建数据库连接()
        {
            string connStr = "Provider=Microsoft.ACE.OLEDB.12.0;Data Source=
            F:\\学生成绩网上填报系统\\数据访问层\\bin\\学生成绩管理系统.mdb";
            conn = new OleDbConnection(connStr);
            return conn;
        }
        public static void 打开数据库连接()
        {
            conn.Open();
        }
        public static void 关闭数据库连接()
        {
            conn.Close();
        }
        public static void 创建学科登分表()
        {
            // create table 学生 (学号 char(10) primary key,姓名 char(4) not
            null,性别 char(1) , 出生日期 date);
        }
    }
}

using System;
using System.Collections.Generic;
using System.Linq;
using System.Text;
using System.Threading.Tasks;
using System.Data;
using System.Data.OleDb;

namespace 数据访问层
{
```

```csharp
public class 数据访问操作
{
    public static bool 成绩是否已录入(string 班级, string 课程)
    {
        OleDbConnection conn= 数据访问助手.创建数据库连接();
        数据访问助手.打开数据库连接();
        string strSQL = "select 录入 from 各班课程登分登记表 where 班级='" +
        班级 + "' and 课程='" + 课程 + "'";
        OleDbCommand cmd = new OleDbCommand(strSQL, conn);
        object lr=cmd.ExecuteScalar();
        bool x = Convert.ToBoolean(lr);
        数据访问助手.关闭数据库连接();
        return x;
    }

    public static DataTable 生成教师登分表(string 班级)
    {
    string sqlstr = "INSERT INTO  教师登分表 (学号,姓名)  SELECT [" + 班级 +
"班学生成绩表].学号,[" + 班级 + "班学生成绩表].姓名  FROM " +
班级 + "班学生成绩表";
        执行非查询命令(sqlstr);

        OleDbConnection conn = 数据访问助手.创建数据库连接();
        sqlstr = "select 学号,姓名,平时成绩,期末考试成绩 FROM 教师登分表";
        OleDbDataAdapter da = new OleDbDataAdapter(sqlstr, conn);
        DataSet ds = new DataSet();
        da.Fill(ds);
        return ds.Tables[0];
    }

    public static void 删除教师登分表的全体记录()
    {
        string sqlstr= "DELETE FROM 教师登分表";
        执行非查询命令(sqlstr);
    }

    public static void 教师登分表提交备案(DataTable tb,string 表名)
    {
        内存中的教师登分表转换为ACCESS表备案(tb,表名);
    }

    private static void 内存中的教师登分表转换为ACCESS表备案(DataTable tb,
    string 表名)
    {
        string sqlstr = "CREATE TABLE "+表名+"(学号 TEXT(20),姓名 TEXT(20),
        平时成绩 INTEGER,期末考试成绩 INTEGER,总评成绩 INTEGER)";
        执行非查询命令(sqlstr);
```

```
        for (int i = 0; i < tb.Rows.Count; i++)
        {
            DataRow dr = tb.Rows[i];
            string 学号 = (String)dr[0];

            string 姓名 = (String)dr[1];
            int 平时成绩 = (int)dr[2]; ;
            int 期末考试成绩 = (int)dr[3];//80;// (int)dr[3];
            int 总评成绩 = (int)dr[4]; ;//;
            sqlstr = "INSERT INTO " + 表名 + " VALUES('" + 学号 + "','" +
            姓名 + "'," + 平时成绩 + "," + 期末考试成绩 + "," + 总评成绩 + ")";
            执行非查询命令(sqlstr);
        }
    }

    public  static void 做上已登分记号(string 班级,string 课程)
    {
        string sqlstr = "UPDATE 各班课程登分登记表 SET 录入=true WHERE 班级
        ='" + 班级 +"' and  课程='"+ 课程+"'";
        执行非查询命令(sqlstr);
    }

    public static void 录入成绩之总分记入该班学生成绩表(string 班级, string 课
    程,string 表名)
    {
      string sqlstr="UPDATE "+班级+"班学生成绩表 inner join ["+表名+"] on ["+
      班级+"班学生成绩表].学号=["+表名+"].学号 set ["+班级+ "班学生成绩表].["+
      课程+"]=["+表名+"].总评成绩";
      执行非查询命令(sqlstr);
    }

    public static void 录入新产生的成绩表名供查询(string 表名)
    {
        string sqlstr = "INSERT INTO 现有各班各科成绩表 VALUES('"+表名+"')";
        执行非查询命令(sqlstr);
    }

    public static bool 检查要查的表在库中是否存在(string 表名)
    {
      OleDbConnection conn = 数据访问助手.创建数据库连接();
      数据访问助手.打开数据库连接();
      string sqlstr = "SELECT 表名 FROM 现有各班各科成绩表 WHERE 表名='"+
      表名+"'";
      OleDbCommand cmd = new OleDbCommand(sqlstr, conn);
      string re =(string)cmd.ExecuteScalar();
      if (re != null)
      {
```

```
                数据访问助手.关闭数据库连接();
                return true;
            }
            else
            {
                数据访问助手.关闭数据库连接();
                return false;
            }
        }

        public static DataTable 查找该项成绩(string 表名)
        {
            OleDbConnection conn = 数据访问助手.创建数据库连接();
            string sqlstr = "SELECT * FROM "+ 表名;
            OleDbDataAdapter da = new OleDbDataAdapter(sqlstr, conn);
            DataSet ds=new DataSet();
            da.Fill(ds);
            return ds.Tables[0];
        }

        private static void 执行非查询命令(string sqlstr)
        {
            OleDbConnection conn = 数据访问助手.创建数据库连接();
            数据访问助手.打开数据库连接();
            OleDbCommand cmd = new OleDbCommand(sqlstr, conn);
            cmd.ExecuteNonQuery();
            数据访问助手.关闭数据库连接();
        }
    }
}
```